U0146314

烟草无机阴离子
成分分析标准物质

王　颖
杜振霞　主编
王　昇

中国轻工业出版社

图书在版编目（CIP）数据

烟草无机阴离子成分分析标准物质／王颖，杜振霞，
王昇主编 . —北京：中国轻工业出版社，2023.11
ISBN 978-7-5184-4474-8

Ⅰ.①烟…　Ⅱ.①王…②杜…③王…　Ⅲ.①烟气分
析（烟草）—标准物质　Ⅳ.①TS41

中国国家版本馆 CIP 数据核字（2023）第 118332 号

责任编辑：王宝瑶
策划编辑：张　靓　　责任终审：许春英　封面设计：锋尚设计
版式设计：砚祥志远　责任校对：晋　洁　责任监印：张京华

出版发行：中国轻工业出版社（北京鲁谷东街 5 号，邮编：100040）
印　　刷：三河市国英印务有限公司
经　　销：各地新华书店
版　　次：2023 年 11 月第 1 版第 1 次印刷
开　　本：720×1000　1/16　印张：19.5
字　　数：320 千字
书　　号：ISBN 978-7-5184-4474-8　定价：98.00 元
邮购电话：010-85119873
发行电话：010-85119832　010-85119912
网　　址：http://www.chlip.com.cn
Email：club@chlip.com.cn

编写人员

主　编

王　颖（国家烟草质量监督检验中心）

杜振霞（北京化工大学）

王　昇（郑州烟草研究院）

副主编

王　倩（北京化工大学）

叶明立（浙江树人大学）

彭云铁（广东省烟草质量监督检测站）

编　委

边照阳（国家烟草质量监督检验中心）

张建平（福建中烟工业有限责任公司）

杨　飞（国家烟草质量监督检验中心）

范子彦（国家烟草质量监督检验中心）

邓惠敏（国家烟草质量监督检验中心）

刘珊珊（国家烟草质量监督检验中心）

王　菲（河南省烟草质量监督检测站）

李中皓（郑州烟草研究院）

柯　玮（国家烟草质量监督检验中心）

主　审

唐纲岭（国家烟草质量监督检验中心）

前言
PREFACE

无机阴离子,如氯离子、硫酸根离子等,与烟草燃烧性密切相关,也是烟草化学检验工作的常规检测指标之一。

在烟草及烟草分析计量检测平台中,目前存在的有证标准物质(CRM)有烟草农残分析标准物质、烟用材料分析标准物质、烟草重金属分析标准物质,而烟草常规分析标准物质目前是缺乏的。

中国烟草行业从 1996 年开始烟草领域的标准物质研究工作,积累了很多数据与经验。中国烟草领域的标准物质研制标准不断更新和变化。这种改变,实际上是紧跟 ISO Guide34 和 ISO Guide35 更新步伐的,不仅仅是对研制单位的要求在变,标准物质的研制规范也在近年发布了新版本。

结合行业特点,2020—2021 年,国家烟草质量监督检验中心相关科研人员根据标准物质一些最新版的指导和规范,研制开发了烟草中无机阴离子成分分析系列标准物质。研制者认为把相关内容集结成书,将研制中总结的一些经验分享给行业内外对标准物质研制感兴趣的科研人员或事业团体,一方面可以提供标准物质研制过程的实例,便于同行交流合作;另一方面也希望能够对烟草行业标准物质发展起到推动作用。

本书第一章由北京化工大学分析测试中心王倩完成,第二章由浙江树人大学叶明立完成,第三章由郑州烟草研究院王昇完成,第四章和第五章由北京化工大学分析测试中心杜振霞教授和国家烟草质量监督检验中心王颖合作完成,王颖负责全书统稿工作。在此感谢各协作单位对本书出版的帮助。

由于时间有限,书中难免出现描述不清或者表达不妥之处,恳请各位读者批评指正。

王 颖

2023 年 4 月于郑州

目 录

CONTENTS

第一章
标准物质概述

第一节　化学测量的质量保证

测量是人类认识自然和改造自然的一种基本手段，是人们为了解物质属性与特征而进行的工作。计量学是关于测量的科学。JJF 1001—2011《通用计量术语及定义》中，把计量学（Metrology）定义为关于测量及其应用的科学，并指出，"计量学涵盖有关测量的理论及其不论其测量不确定度大小的所有应用领域"，而将测量（Measurement）定义为通过试验获得并可合理赋予某量一个或多个量值的过程。

计量学是研究各种物理量测量技术的学科，它和物理学、化学、天文学、环境科学以及法学紧密结合、互相渗透。化学计量是研究化学计量领域内计量单位的统一和测量结果准确性的一个计量学分支，是研究化学测量溯源性的学科。根据被测参量的特性，化学计量可以分为物理化学计量和分析化学计量。物理化学计量着重研究与物质的物理性质和物理化学性质有关的特性量的计量问题，主要包括：研究特性参量的计量单位；建立计量基准、标准；发展物理化学特性标准物质；研究精密测量方法等。分析化学计量着重研究与物质组成有关的化学成分计量问题，主要内容有：国际单位制（SI）基本单位摩尔的复现和基本物理量的测量；化学计量标准的建立、复现、保存和使用；研究化学成分标准物质；研究精密度的分析测量技术、分析仪器的计量性能及其检定和校准等。

化学计量的基本任务是发展化学测量理论、标准和技术，在国内和国际上实现化学成分量和物理化学特性量测量的准确一致，为科研、生产、贸易和社会生活提供技术基础。化学计量包括化学测量过程、测量标准和量值传递方式。标准物质、标准方法和测量的质量保证三者相辅相成，以保证测量系统的一致性。图1-1为测量过程质量保证的示意图，可见参考物质（标准物质）在其中发挥的作用。使用标准物质传递量值，能够实现测量的准确、一致。

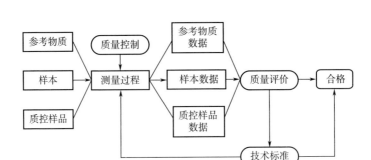

图 1-1　测量过程的质量保证[1]

化学测量质量保证的要点有以下几个方面[2]。

1. 取样的质量保证

样品是从大量物质中选取的一部分物质，样品的测试结果应是总体特性值的估计值。由于样品不均匀而引起的测量结果误差为取样误差。取样误差包含随机误差和系统误差。通过增加取样次数加大取样量可减少随机误差；取样方案、操作准确性、环境影响、设备缺陷等因素引起的为系统误差。为了保证试样的有效性，制定方案时，应明确取样目的，同时考虑被测物质的类型、状态、均匀性、稳定性和测量方法的精密度，以及测量结果的不确定度和预期目标。

2. 化学测量过程的质量控制

化学测量过程一般包括对样品的前处理、测量方法的选择、仪器的校准、标准的制备、数据统计分析和报告测量结果。为了提高测量的准确度，除了从组织机构、规章制度和技术方案等方面加强之外，还要从以下几个方面进行质量控制。

第一，在样品处理上常使用消解、溶解、分离、富集等过程，样品若处理不完全或因处理不当造成待测组分挥发、分解，易引入误差。因此常使用加标回收率来评价分析结果正确度。根据 GB/T 27404—2008《实验室质量控制规范 食品理化检测》对于检验方法确认的技术要求，回收率的参考范围见表 1-1。

表 1-1　回收率参考范围

目标分析物含量/（mg/kg）	回收率范围/%	目标分析物含量/（mg/kg）	回收率范围/%
>100	95~105	0.1~1	80~110
1~100	90~110	<0.1	60~120

第二，为了消除和控制试验环境、化学试剂等对分析结果的影响，需要做分析空白的控制和校正。空白包括样品被测组分的沾污、被测组分的损失、仪器噪声产生的空白等。一般采用高纯度的试剂和减少试剂用量来降低试剂空白；贮存和处理样品的器皿也倾向于选择高纯惰性材料制成的器皿，如石英、聚四氟乙烯等。

第三，选择合适的测量方法。目前，国家和国际标准化组织（ISO）发展的标准方法大致可分为：检测产品技术规格的普及型标准化方法；贯彻政府制定的某些法规所制定的标准化方法（官方方法）；基础性标准化方法。测量的线性范围、准确度、精密度、灵敏度、检出限和稳定性等是衡量化学测量方法的重要技术参数。在实际工作中，普遍采用已知准确量值的标准物质验证分析方法的准确性。

第四，对测量方法进行校准。校准测量方法的目的是建立测量信号与被测成分的函数关系，制作校准工作曲线是获得准确可靠结果的前提。制作标准曲线应使用准确度高、均匀性好且稳定的标准物质，消除或减小测量干扰及集体效应的影响。控制试验条件稳定，在较短时间间隔内制作和使用校准曲线，试验的量值范围尽量宽，试验点不能少于 5 个，而且各点应多做几次，取平均值，减少试验误差。

3. 质量控制图

质量控制图是试验数据的图解，它表示一个测量过程的特定的统计量随时间或组序的变化，是判断统计控制的标准。控制图按照绘制原理分为均值-极差控制图、单值-移动极差控制图、中位数控制图等，可以做各种统计检验，以及时发现测量过程中的问题，保证测量数据准确可靠。

4. 化学测量的评价

化学测量的结果往往影响着重大的经济或技术决策，因此量值的准确性和可靠性至关重要。测量评价包含测量数据评价和实验室测量能力评价两方面。使用标准物质或者标准方法、内部和外部质量评价、测量实验室认证均是常用的方法。

第二节　标准物质的基本概念

标准物质是计量体系的重要组成部分，是化学、生物等专业领域统一量值、开展量值传递溯源的主要载体，也是国家重要战略资源，发挥着"测量砝码"的重要作用。

一、标准物质的定义

1992 年，在日内瓦共和国召开的国际标准化组织（ISO）/标准物质委员会（REMCO）第十六次会议批准了 ISO Guide30《标准物质/标准样品常用术语和定义》，定义了标准物质（Reference material，RM）是指具有一种或多种准确确定的特性值，用以校准计量器具、评价测量方法或给材料赋值，并附有经批准的鉴定机构所发证书的物质或材料；还定义了有证标准物质（Certified reference material，CRM）是附有证书的标准物质，是一种或多种特性值用建立了溯源性的程序确定，使之可溯源到准确复现的用于表示该特性的计量单位，而且每个标准值都附有给定置信水平的不确定度。

2016 年 11 月，国家发布了 JJF 1005—2016《标准物质通用术语和定义》，该规范明确了以下定义。

标准物质（RM），即参考物质，是具有足够均匀和稳定的特定特性的物质，其特性适用于测量或标称特性检查中的预期用途。

赋予或未赋予量值的标准物质都可用于测量精密度控制，只有赋予量值的标准物质才可用于校准或测量正确度控制；"标准物质"既包括具有量的物质，也包括具有标称特性的物质；标准物质有时与特制装置是一体化的，例如，校准黏度计使用的给出了纯度的水、用作校准物的阐明了所含二噁英质量分数的鱼组织、含有特定的核酸序列的脱氧核糖核酸（DNA）化合物、置于透射滤光器支架上已知光密度的玻璃等。

有证标准物质（CRM），即有证参考物质，是附有权威机构发布的文件，提供使用有效程序获得的具有不确定度和溯源性的一个或多个特性值的标准物质。

"文件"是以"证书"的形式给出；有证标准物质制备和认定的程序是有规定的；在定义中，"不确定度"包含了测量不确定度和同一性、序列的标称特性值的不确定度两个含义；"溯源性"既包含量值的计量溯源性，也包含标称特性值的追溯性；"有证标准物质"的特定量值要求附有测量不确定度的计量溯源性。

标准物质候选物（Candidate reference material）：拟研制（生产）为标准物质的物质。

标准候选物尚未经定值和测试，未能确保其在测量过程中适用。为转化为标准物质，需对标准候选物进行考察，以确定其一个或多个特定特性足够均匀、稳定，并针对预期用途开发这些特性的测量和测试方法。标准物质候选物可以是其他特性的标准物质，也可以是目标特性的候选物质。

基体标准物质（Matrix reference material，MRM）：具有实际样品特性的标准物质。

基准标准物质可直接从生物、环境或工业来源得到；也可通过将所关注的成分添加至既有物质中制得；溶解在纯溶剂中的化学物质不是基体物质；基体标准物质旨在用于与其有相同或相似基体的实际样品的分析，例如，土壤、饮用水、金属合金、血液等。

标准物质的特性值（Property value of a reference material）：与标准物质的物理、化学或生物特性有关的值，包括特性量值和标称特性值。

标准物质的定值（Characterization of a reference material）：作为研制（生产）程序的一部分，是确定标准物质特性值的过程。

从上述定义中可以看出，标准物质概念已从定量扩展到定性特征上，作为定性特性的不确定度可用概率来表示，例如某种酒的属性，可通过评酒师评定时的把握作为不确定度的表述。上述定义也扩大了标准物质的预期用途，只要符合测量过程的预期用途就可以是标准物质。

二、标准物质的基本要求

标准物质是以特性量值的稳定性、均匀性和准确性为其主要特性的。这三个特性也是标准物质的基本要求。

（一）稳定性

稳定性（Stability）是指在指定条件下贮存时，标准物质在规定时间内保持特定特性值在一定限度内的特性。影响稳定性的因素有：光、温度、湿度等物理因素；溶解、分解、化合等化学因素；细菌作用等生物因素。稳定性表现在固体物质不风化、不分解、不氧化；液体物质不产生沉淀、不发霉；气体和液体物质对容器内壁不腐蚀、不吸附等。

在标准物质的研制过程中必须进行稳定性评估。稳定性评估不但能评估与材料稳定性相关的测量不确定度，而且能明确合适的保存和运输条件。标准物质的稳定性又分为长期稳定性和短期稳定性（也称运输稳定性）。

长期稳定性是指在规定的贮存条件下，在较长周期内定期地进行标准物质特定特性值的稳定性评估，考察标准物质的特性值保持在规定范围内的能力。短期稳定性指通过模拟运输及恶劣条件下的温度、放置方式等考察标准物质的稳定性。

标准物质的稳定性监测是一个长期的过程。监测的目的是给出该标准物质确切的有效期。随着监测积累数据的增多，有效期可能会有所变化。

例如，材料对光、湿度和热稳定性可以通过将多份样品贮存于不同环境下，定期对其进行分析的方法检验。可提高样品贮存温度的加速稳定性试验研究模拟长期贮存的效果。一般情况下，大多数稳定性研究包含了在-20℃，+4℃，室温（约+20℃）和+40℃时的贮存样品，并分别在0，1，3，6，12个月后对它们进行分析。有时候，像微生物样品等敏感物质，只有贮存在-70℃或更低的温度下，才能够保持稳定[3]。

（二）均匀性

均匀性（Homogeneity）是物质的一种或多种特性相关的结构或组成的一致性状态。理论上讲，如果物质的各部分之间特性值没有差异，则该物质就该特性而言是完全均匀的。然而实际上，如果物质各部分间的特性值差异不能被某测量方法检测出，则该物质就该测量方法而言，其特性也是均匀的。因此，均匀性的概念既包含物质本身特性又包括测量方法相关量，比如测量方法的精密度和检测取样量。通常标准物质证书中都给出均匀性检验的最小取样量。

影响均匀性的因素有物质的物理性质（密度、粒度等）和物质成分的化学形态及结构状况。密度不同可能引起重力偏析（化学成分的不均匀现象称为偏析）。一般来说，固体颗粒越细越容易出现重力偏析，颗粒越细时，表面积越大，越容易造成吸湿和污染。

标准物质的均匀性又分为单元间均匀性和单元内均匀性，分别指标准物质特定特性值在单元间和每一单元内的一致性。单元均匀性既适用于任何类型的包装（如小瓶），也适用于各种物理形态和试件。

（三）准确性

准确性（Accuracy）是指标准物质具有准确计量的或严格定义的标准值（也称保证值或鉴定值）。当用计量方法确定标准值时，标准值是被鉴定特性量的真值的最佳估计，标准值与真值的偏离不超过计量不确定度。在某些情况下，标准值不能用计量方法求得，而用商定一致的规定来指定。这种指定的标准值是一个约定真值。通常在标准物质证书中都同时给出标准值及其计量不确定度。当标准值是约定真值时，则还给出使用该标准物质作为"校准物"时的计量方法规范。

测定标准物质特性量值的过程就是标准物质的定值。定值是定量表示标准物质特性量的过程。均匀性合格，稳定性检验符合要求的标准物质方可进行定值。

定值包括定值方式的选择、测量方法的确认与控制、测量仪器的计量校准、测量溯源性的研究、测量数据的统计学处理以及评估测量不确定度。根据 JJF 1343—2022《标准物质的定值及均匀性、稳定性评估》，可以选择以下方式之一对标准物质定值。

（1）单一实验室采用原级测量标准或权威机构认定参考测量程序（由 ISO/IECG Guide99 定义）。

（2）一家或多家有能力的实验室采用两种或两种以上可证明准确度的方法，对不由操作定义的被测量定值。

（3）由具有能力的实验室，对由操作定义的被测量定值或使用特定方法进行定值。

（4）一家实验室采用一种测量程序，特性值由一个标准物质传递到另一个高度匹配的标准候选物。

（5）基于标准物质制备中使用的配制原料的质量或体积。

关于以上 5 种定值方案的详细解读及最新的评审要求，参见本书第四章第八节。总的来讲，使用一级标准物质比较定值主要适用于二级标准物质。对标准物质定值方法的最佳选择取决于可用的分析方法和该标准物质的基体。对于标准候选物的定值，尤其是对于基体标准物质，通常倾向于采用多种测量方法和多个实验室定值。

三、标准物质的分类和分级

（一）标准物质的分类

标准物质的分类方法主要有下列几种。

1. 按化学组成分类

标准物质按化学组成可分为两大类：单一组分标准物质和基体标准物质[4]。

单一组分标准物质是纯化学物质（元素或化合物）或纯度、浓度、熔点、熔化熔值、黏度、紫外可见吸光度、闪点等已准确定值的纯化学物质。这种类型的标准物质主要用于分析仪器的校准，在绝大多数分析测试中起着重要的作用。

基体标准物质通常是包含分析物的真实样品，它们以自然形式存在于自然环境中。应选择与测试样品基体相似的基体标准物质。另外，所选基体标准物质最好能够包含与测试样品相似的被分析物，并准确定值。基体标准物质最重要的用途是分析方法的检验和确认，也用于评估整个分析过程，包括样品萃取、净化、浓缩和最终测量步骤的质量。表 1-2 和表 1-3 分别列出了一些单一组分标准物质和基体标准物质。

表 1-2　单一组分标准物质实例

编号	名称	标准值	扩展不确定度
GBW13104	磷酸二氢钾 pH 标准物质	6.864（25℃）	0.005（pH，25℃）
GBW13984	异辛烷密度标准物质	691.869（密度，kg/m^3，20℃）	0.020（密度，kg/m^3，20℃）
GBW13616	聚异丁烯高黏度标准黏度液	200（$Pa \cdot s$，动力黏度20℃）	0.8（%，相对不确定度）
GBW（E）130014	X 射线衍射硅粉末标准物质	5.4307（晶格常数 Å）	0.0002（晶格常数 Å）
GBW（E）130584	甲醇水溶液中利血平标准物质	1.0（质量浓度，mg/mL）	3%

表 1-3　基体标准物质实例

编号	名称	标准值	扩展不确定度
GBW10070	转基因 BT63 水稻种子粉基体标准物质	0.5（质量分数，%）	0.04（$\times 10^{-2}$，质量分数，%，$k=2$）
GBW10030	蛋黄粉中胆固醇成分分析标准物质	22.43（g/kg）	0.96（g/kg）

续表

编号	名称	标准值	扩展不确定度
GBW10089	木耳无机成分分析标准物质	K 7.18（g/kg） Ca 7.02（g/kg） Mg 2.84（g/kg）	K 0.22（g/kg） Ca 0.22（g/kg） Mg 0.10（g/kg）
GBW（E）100531	鱼肉粉中呋喃唑酮代谢物 3-氨基-2-唑烷基酮（AOZ）残留分析基体标准物质	7.0（μg/kg）	1.0（μg/kg）
GBW（E）100828	糙米粉中汞成分分析标准物质	0.021（mg/kg）	0.003（mg/kg）

2. 按技术特性分类

标准物质按技术特性可分为：化学成分分析标准物质、物理特性与物理化学特性测量标准物质和工程技术特性测量标准物质，详见表1-4。

表1-4　按技术特性分类的标准物质

类号	分类名称	特点及主要用途
1	化学成分分析标准物质	具有确定的化学成分，以技术上正确的方法对其化学成分进行准确的计量，用于成分分析仪器的校准和分析方法的评价，例如金属、地质、环境等化学成分分析标准物质
2	物理特性与物理化学特性测量标准物质	具有某种良好的物理化学特性，并经准确计量，用于物理化学特性计量仪器的刻度、校准或计量方法的评价，例如用于 pH、燃烧热、聚合物相对分子质量测定的标准物质
3	工程技术特性测量标准物质	具有某种良好的技术特性，并经准确计量，用于工程技术参数和特性计量器具的校准、计量方法的评价及材料或产品技术参数的比较计量，如粒度标准物质、标准橡胶、标准光敏褪色纸等

3. 按标准物质用途分类

标准物质按用途可分为：产品交换用、质量控制用、特性测定用和科学研究用标准物质。

4. 按学科或专业领域分类

标准物质按学科或专业领域主要可分为钢铁、有色金属等，见表1-5。

国家标准物质资源库使用这种方法汇编了标准物质目录。

表1-5 按学科或专业领域分类的标准物质

类号	分类领域	举例
1	钢铁	生铁、铁合金、炉渣
2	有色金属	铜、铝、铅、锡
3	地质矿产	岩石、矿石、萤石
4	能源	煤、柴油、无铅汽油
5	建材	黏土、石灰岩、石膏、硅质砂岩、水泥
6	农业及环境	河流海洋沉积物、土壤
7	工程技术及高聚物	颗粒数量浓度
8	物理学及物理化学	熔点、溶液酸度、湿度、黏度、光学特性
9	材料分析与测量	熔体流动速率、粒度及浊度、相对分子质量
10	核材料成分分析与放射性测量	放射性元素同位素
11	临床、卫生及法医	生物材料、微生物、化妆品
12	食品	茶叶、果蔬、食品添加剂
13	高纯物质与容量分析用溶液标准物质	高纯药品、容量分析用溶液标准物质
14	仪器检定/校准用标准物质	利血平溶液标准物质（液相色谱质谱联用仪器校准用）
15	无机溶液标准物质	金属元素、形态/价态分析、化学耗氧量
16	有机溶液标准物质	苯系物、卤代烃、多环芳烃、增塑剂
17	农药、兽药及化肥	硫酸钾、磺胺嘧啶兽药、克线磷农药
18	激素及兴奋剂	克伦特罗、喷布特罗、氯丙那林
19	蛋白质和核酸检测用标准物质	质粒DNA、人血清白蛋白、转基因玉米质粒分子
20	气体标准物质	空气中甲烷、苯乙烯扩散管

5. 按标准物质属性和应用领域分类

我国目前按标准物质属性和应用领域将标准物质分类成13类。包括：钢铁成分分析标准物质、有色金属及金属中气体成分分析标准物质、建材成分分析标准物质、高分子材料特性测量标准物质、化工产品成分分析标准物质、地质矿产成分分析标准物质、环境化学分析标准物质、临床化学分析与药品成分分析标准物质、食品成分分析标准物质、煤炭石油成分分析和物理特性测量标准物质、核材料成分分析与放射性测量标准物质、物理特性与物理化学特性测量标准物质、工程技术特性测量标准物质。

（二）标准物质的级别

标准物质特性量值的准确度是划分其级别的主要依据。根据《标准物质管理办法》，我国将标准物质分为一级（国家级）标准物质和二级（部门级）标准物质。

1. 一级（国家级）标准物质的定级条件

（1）用绝对测量法或两种以上不同原理的准确可靠的方法定值。在只有一种定值方法的情况下，用多个实验室以同种准确可靠的方法定值。

（2）准确度具有国内最高水平，均匀性在准确度范围之内。

（3）稳定性在一年以上或达到国际上同类标准物质的先进水平。

（4）包装形式符合标准物质技术规范的要求。

2. 二级（部门级）标准物质的定级条件

（1）用与一级标准物质进行比较测量的方法或一级标准物质的定值方法定值。

（2）准确度和均匀性未达到一级标准物质的水平，但能满足一般测量的需要。

（3）稳定性在半年以上，或能满足实际测量的需要。

（4）包装形式符合标准物质技术规范要求。

一级和二级标准物质均符合"有证标准物质"的定义，其编号由国务院计量行政部门统一指定、颁发，按国家颁布的计量法进行管理。一级标准物质由国家计量机构或经国家计量主管部门确认的机构制备，采用定义法或其他准确可靠的方法对其特性量值进行计量。一级标准物质主要用来标定比它低一级的标准物质，或者用来检定高准确度的计量仪器或用于评定和研究标准方法，或在高准确度要求的关键场合下应用。二级标准物质或工作标准质一般是为了满足本单位的需要和社会一般要求的标准物质，由工业主管部门确认的机构制备，作为工作标准直接使用，作为现场方法的研究和评价方法是日常实验室内的质量保证以及不同试验之间的质量保证，即用来评定日常分析操作的测量不确定度。

2021年，国家市场监督管理总局批准通过了国家一级标准物质345项，国家二级标准物质1774项，涉及食品安全、农业生产、大众健康、新能源等多个领域，为经济社会高质量发展提供坚实计量技术支持。

（三）标准物质的编号

一级标准物质的编号（图1-2）是以标准物质代号"GBW"冠于编号前

部，编号的前两位数是标准物质的大类号（表1-4），第三位数是标准物质的小类号，最后两位是顺序号。生产批号用英文小写字母表示，排于标准物质编号的最后一位。例如：GBW09138a 血清胆固醇标准物质，为临床化学分析标准物质大类中第 1 小类，第 38 顺序号，第一批生产的标样。

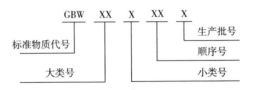

图 1-2　一级标准物质编号规则

二级标准物质的编号（图1-3）是以标准物质代号"GBW（E）"冠于编号前部，编号的前两位数是标准物质的大类号，后四位数为顺序号，生产批号用英文小写字母表示，排于编号的最后一位。例如：GBW（E）060019b 邻苯二甲酸氢钾纯度标准物质，为化工产品成分标准物质大类中第 1 小类，第 19 顺序号，第二批生产的标样。

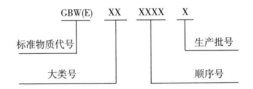

图 1-3　二级标准物质编号规则

（四）标准物质的分类编号

标准物质的分类编号如表1-6所示。

表 1-6　标准物质的分类编号表

标准物质分类名称	一级标准物质分类号	二级标准物质分类号
钢铁成分分析标准物质	GBW01101～GBW01999	GBW（E）010001～GBW（E）019999
有色金属及金属中气体成分分析标准物质	GBW02101～GBW02999	GBW（E）020001～GBW（E）029999
建材成分分析标准物质	GBW03101～GBW03999	GBW（E）030001～GBW（E）039999
核材料成分分析与放射性测量标准物质	GBW04101～GBW04999	GBW（E）040001～GBW（E）049999

续表

标准物质分类名称	一级标准物质分类号	二级标准物质分类号
高分子材料特性测量标准物质	GBW05101~GBW05999	GBW（E）050001~GBW（E）059999
化工产品成分分析标准物质	GBW06101~GBW06999	GBW（E）060001~GBW（E）069999
地质矿产成分分析标准物质	GBW07101~GBW07999	GBW（E）070001~GBW（E）079999
环境化学分析标准物质	GBW08101~GBW08999	GBW（E）080001~GBW（E）089999
临床化学分析与药品成分分析标准物质	GBW09101~GBW09999	GBW（E）090001~GBW（E）099999
食品成分分析标准物质	GBW10101~GBW10999	GBW（E）100001~GBW（E）109999
煤炭石油成分分析和物理特性测量标准物质	GBW11101~GBW11999	GBW（E）110001~GBW（E）119999
工程技术特性测量标准物质	GBW12101~GBW12999	GBW（E）120001~GBW（E）129999
物理特性与物理化学特性测量标准物质	GBW13101~GBW13999	GBW（E）130001~GBW（E）139999

（五）标准物质证书

标准物质证书是指包含使用有证标准物质所需全部基本信息的文件，也就是说，有证标准物质必须附有证书。证书是标准物质认定机构（或生产单位）向用户提供用于介绍标准物质特性的技术文件。根据 JJF 1186—2018《标准物质证书和标签要求计量技术规范》，标准物质证书通常由以下几个部分（附件除外）构成。

1. 封面

每份证书均应有封面，封面内容由许可证标志、授权机构、有证标准物质编号、认定机构、中文名称、英文名称、证书编号、认定日期和有限期限等组成。

2. 内文

（1）概述　概述包括对标准物质的总体描述，对于基体标准物质，需要说明基体来源，被分析物的添加方式等；还应该包括该标准物质制备方式的简要介绍，物理形态的描述以及包装容器的性质等。

（2）预期用途　此处应准确说明该标准物质的应用领域和预期用途。以便为不同应用目的的使用者提供选择信息。

（3）特性量、特性值及不确定度　这是标准物质的重要特性，一般以表格形式给出。其中不确定度要严格按照 JJF 1059.1—2012《测量不确定度评定与表示》和 JJF 1343—2022《标准物质的定值及均匀性、稳定性评估》的要求给出。

（4）计量溯源性　证书应对该标准物质的计量溯源性进行声明，包括被测量的清晰描述以及特性值溯源性的测量标尺，对所选用的测量标准，溯源途径、溯源方法等的描述，说明计量溯源的有效性。保证特性值溯源至 SI 基本单位或公认的测量标准。

（5）定值测量方法　应明确给出该标准物质特性值的定值测量方法。

（6）最小取样量和有效期　最小取样量是根据均匀性和稳定性评估，定值研究等方式得到的。在该最小取样条件下可以对标准物质进行准确使用。一般标准物质的包装都标明不建议多次取样，有效期也是通过对标准物质中长期条件下进行稳定性评估得到的，提示使用者应在有效期内使用。

（7）标准物质的运输和储存条件　应对标准物质的运输和储存条件进行说明，如温湿度、光照等，以确保标准物质的有效性。

（8）使用说明　包括保证标准物质均匀性的说明，打开包装的规定操作说明，标准物质烘干或干质量矫正的确切条件，固体标准物质配置成溶液的说明等。

（9）标准物质研制机构名称和联系方式　包括研制机构单位名称、电话、传真、电子邮件、网址等，还应加盖公章。

（10）其他　标准物质研制中有其他单位参与的，应写清楚分包方单位名称，以及各分包单位承担的工作内容。标准物质证书应标明页码。

四、标准物质在分析测试中的作用

标准物质具有测量标准的属性，是对国民经济各个领域里的测量数据可比性与一致性起着重要作用的计量标准。在化学分析测试中，标准物质的作用尤为重要，主要体现在下列几个方面[5]。如图 1-4 所示为包括取样和样品制备在内的典型测量示意图，可见标准物质在其中发挥的作用。

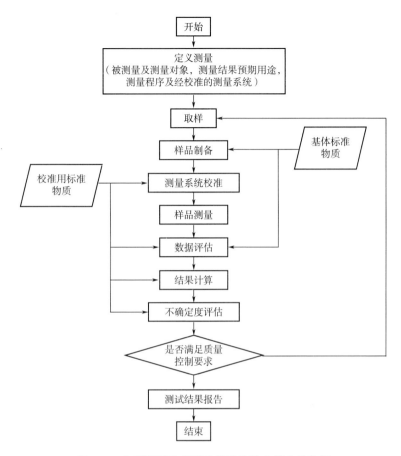

图 1-4 典型测量示意图及标准物质在其中的作用

（一）校准

大多数分析仪器观测到的仪器信号与被分析物的量有函数关系如下式：

$$信号=K \times （被分析物的量）^n$$

对于较常遇到的信号与被分析物之间呈线性关系的情况，$n=1$。由于缺少合适的物理/化学理论来支持仪器的基本操作，比例常数 K 通常是未知的。在这些情况下，引入量值准确已知的特定被分析物来校准仪器的输出信号。比较校准物信号与测试样品信号，并通过下式计算出样品中被分析物的量。

$$样品中被分析物的量=样品信号/校准物信号\times校准物中被分析物的量$$

当仪器信号随被分析物的量呈线性变化（式中 $n=1$）时，可以采用这个公式。但在分析前，需要确定校准的试验条件适用于被分析物，这样仪器对校准物和被分析物的响应才能一致。

有证标准物质可以作为校准中的测量标准，并且通过不间断的校准链，以相对直接的方式或为测量结果的选定参照对象，如测量单位定义、约定参考标尺、约定测量程序或有证标准物质本身的计量溯源性。可根据仪器选择相应的有证标准物质。

例如，GBW（E）130662异辛烷中硬脂酸甲酯溶液标准物质是标准值10.0 ng/mL的标准物质，该标准物质主要用于气相色谱–质谱联用仪质量准确性测试，也可作为校准标准，用于脂肪酸甲酯日常分析和检测。JJF 1164—2018《气相色谱–质谱联用仪校准规范》中就标明使用有证标准物质硬脂酸甲酯–异辛烷溶液来进行气质联用仪的仪器校准。该物质的证书上同时标明纯度的相对不确定度为2%。可根据此信息对制备溶液浓度的不确定度进行确定。类似的有证标准物质还有很多，如多氯联苯、多环芳烃、苯酚、阴离子等化合物的标准溶液，可用于校准特定种类物质的仪器。

标准物质的特性值可通过校准模型引入样品测量结果的计算中。常用的线性校准模型有单点校准、括弧法校准、多点校准、标准加入法校准。其中，多点校准应用最为广泛。校准曲线的建立是基于校准物的测量以及适当的曲线拟合方法，常采用最小二乘法；测量中因样品与校准物之间基体不同而产生的集体效应，可通过适当的基体匹配和标准加入法解决。

（二）建立计量溯源性

计量溯源性是指定值通过具备证明文件的不间断的校准链，将测量结果与参照对象联系起来的测量结果的特性，校准链中的每项校准都会引入测量不确定度。标准物质作为广泛使用的测量标准，其特性值及其不确定度是基于均匀性、稳定性评估和由定值测量得到的合并测量结果。当标准物质被指定为国际公认的约定测量标准并用于定义测量单位时，其自身可作为溯源链的最高参照对象[15]。

例如，在pH量值溯源中，我国现有的pH一级标准物质采用pH国家基准装置（无液接界电池）定值，主要用于建标考核和给二级标准物质赋值。而在各领域广泛使用的是pH二级标准物质，并用这些二级标准物质对实验室使用pH计或精密pH计进行校准和赋值，从而实现了从国家基准到实验室测量的量值传递，也就是建立了从实验室测量到国家基准的量值溯源。

（三）为其他材料赋值

有证标准物质常用于材料赋值。在化学成分量测量领域，标准物质，如纯物质标准物质和校准用溶液标准物质，常用于通过混合、稀释等手段制备其他工作用标准物质或校准物，它们的特性值及不确定度部分取决于用于制备的标准物质的特性值及不确定度，并受到制备程序和环境条件的影响；标准物质为其他材料赋值还有一种情况是应用酸碱、氧化还原、络合、沉淀等经典化学反应原理，进行称量滴定法或容量滴定法分析。如采用邻苯二甲酸氢钾纯度标准物质对氢氧化钠溶液进行反滴定，并为其赋值。采用与标准物质比较的方法为其他材料赋值在本质上是一种校准。

(四) 测量方法/程序确认

测量方法/程序确认的要素包括选择性、线性、精密度、正确度、检出限、定量限、稳健性等，通过方法确认，可以得到测量结果不确定度评定的大部分信息，并以此有效建立测量结果的计量溯源性。

测量方法/程序确认的任何步骤产生的误差都可影响所有单次测量结果，因此应确保用于精密度与正确度评估的单次测量数据的独立性，即一个测量结果不受之前结果的影响。测量数据先检查，通过评估度量可疑点与均值的相对距离，排除异常值。

1. 精密度评价

精密度是在规定条件下独立测试结果间的一致程度。规定条件可以是重复性测量条件、期间精密度测量条件或复现性测量条件。重复性测量条件指在同一实验室，由同一操作员使用相同的设备，按相同的测试方法，在短时间内对同一被测对象相互独立进行的测试条件；复现性测量条件指在不同的实验室，由不同的操作员使用不同设备，按相同的测试方法，对同一被测对象独立进行的测试条件；位于重复性测量条件和复现性测量条件的中间条件称为期间精密度测量条件。所选择的条件与测量方法/程序有关，如对于化学分析，操作者和时间可能是主要影响因素；对于微量分析，环境和设备可能是主要影响因素；而对于物理测试，设备和校准则可能是主要影响因素。

测量精密度仅依赖于测量随机误差的分布，而与真值或规定值无关，因此用于精密度评估的标准物质不必具有已知的、具有计量溯源性的特性值。

由单个实验室评估精密度时，常采用一组测量数据的标准偏差（S）或相对标准偏差（RSD）表示。当一组检测结果为 x_1，…，x_n 时（n 为检测次数），S 和 RSD 的计算按照贝塞尔公式由下式获得，下式中 $\bar{x}$ 为测量结果算术平均值。为提高评估可靠性，参与统计的测量次数 n 应足够大，一般不小于 6 次。

$$S = \sqrt{\frac{\sum\limits_{i=1}^{n}(x_i - \bar{x})^2}{n-1}}$$

$$\mathrm{RSD} = \frac{s}{\bar{x}} \times 100\%$$

当由实验室间研究评估精密度时，参照 GB/T 6379.2—2004 或 ISO 5725-2：1994《测量方法与结果的准确度（正确度和精密度）第2部分：确定标准测量方法重复性和再现性的基本方法》，计算并确定标准测量方法的重复性标准差（S_r）和复现性标准差（S_R）数值，并确定 S_r 和 S_R 与测量水平（$\hat{m}$）的函数关系，简称方法精密度，方法如下：

$$T_1 = \sum n_i \bar{y}_i$$

$$T_2 = \sum n_i (\bar{y}_i)^2$$

$$T_3 = \sum n_i$$

$$T_4 = \sum n_i^2$$

$$T_5 = \sum (n_i - 1) S_i^2$$

$$S_r = \sqrt{\frac{T_5}{T_3 - p}}$$

$$S_L = \sqrt{\left[\frac{T_2 T_3 - T_1^2}{T_3(p-1)} - S_r^2\right]\left[\frac{T_3(p-1)}{T_3^2 - T_4}\right]}$$

$$S_R = \sqrt{S_L^2 + S_r^2}$$

$$\hat{m} = \frac{T_1}{T_3}$$

式中　n_i——第 i 号实验室对 m 水平样品的测试结果个数；

　　　$\bar{y}_i$——第 i 号实验室对 m 水平样品的测定结果算术平均值；

　　　S_i——第 i 号实验室对 m 水平样品的测定结果标准偏差；

　　　p——参加实验室间协同试验的实验室数；

　　　S_L——参加实验室之间的标准偏差；

　　　$\hat{m}$——协同试验对 m 水平样品的测试结果总平均值估计值。

精密度的结果往往依赖于测量水平，通常在化学分析中，测量水平的浓度值越大，测量结果间的变异性越小，精密度越高；测量水平的浓度越小，测量结果的变异性越大，精密度越低。

2. 正确度评价

正确度是多次重复测量所得值的平均值与可接受的参考值之间的一致程度。测量正确度可用测量偏倚表示。偏倚 Δ 通常用测量结果算术平均值与接受参考值的偏差表示，见下式。

$$\Delta_1 = \frac{\overline{m} - \mu}{\mu} \times 100\%$$

$$|\Delta_2| = |\overline{m} - \mu|$$

式中 　Δ_1——相对偏差；

　　　Δ_2——绝对偏差；

　　　$\overline{m}$——测量结果算术平均值；

　　　μ——可接受的参考值。

利用和样品基质匹配且浓度相近的有证标准物质分析评价方法偏倚是最理想的。根据 GB/T 32465—2015《化学分析方法验证确认和内部质量控制要求》，当使用有证标准物质进行重复性分析评价正确度时，重复检测的平均值与接受参考值的相对偏差在±10%。

当分析方法的精密度已知时，可以利用精密度临界差对偏倚进行评价，即 n 次重复性测量结果的平均值与接受参考值的绝对偏差差不应该超过95%包含概率条件下的临界值（$CD_{0.95}$），临界值计算见下式。

$$CD_{0.95} = \frac{1}{\sqrt{2}} \sqrt{(2.8\sigma_R)^2 - (2.8\sigma_r)^2 \left(\frac{n-1}{n}\right)}$$

式中 　n——重复性条件下测量次数；

　　　σ_R——复现性条件下方法总体标准偏差，通常用复现性标准偏差（S_R）作为其估计值；

　　　σ_r——重复性条件下方法总体标准偏差，通常用重复性标准偏差（S_r）作为其估计值。

如果只是对方法的正确度进行验证，工作内容可适当从简，只要回收率满足要求即可。

3. 测量质量控制

日常采用的实验室质量控制指标包括测量精密度、测量偏移或回收率、灵敏度等，标准物质为上述测量质量控制提供了均匀、稳定的样品。此外，利用标准物质开展的实验室间比对活动是一种有效的实验室外部质量控制手段。

五、标准物质的使用和维护

（一）标准物质的选择

在选择、购买标准物质时，往往应考虑以下要素。

1. 特性量的种类及定值方法

某些标准物质可能只适用某一特定方法或专属领域的应用，某些标准物质的值有特殊规定，如含结晶水的值，应对证书中该类说明加以注意，防止误选误用。

2. 特性量水平

标准物质的特性量水平应与日常测量样品的水平匹配。

3. 可接受的不确定度水平

标准物质特性量的相关不确定度水平应与日常测量中的精密度和正确度限度要求匹配。

4. 基体及可能的干扰

标准物质用于开展方法确认、质量控制以及一些基体效应较为严重的测量方法的校准时，基体应与日常测量样品基体尽可能接近。

5. 形式

标准物质可制备成不同的形式，如冻干与冰冻样品，制备方式的不同可能会导致相同特性在标准物质与真实样品中的行为差异，从而产生互换性问题，选购前应充分调研。

6. 最小取样量

只要标准物质证书中规定了最小取样量，用于测量的取样量应不小于该最小取样量，因此选购时应考虑最小取样量是否能满足测量方法要求。

7. 用量

标准物质的购买用量应足以满足整个试验计划中的应用，包括根据需要考虑的备样。

8. 稳定性

选购前应确认所购买批次标准物质的有效期限，避免使用时已过期的情况。

应根据预期的用途选择合适的标准物质，原则上不能超出标准物质证书或文件中规定的预期用途范围使用。当用于校准、测量正确度评价以及物质赋值，并通过这些应用建立测量结果的计量溯源性，应优先选择有证标准物质；当用于开展质量控制时，可采用质量控制用内部或工作标准物质。此外也需要根据实际工作情况，考虑标准物质的供应状况、价格等因素。

（二）标准物质的保存

对于购买到的标准物质，在收到后应首先对照证书确认标准物质的运输条件是否符合要求，然后核对品种、数量等是否与购买要求一致；包装、外观是否正常，标识是否清晰、完整；有无证书；是否在证书声明的有效期内等，核对完毕后，立即按照证书中规定的保存条件进行保存。

对于多次使用的标准物质，包装单元开封后，应恰当保存并保证包装的完整性。可根据证书文件中的要求对剩余的物质进行重新密封包装，并在保质期内使用标准物质。到期后未使用的标准物质也许仍旧稳定，对于一些批量较大、稳定性周期较长（如五年）的标准物质，研制单位有时会提供延长有效期的服务，但是在标准物质的稳定性无法得到研制单位保证的情况下，不应继续使用该标准物质。

（三）标准物质的使用

当测量条件达到稳定后方可使用标准物质。

标准物质取样时，应按照证书中规定的使用和配制方法，完成取样前的处理，如混匀、烘干等，以确保所取子样的代表性。使用标准物质的实际取样量不应低于标准物质的最小取样量，当小于标准物质的最小取样量使用时，证书中标明的标准物质特性值和不稳定度等参数可能会因标准物质的不均匀性而失效。

挥发性有机物（VOCs）标准物质或含有挥发性溶剂的标准物质开启后，量值极易发生变化，该类标准物质通常为一次性使用的标准物质。对于仅供一次使用的标准物质，在打开包装后应按照要求尽快使用，或者按照标准物质证书中规定的时间要求打开后尽快完成转移和配制。

对于可多次使用的有证标准物质，应确保标准物质包装单元开封后的恰当保存以及包装、标签、证书的完整性。取样时采取防止沾污的措施。

用户购买到的校准用标准物质常常浓度较高，不能直接使用，应做好这些过程的质量控制。标准物质稀释配制过程中所使用的容器需要引起注意。有些物质用玻璃瓶存储时，容易受降解或溶出影响，这时就要使用其他材料的瓶子，如 K、Na 等元素溶液标准物质，需采用塑料瓶保存；有些物质用塑料瓶存储则会发生吸附或溶出，如汞，在塑料瓶中可能会产生吸附现象，因此选择玻璃瓶较为可靠。对于校准用标准物质，常需通过混合、稀释等手段进一步制备工作用校准物，为确保标准物质特性值的正确传递，应建立适当的制备及不确定度评估程序，如称量、稀释过程中适用的计量器具，如天平、移液器、容量瓶等，应经适当的校准或检定确认符合精度和准确度的要求。

(四) 标准物质的核查

在 CNAS-CL01（即 ISO 17025）中要求"根据规定的程序和日程对参考标准、基准、传递标准或工作标准以及标准物质进行核查，以保持其校准状态的置信度"。

为保证标准物质定量的准确性及其特性的稳定性，开展标准物质的期间核查是十分有必要的。在规定的时间间隔内进行期间核查能及时发现标准物质特性的变化，如是否受污染、是否降解等，对确保试验结果的可信度有重要意义[6]。

对于未开封的标准物质，一般仅进行外部核查，即核查标准物质是否在有效期内、标准物质包装是否破损泄漏、储存位置及条件是否符合证书上要求等。对于符合要求的标准物质，不再做技术性核查。

对于已开封可多次使用的标准物质，除了满足上述外部核查要求外，必要时还应进行技术性核查。常用的技术性核查主要有以下几点[7]。

（1）实验室间比对，不同实验室对同一标准物质进行测定，并计算测定结果的不确定度。

（2）对稳定的质控样品进行检测。

（3）测试近期参加过的能力验证结果满意的样品。

（4）进行标准物质比对，例如在同样条件下，对新购标准物质和待核查标准物质同时测量，比较同一浓度下色谱峰面积或吸光度。

核查过程中如果发现不合格的标准物质要立即处理，不允许私自使用。追溯到对之前的检测数据造成影响的，执行不符合及纠正措施程序。

第三节　国内外标准物质发展历史与现状

标准物质是国家或国际的测量标准和量值传递的载体，是建立被测量值溯源体系最有效的工具。西方国家标准物质发展较早，英国、法国、美国等发达国家的标准物质研究在国际上享有盛誉，研制的标准物质的品质具有国际权威性。亚洲国家标准物质研究虽起步较晚，但也已具有相当的规模并建立了数据库。

一、国外标准物质的发展历史与现状

（一）国际标准化组织标准物质委员会（ISO/REMCO）

标准物质的研制和应用起始于美国的钢铁业，1906 年，原美国国家标准局（NBS）正式制备和颁布了第一批"铁"标准物质，主要定值为总碳、石墨碳、化合碳、磷、硅、锰、总硫等成分，以促进钢铁企业提高产品质量。

1973 年，由美国国家标准局（NBS）与国际法制计量组织（OIML）联合成立独立的国际标准物质委员会，并在国际标准化组织（ISO）的批准组建下于 1974 年成立有关标准物质的特别工作组（REMPA）。1975 年 9 月 ISO 理事会正式批准将该工作组转换为直属于 ISO 中央秘书处的标准物质委员会（缩写为 ISO/REMCO）。ISO/REMCO 的成员国分为正式成员（P 成员）和观察员（O 成员）两种，目前已有 31 个正式成员国，39 个观察成员国。成员国的任务主要有建立标准物质的概念、条件和定义；根据标准物质的使用目的，明确其最基本的特性；针对标准物质的研制提出行动计划以支持 ISO 的其他项目；为 ISO 技术委员会制定标准物质的相关指南；与国际组织就标准物质领域的问题进行协商；对标准物质管理董事会提出标准物质相关的意见与建议。目前，在各成员国的努力下，ISO/REMCO 已经出版 9 个标准物质相关的指导性文件，并成为世界上进行标准物质研制领域的国家相关标准、准则的基础，为统一国际间的标准物质管理提供了依据[8]。

（二）国际标准物质信息交流

随着各国标准物质研究的发展，各国都建立了标准物质信息库，例如，美国国家技术与信息研究院（NIST）的标准物质数据库，欧盟标准物质与测量学会的标准物质网（Institute for Reference Materials and Measurements，IRMM），英国政府化学家实验室（Laboratory of the Government Chemist，LGC）标准物质网等都是具有国际影响力的标准物质信息平台。亚洲国家标准物质研究虽起步较晚，但也已具有相当的规模并建立了数据库，如中国的国家标准物质信息服务平台、日本的标准物质数据库（Reference Materials Total Information Service of Japan，RMinfo）。

为了快速、准确地查询国际范围内最新、最全的标准物质信息，促进标准物质在世界范围的应用与推广，实现高质量的信息服务和进行国际间合作与交流，1990 年，中国国家标准物质研究中心、法国国家测试所、美国国家标准技术研究院、英国政府化学家研究所、德国国家材料研究所、日本国际贸易和工业检验所、苏联全苏标准物质计量研究所共同创立了国际标准物质信息库，简称 OMAR 信息库。目前，COMAR 是国际上最大的 CRMs 数据库，收录了来自 25 个成员国 274 个生产机构提供的 CRMs 数量超过 10600 种[9,10]。

二、国内标准物质的发展历程

1978 年，中国计量测试学会成立，计量学科规划被列入国家学科十年发展规划。1985 年，我国颁布了《中华人民共和国计量法》，中国加入了《国际法制计量组织公约》，成为当时国际法制计量组织 50 个成员国之一。同年，国家计量局批准发布了 55 种一级标准物质。

1987 年，国家计量局根据《中华人民共和国计量法实施细则》中对"计量器具"的定义，制定了《标准物质管理办法》，标志着标准物质纳入了依法管理的计量器具范围。

中国计量科学研究院是中国最高的计量科学研究中心和国家法定计量技术机构，隶属国家市场监督管理总局，主要职责是开展计量科学基础研究；开展计量基准、计量标准研究和国际量值比对；研究、建立、保存、维护国家计量基准和国家计量标准，复现单位量值，研制国家标准物质。在我国，标准物质研制单位在完成标准物质的研究后，经主管部门同意，向国务院计量行政部门提出定级鉴定申请，由全国标准物质管理委员会办公室组织专家评审组对样品和文件材料进行审查和考核。国务院计量行政部门根据审查及专家考核意见做出最终批复。审查批准的，颁发制造计量器具许可证和标准物质定级证书，授予编号，列入中华人民共和国标准物质目录，并向全国公布。我国的标准物质研制生产以中国计量科学研究院为核心，它同时也是中国最权威的标准物质研制机构。

近年来，由于国家科技项目和社会发展对量值准确以及可比性的需求，标准物质一直处于迅速发展中，由 2000 年 2000 余种增加到 2021 年的 15000 余种。自 2007 年后，标准物质进入稳步增长阶段[11]。尤其是 2021 年，国家市场监督管理总局批准通过了国家一级标准物质 345 项，国家二级标准物质 1774 项，实现了跨越式的增长。2001—2021 年 20 年间标准物质增长情况见表 1-7 和图 1-5。

表 1-7　2001—2021 年标准物质年度增长量　　　　单位：项

年份	一级标准物质	二级标准物质	合计
2001	46	108	154
2002	36	200	236
2003	/	184	184
2004	99	206	305
2005	45	142	187
2006	26	359	385
2007	92	516	608
2008	60	527	587
2009	71	425	496
2010	201	419	620
2011	97	603	700
2012	146	454	600
2013	120	492	612
2014	68	391	459
2015	65	595	660
2016	134	1034	1168
2017	175	539	714
2018	64	460	524
2019	189	1023	1212
2020	85	459	544
2021	345	1774	2119
合计	2164	10910	13074

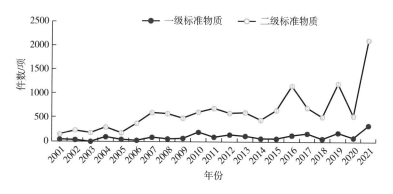

图 1-5　2001—2021 年标准物质增长趋势图

从表1-7和图1-5可以看出，我国有证标准物质数量在过去20年中增长迅速，一级标准物质保持平稳增长，二级标准物质数量则跨越式地增长。标准物质的发展侧面反映出我国经济和科技的快速发展，经济社会和贸易的发展，扩大了对标准物质的需求，在增加科研经费的基础上，标准物质的研发呈现迅猛发展的态势。

标准物质数量的增长状况与我国的《标准物质管理办法》密切相关。以《标准物质管理办法》为指导，二级标准物质的研制和审批过程与一级标准物质相比，周期相对要短，能够在符合技术要求的前提下，满足用户的迫切需求；一级标准物质的研制和审批周期较长，标准也更高，在较短的时间内难以满足用户的迫切需求。因此，二级标准物质的增长量远远大于一级标准物质。

依据我国的标准物质分类方法，表1-8列出了2016—2021年6年间新研制批准的标准物质领域分布情况。由此表可以看出近几年我国标准物质发展并不均衡，新增标准物质主要集中在环境化学和化工产品领域，新增标准物质占总数的55%。由于我国对环保的重视以及化工工业的快速发展，近年来环境化学与化工领域一直是投入的重点。临床化学与药品成分分析标准物质和食品分析标准物质增长速率较快，分别占总数的10.02%和9.16%。高分子材料特性测量标准物质6年间无新增，可见在新材料领域等高新领域，标准物质的研制相对滞后。

表1-8　2016—2021年新增标准物质分布

序号	领域	一级标准物质/项	二级标准物质/项	总计/项	百分比/%
1	钢铁	59	197	256	4.08
2	有色金属及金属中气体成分	28	188	216	3.44
3	建材	0	11	11	0.18
4	核材料	53	3	56	0.89
5	高分子材料	0	0	0	0.00
6	化工产品	60	986	1046	16.66
7	地质矿产	259	171	430	6.85
8	环境化学	96	2354	2450	39.03
9	临床化学与药品	152	477	629	10.02
10	食品	138	437	575	9.16
11	煤炭石油	36	66	102	1.62
12	工程技术	17	83	100	1.59
13	物理特性与物理化学特性	93	313	406	6.47

由图1-6可以看出标准物质总数较高的环境化学和化工产品中，二级标准物质数量远大于一级标准物质；在地质矿产、临床化学与药品和食品三个领域一级标准物质的优势明显。

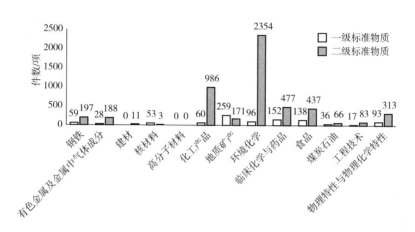

图1-6　2016—2021年新增标准物质件数分布统计

三、我国标准物质的未来发展趋势

与国际其他发达国家的标准物质数量和分布领域相比，我国在标准物质研制取得大跨步进展的同时也存在一些问题，比如，标准物质数量众多，但存在新品种少，标准物质类型领域分布不均匀，重复研制现象多；标准物质来源复杂，溯源性难以保证；生产标准物质的单位虽多，但规模完备的不多，一些标准物质由于复制难度大，经费人员销售渠道等问题出现断供情况；基体标准物质较少，特征量值覆盖不全面，不能满足行业检测需求等问题。

随着检测技术快速发展，检测特征量的多元化和复杂化，对检测手段和仪器提出了更高的要求，从常量、微量分析到微粒分析，从总体分析到微区、表面、逐层分析，从宏观到微观结构分析，从组成到形态分析，从静态到快速反应追踪分析，从破坏试样分析到无损分析，从离线到在线分析，从简单体系分析到复杂体系分析[12]，为标准物质的研发提出了更多的要求和挑战。

2021年12月7日，国家市场监督管理总局计量司发布了《市场监管总局关于加强标准物质建设和管理的指导意见》，立足新的历史方位，聚焦国家发展战略，以习近平新时代中国特色社会主义思想为指导，统筹问题导向和目标导向，兼顾全局谋划和重点部署，明确了新方向，提出了新路径；目标完善标准物质建设和管理体制，优化标准物质体系，加强标准物质评审和监管能力，保障标准物质的技术水平、创新能力、供给能力和国际竞争力的不断提高。

参考文献

［1］A. Zschunke. 分析化学中的标准物质选择与使用指南［M］.北京：中国计量出版社，2005.

［2］施昌彦. 现代计量学概论［M］.北京：中国计量出版社，2003.

［3］全国标准物质管理委员会. 标准物质定值原则和统计学原理［M］.北京：中国计量出版社，2011.

［4］Peter Roper，Shaun Burke，Richard Lawn，等. 标准物质及其在分析化学中的应用［M］.北京：中国计量出版社，2006.

［5］赵艳，李娜，谢艳艳，等. 标准物质及其在分析测试中的重要作用［J］.中国标准化，2019（19）：185-190.

［6］王祥，耿熠博，袁利杰，等. 食品检验实验室标准物质规范化管理探讨［J］.现代食品，2022，28（3）：36-39.

［7］许建军，贾会，宋笑明. 化学领域检测实验室如何做标准物质期间核查［J］.计量与测试技术，2020，47（9）：67-69.

［8］王巧云，何欣，王锐. 国内外标准物质发展现状［J］.化学试剂，2014，36（2）：289-296.

［9］陈钰，程义斌，孟凡敏，等. 国内外标准物质发展现况［J］.环境卫生学杂志，2017，7（2）：156-163.

［10］王巧云. 国际标准物质数据库 COMAR 及有证标准物质［J］.岩矿测试，2014，33（2）：155-167.

［11］汪斌，卢晓华，孟凡敏.2001 年以来我国标准物质发展状况概述［J］.中国计量，2009（9）：71-72.

［12］卢晓华，汪斌，郭敬，等.2015—2016 国家有证标准物质资源发展分析［J］.中国计量，2017（3）：82-85.

第二章
无机阴离子成分分析标准物质

　　无机阴离子普遍存在于自然界以及与人类生产生活有紧密关系的产品中，这些包括并不仅限于分析化学材料、水、化工产品、无机化学材料、塑料、肥料、金属材料、乳和乳制品、饲料、谷物、豆类及其制品、肉和肉制品及其他动物类食品、水果、蔬菜及其制品、天然气、饮料、有机化学材料、燃料、流体存储装置、石蜡、沥青材料和其他石油产品、道路工程、烟草、烟草制品和烟草工业设备、茶、咖啡、可可、核能工程产品、试验条件和规程综合材料、环境保护及航空航天制造用材料等。在上述领域的质量测试活动中，无机阴离子是一个必不可少的重要指标。

　　在水质分析中，无机阴离子不仅仅是不同类型的水标准质量测试的代表性指标，也是区分水域、产地等水质特点的重要指示信息[1,2]。而对饮用水中无机阴离子与阳离子结合分析，可以为消费者提供饮用水的安全性和营养元素信息[3]。

　　无机阴离子虽然大部分溶于水，但是在非水领域，其可以具有多种结合态，如与其他大分子有机质结合，转变产品特性[4]；吸附在物质的表面，改变物质的表面特性[5,6]；在特定溶液中聚集在一起，形成特殊性能的离子液体，实现特定物质的溶解和捕获等[7]。在工业生产中，无机阴离子对影响工艺参数和产品性能的关键指标具有其特有的作用，对其含量测定有较多报道[8-10]。而在很多有机标准物质中，无机阴离子则是作为杂质存在，在研制过程中需要对其进行测定，在标准物质的证书中也需要对此类杂质的含量进行明示[11]。

　　对无机阴离子的分析，是现代分析科学必要的组成部分。可以说除了国家标准，各行各业都有关于其产品中无机阴离子的分析测定标准。作为一类特殊的标准物质，无机阴离子标准物质是为这些测试活动提供参考、对照和计量的重要工具。

　　总体来讲，无机阴离子标准物质分为纯固体标准物质和溶液标准物质。

不仅国内市场有大量不同种类的产品，在国外也很常见。

通过对中国国家标准物质资源共享平台（www.ncrm.org.cn）、美国国家标准与技术研究院官方网站、欧洲标准局标准物质网站、英国政府化学家实验室方网站、德国联邦材料研究院官方网站、澳大利亚国家测量研究院官方网站、日本标准物质信息服务系统等标准物质网站进行检索，可以得到关于无机阴离子成分分析标准物质的详细信息。

第一节 国内标准物质

一、单一成分的纯固体标准物质

单一成分的纯固体标准物质主要特征是：成分为单一稳定的物质；具有特性量值的准确性、均匀性、稳定性；量值具有传递性；是一种实物形式的计量标准。这类产品中有很多一级标准物质。它们的使用面较为广泛，一般来讲包装较大，保质期较长，在正确操作条件下，有一些标准物质可以开瓶后重复使用。当然，保存过程中需要严格按照说明书要求存放。

此类物质包括：氯化钾纯度标准物质，重铬酸钾纯度标准物质，碳酸钙纯度标准物质，氯盐、硫酸盐、硝酸盐、磷酸盐等纯度标准物质等。

1. 氯化钾纯度标准物质

标准物质编号：GBW06109。

中文名称：氯化钾纯度标准物质。

英文名称：Potassium chloride purity sample。

包装：该标准物质分装于玻璃瓶中，每瓶 50g，加盖带内衬垫的螺口瓶盖，用纸盒进行外包装，内附标准物质证书，需在避光、阴凉、干燥处贮存。

保存条件：阴凉、密闭和避光条件。

有效期：10 年。

使用注意事项：用前将样品放在坩埚内，在 500℃±10℃ 条件下干燥 6h，取出后放在硅胶干燥器内冷却至室温。最少取样量为 0.15g。样品质量必须进行浮力校正，样品密度为 1.984g/cm³，在使用中应严格防止污染。

量值信息：如表 2-1 所示。

表 2-1　氯化钾纯度标准物质量值信息

表 2-1　氯化钾纯度标准物质量值信息

组分	标准值	扩展不确定度（$k=2$）	基体
以钾计	99.97%	0.04%	纯品
以氯计	99.995%	0.008%	纯品

2. 重铬酸钾纯度标准物质

标准物质编号：BWJ4251-2016。

中文名称：重铬酸钾纯度标准物质。

英文名称：Purity of potassium dichromate。

包装：该标准物质采用棕色玻璃瓶密封包装，规格 5g/瓶，携带或运输时应有防碎裂保护。

保存条件：阴凉、密闭和避光条件下存放。

有效期：36 个月。

使用注意事项：用前将样品放在称量瓶内，在 130℃±10℃ 条件下干燥 6h，取出后放在硅胶干燥器内冷却至室温。最少取样量为 0.15g。

量值信息：如表 2-2 所示。

表 2-2　重铬酸钾纯度标准物质量值信息

组分	标准值	扩展不确定度（$k=2$）	基体
重铬酸钾	99.5%	0.1%	纯品

3. 碳酸钙纯度标准物质

标准物质编号：BWJ4413-2016。

中文名称：碳酸钙纯度标准物质。

英文名称：Purity of calcium carbonate

包装：该标准物质采用西林瓶包装，规格 10g/瓶，携带或运输时应有防碎裂保护。

保存条件：阴凉、密闭和避光条件下存放，使用中严格防止污染，打开包装后应尽快使用，使用后密封保存，减少对照品的降解、污染和潮解。

有效期：48 个月。

使用注意事项：用前将样品放在称量瓶内，在 285℃±10℃ 条件下干燥 3h，取出后放在硅胶干燥器内冷却至室温，最少取样量为 0.15g。

量值信息：如表2-3所示。

表2-3 碳酸钙纯度标准物质量值信息

组分	标准值	扩展不确定度（$k=2$）	基体
碳酸钙	99.0%	0.1%	纯品

4. 硫酸钠纯度标准物质

标准物质编号：GBW（E）060319。

中文名称：硫酸钠纯度标准物质。

英文名称：Purity of sodium sulfate。

包装：规格10g/瓶，携带或运输时应有防碎裂保护。

保存条件：室温，阴凉、密闭和避光条件下存放。

有效期：36个月。

使用注意事项：用前将样品放在称量瓶内，在220℃条件下干燥3h，取出后放在硅胶干燥器内冷却至室温。最少取样量为0.15g。

量值信息：如表2-4所示。

表2-4 硫酸钠纯度标准物质量值信息

组分	标准值	扩展不确定度（$k=2$）	基体
硫酸钠	99.97%	0.1%	纯品

5. 磷酸钠纯度标准物质

标准物质编号：GBW（E）060318。

中文名称：硫酸钠纯度标准物质。

英文名称：Purity of sodium phosphate。

包装：10g/瓶。

保存条件：室温条件下存放。

有效期：36个月。

使用注意事项：用前将样品放在称量瓶内，在220℃条件下干燥3h，取出后放在硅胶干燥器内冷却至室温，最少取样量为0.14g。

量值信息：如表2-5所示。

表 2-5　磷酸钠纯度标准物质量值信息

组分	标准值	扩展不确定度（$k=2$）	基体
磷酸钠	99.95%	0.1%	纯品

二、以纯水为基质的单一或多离子标准物质

因为无机阴离子多具有水溶性，溶解在水溶液中的无机阴离子标准物质便于保存，因此以纯水为基质的单一或多离子标准物质是目前种类最多，使用最为广泛的。较为常见为单一成分和多种成分的混合标准溶液。

这种以纯水为基质的浓度范围覆盖面较广的标准溶液，应用领域遍及各行各业，如 BWZ6859—2016 水中氯（离子）溶液标准物质，GBW（E）080267 水中硫酸根成分分析标准物质，GBW（E）083214 水中硝酸根成分分析标准物质，GBW（E）083228 水中磷酸根（磷酸盐）成分分析标准物质，BWB2111—2016 氟离子、氯离子、溴离子、亚硝酸根、硝酸根、磷酸根、亚硫酸根、硫酸根 8 种阴离子混合溶液标准物质，GBW（E）080549 水中氟成分分析标准物质，GBW（E）080268 水中氯根成分分析标准物质，GBW（E）080269 水中氯根成分分析标准物质，GBW（E）08022 水中亚硝酸盐氮成分分析标准物质，GBW（E）080264 水中硝酸根成分分析标准物质，GBW（E）080265 水中硝酸根成分分析标准物质，GBW（E）080435 磷酸二氢根溶液成分分析标准物质，BWZ6980—2016 水中 7 种阴离子氟、氯、溴、硝酸根、亚硝酸根、硫酸根、磷酸根（标样）；BWZ6877—2016 碳酸根离子标准溶液，BWZ6891—2016 溴酸盐、亚氯酸盐、氯酸盐混合标准溶液，BWZ6688—2016 氟离子、氯离子、亚硝酸根、硝酸根、硫酸根 5 种阴离子混合溶液标准物质等。针对此类型标准物质，下文具体列出了一些典型物质的使用说明和量值信息。

1. 水中氯（离子）溶液标准物质

标准物质编号：BWZ6859—2016。

中文名称：水中氯（离子）溶液标准物质。

英文名称：Chlorine standard solution in water。

包装：该标准物质有包装，规格为 50mL/瓶，携带或运输时应有防碎裂保护。

保存条件：阴凉密闭及避光条件下保存。

有效期：24 个月。

使用注意事项：使用前应恒温至 20℃±4℃，并充分摇动以保证均匀。使用中严格防止沾污。

量值信息：如表 2-6 所示。

表 2-6　水中氯（离子）溶液标准物质量值信息

组分	标准值	扩展不确定度（$k=2$）	基体
氯	10000μg/mL	50μg/mL	水

2. 水中硫酸根成分分析标准物质

标准物质编号：GBW（E）080267。

中文名称：水中硫酸根成分分析标准物质。

英文名称：SO_4^{2-} in water。

包装：该标准物质以玻璃安瓿瓶封装，每支 20mL。

保存条件：置于清洁阴凉处保存。

有效期：5 年。

使用注意事项：使用前应恒温至 20℃±5℃，并充分摇动以保证均匀。该标准物质打开后一次性使用，使用中严格防止沾污。

量值信息：如表 2-7 所示。

表 2-7　水中硫酸根成分分析标准物质量值信息

组分	标准值	扩展不确定度（$k=2$）	基体
硫酸根	100μg/mL	1μg/mL	水

3. 水中硝酸根成分分析标准物质

标准物质编号：GBW（E）083214。

中文名称：水中硝酸根成分分析标准物质。

英文名称：NO_3^- in water。

包装：该标准物质采用 20mL/瓶的规格包装，携带或运输时应有防碎裂保护。

保存条件：2~8℃及避光条件下保存。

有效期：12 个月。

使用注意事项：使用前应恒温至 20℃±5℃，并充分摇动以保证均匀。该标准物质打开后一次性使用，使用过程中严格防止沾污。

量值信息：如表2-8所示。

表2-8 水中硝酸根成分分析标准物质量值信息

组分	标准值	扩展不确定度（$k=2$）	基体
硝酸钾	1000μg/mL	1%	六次纯化水

4. 水中磷酸根成分分析标准物质

标准物质编号：GBW（E）083228。

中文名称：水中磷酸根成分分析标准物质。

英文名称：Phosphate in water certified reference material。

包装：该标准物质采用安瓿瓶包装，规格20mL/瓶，携带或运输时应有防碎裂保护。

保存条件：2~8℃条件下保存。

有效期：12个月。

使用注意事项：使用前应恒温至20℃±5℃，并充分摇动以保证均匀。该标准物质打开后一次性使用，使用过程中严格防止沾污。

量值信息：如表2-9所示。

表2-9 水中磷酸根成分分析标准物质量值信息

组分	标准值	扩展不确定度（$k=2$）	基体
磷酸盐（磷酸三钠）	100μg/mL	2%	水

5. 氟离子、氯离子、溴离子、亚硝酸根、硝酸根、磷酸根、亚硫酸根、硫酸根8种阴离子混合溶液标准物质

标准物质编号：BWB2111—2016。

中文名称：氟离子、氯离子、溴离子、亚硝酸根、硝酸根、磷酸根、亚硫酸根，硫酸根8种阴离子混合溶液标准物质。

英文名称：Ion chromatography anion mix 8（NO_2^-，NO_3^-，PO_4^{3-}，SO_3^{2-}，SO_4^{2-}，F^-，Cl^-，Br^-）。

包装：该标准物质采用聚乙烯瓶包装，规格50mL携带或运输时应有防碎裂保护。

保存条件：冷藏、密闭条件下保存。

有效期：12 个月。

使用注意事项：使用前应恒温至 20℃±4℃，并充分摇动以保证均匀。该标准物质打开后一次性使用，使用过程中严格防止沾污。

量值信息：如表 2-10 所示。

表 2-10　8 种阴离子混合溶液标准物质量值信息

组分	标准值	扩展不确定度（$k=2$）	基体
氯离子	1000μg/mL	1%	
氟离子	1000μg/mL	2%	
溴离子	1000μg/mL	1%	
磷酸根	1000μg/mL	1%	超纯水
硝酸根	1000μg/mL	3%	
硫酸根	1000μg/mL	3%	
亚硝酸根	1000μg/mL	2%	
亚硫酸根	1000μg/mL	3%	

6. 水中氟成分分析标准物质

标准物质编号：GBW（E）080549。

中文名称：水中氟成分分析标准物质。

英文名称：Fluorine in water。

包装：该标准物质采用玻璃安瓿包装，每支 20mL。

保存条件：置于清洁阴凉处保存。

有效期：24 个月。

使用注意事项：使用前应恒温至 20℃±5℃，并充分摇动以保证均匀。该标准物质打开后一次性使用，使用过程中严格防止沾污。

量值信息：如表 2-11 所示。

表 2-11　水中氟成分分析标准物质量值信息

组分	标准值	相对扩展不确定度（$k=2$）	基体
氟	1000μg/mL	1%	水

7. 水中氯根成分分析标准物质

标准物质编号：GBW（E）080268。

中文名称：水中氯根成分分析标准物质。

英文名称：Cl⁻ in water。

包装：该标准物质采用玻璃安瓿包装，每支 20mL。

保存条件：置于清洁阴凉处保存。

有效期：5 年。

使用注意事项：使用前应恒温至 20℃±5℃，并充分摇动以保证均匀。该标准物质打开后一次性使用，使用过程中严格防止沾污。

量值信息：如表 2-12 所示。

表 2-12 水中氯根成分分析标准物质量值信息

组分	标准值	相对扩展不确定度（$k=2$）	基体
氯离子	1000μg/mL	0.7%	水

8. 水中亚硝酸盐氮成分分析标准物质

标准物质编号：GBW（E）080223。

中文名称：水中亚硝酸盐氮成分分析标准物质。

英文名称：N-NO₂⁻ in water。

包装：该标准物质采用玻璃安瓿包装，每支 20mL。

保存条件：置于清洁阴凉处保存。

有效期：12 个月。

使用注意事项：使用前应恒温至 20℃±5℃，并充分摇动以保证均匀。该标准物质打开后一次性使用，使用过程中严格防止沾污。

量值信息：如表 2-13 所示。

表 2-13 水中亚硝酸盐氮成分分析标准物质量值信息

编号	名称	标准值	相对扩展不确定度 $k=2$	基体
	水中亚硝酸盐氮	100（以氮计）μg/mL		
GBW（E）080223	水中亚硝酸根	329（以亚硝酸根计）μg/mL	2%	水
	水中亚硝酸钠	493（以亚硝酸钠计）μg/mL		

9. 水中硝酸根成分分析标准物质

标准物质编号：GBW（E）080264。

中文名称：水中硝酸根成分分析标准物质。

英文名称：NO_3^- in water。

包装：该标准物质采用玻璃安瓿包装，每支 20mL。

保存条件：置于清洁阴凉处保存。

有效期：5 年。

使用注意事项：使用前应恒温至 20℃±5℃，并充分摇动以保证均匀。该标准物质打开后一次性使用，使用过程中严格防止沾污。

量值信息：如表 2-14 所示。

表 2-14　水中硝酸根成分分析标准物质量值信息

编号	名称	标准值	相对扩展不确定度（$k=2$）	基体
GBW（E）080264	硝酸根离子	1000μg/mL	0.7%	水

10. 磷酸二氢根溶液成分分析标准物质

标准物质编号：GBW（E）080435。

中文名称：磷酸二氢根溶液成分分析标准物质。

英文名称：Dihydrogen phosphate in water。

包装：该标准物质采用玻璃安瓿包装，每支 20mL。

保存条件：置于清洁阴凉处保存。

有效期：2 年。

使用注意事项：使用前应恒温至 20℃±5℃，并充分摇动以保证均匀。该标准物质打开后一次性使用，使用过程中严格防止沾污。

量值信息：如表 2-15 所示。

表 2-15　磷酸二氢根溶液成分分析标准物质量值信息

编号	名称	标准值	相对扩展不确定度（$k=2$）	基体
GBW（E）080435	磷酸二氢根	1000μg/mL	1.3%	水

11. 水中 7 种阴离子氟、氯、溴、硝酸根、亚硝酸根、硫酸根、磷酸根（标样）

标准物质编号：BWZ6980—2016。

中文名称：水中 7 种阴离子氟、氯、溴、硝酸根、亚硝酸根、硫酸根、磷酸根（标样）。

英文名称：7 Anions in water：fluorine，chlorine，bromine，nitrate，nitrite，sulfate and phosphate（standard sample）。

包装：该标准物质采用玻璃安瓿包装，每支 20mL。

保存条件：冷藏、密闭及避光条件下保存。

有效期：6 个月。

使用注意事项：使用前应恒温至 20℃±4℃，并充分摇动以保证均匀。该标准物质打开后一次性使用，使用过程中严格防止沾污。

量值信息：如表 2-16 所示。

表 2-16　水中 7 种阴离子（标样）量值信息

组分	标准值	扩展不确定度（$k=2$）	基体
氟	1.28μg/mL	0.15μg/mL	
氯	3.40μg/mL	0.15μg/mL	
溴	2.16μg/mL	0.25μg/mL	
硝酸根	4.00μg/mL	0.20μg/mL	超纯水
亚硝酸根	3.00μg/mL	0.20μg/mL	
硫酸根	0.88μg/mL	0.07μg/mL	
磷酸根	2.08μg/mL	0.15μg/mL	

12. 碳酸根离子标准溶液

标准物质编号：BWZ6877—2016。

中文名称：碳酸根离子标准溶液。

英文名称：Carbonate standard solution。

包装：该标准物质采用 100mL/瓶的规格包装，携带或运输时应有防碎裂保护。

保存条件：阴凉、密闭条件下保存。

有效期：12 个月。

使用注意事项：使用前应恒温至 20℃±4℃，并充分摇动以保证均匀。该标准物质打开后一次性使用，使用过程中严格防止沾污。

量值信息：如表 2-17 所示。

表 2-17　碳酸根离子标准溶液量值信息

组分	标准值	相对扩展不确定度（$k=2$）	基体
碳酸根	1000μg/mL	2%	水

13. 溴酸盐、亚氯酸盐、氯酸盐混合标准溶液

标准物质编号：BWZ6891—2016。

中文名称：溴酸盐、亚氯酸盐、氯酸盐混合标准溶液。

英文名称：Mixed standard solution of bromate, chlorite, chlorate。

包装：该标准物质采用安瓿瓶 10mL/瓶的规格包装，携带或运输时应有防碎裂保护。

保存条件：冷藏、密闭及避光条件下保存。

有效期：12 个月。

使用注意事项：使用前应恒温至 20℃±4℃，并充分摇动以保证均匀。该标准物质打开后一次性使用，使用过程中严格防止沾污。

量值信息：如表 2-18 所示。

表 2-18　溴酸盐、亚氯酸盐、氯酸盐混合标准溶液量值信息

组分	标准值	扩展不确定度（$k=2$）	基体
溴酸盐	100μg/mL	2%	
亚氯酸盐	100μg/mL	2%	水
氯酸盐	100μg/mL	2%	

14. 氟离子、氯离子、亚硝酸根、硝酸根、硫酸根 5 种阴离子混合溶液标准物质

标准物质编号：BWZ6688—2016。

中文名称：氟离子、氯离子、亚硝酸根、硝酸根、硫酸根 5 种阴离子混合溶液标准物质。

英文名称：Mixed standard solution of F⁻，Cl⁻，NO₂⁻，NO₃⁻，SO₄²⁻。

包装：该标准物质采用安瓿瓶包装，规格100mL携带或运输时应有防碎裂保护。

保存条件：冷藏、密闭条件下保存。

有效期：12个月。

使用注意事项：使用前应恒温至20℃±4℃，并充分摇动以保证均匀。该标准物质打开后一次性使用，使用过程中严格防止沾污。

量值信息：如表2-19所示。

表2-19 氟离子、氯离子、亚硝酸根、硝酸根、硫酸根5种阴离子混合溶液标准物质量值信息

组分	标准值	扩展不确定度（$k=2$）	基体
氟离子	10μg/mL	3%	
氯离子	200μg/mL	2%	
亚硝酸根	10（以亚硝酸根计）μg/mL	3%	水
硝酸根	100（以硝酸根计）μg/mL	2%	
硫酸根	200（以硫酸根计）μg/mL	2%	

三、以其他物质为基质的阴离子成分分析标准物质

除了纯度标准物质和以水为基质的标准物质。还有一大类无机阴离子标准物质，那就是基质类标准物质，是以所测定的物质为基质的一类标物。基质标准物质其实更符合测定时的真实情况。特别对于测定中杂质干扰较为明显的情况下。根据样品类型而分，还可以细分为生物类基质如粮食、蔬菜等，和非生物类型的基质如岩石、土壤等。

此类标准物质包括如 GBW07103—07108 岩石成分分析标准物质中的氯，GBW07301—07308 水系沉积物成分分析标准物质中的氯，GBW07401—07408 土壤成分分析标准物质中的氯，GBW（E）070041—070046 农业土壤成分分析标准物质中的硫（以硫酸根计），GBW07412—07417 土壤有效态成分分析标准物质中的水溶性盐（包括氯离子、硫酸根、磷酸根离子），GBW07601—07605 人发、灌木枝叶、茶叶中成分分析标准物质中的氯和硫（以硫酸根计），还有很多生物基质的成分分析标准物质，如大米、小麦、乳粉、玉米、

胡萝卜中的氯等，以及 GBW03101～GBW03102 黏土成分分析标准物质中的氯，GBW09135 人血清无机成分分析标准物质中的氯等。下面对此类标物作详细的介绍。

1. 岩石成分分析标准物质中的氯

标准物质编号：GBW07103～GBW07108。

中文名称：岩石成分分析标准物质。

英文名称：Certificate of certified reference material rock。

包装：70g/瓶。

保存条件：阴凉、干燥处保存。

使用注意事项：最小取样量为 200mg。

量值信息：如表 2-20 所示。

表 2-20　岩石成分分析标准物质中氯的标准值量值信息

组分	GBW07103 (GSR-1)	GBW07104 (GSR-2)	GBW07105 (GSR-3)	GBW07106 (GSR-4)	GBW07107 (GSR-5)	GBW07108 (GSR-6)
Cl/(μg/g)	127±17	(46)	(114)	(44)	41±6	78±15

注：表中带"（ ）"数据为估算值。

2. 水系沉积物成分分析标准物质中的氯

标准物质编号：GBW07301～GBW07308。

中文名称：水系沉积物成分分析标准物质。

英文名称：Certified reference material—stream sediment。

包装：样品以密封良好的玻璃瓶包装，70g/瓶。

保存条件：阴凉处保存。

使用注意事项：最小取样量 100mg。

量值信息：如表 2-21 所示。

表 2-21　水系沉积物成分分析标准物质中氯的标准值量值信息

组分	GBW07302a (CSD-2a)	GBW07303a (CSD-3a)	GBW7304a (CSD-4a)	GBW07305a (CSD-5a)	GBW07307a (CSO-7a)	GBW07308a (CSD-8a)
Cl/(μg/g)	67±11	(39)	60±6	(36)	51±10	(29)

注：表中带"（ ）"数据为估算值。

3. 农业土壤成分分析标准物质中的硫（以硫酸根计）

标准物质编号：GBW（E）070041～GBW070046。

中文名称：农业土壤成分分析标准物质。

英文名称：Certified reference materials for the chemical composition of agricultural soil。

包装：70g/瓶。

保存条件：密封保存。

使用注意事项：最小取样量为0.1g。

量值信息：如表2-22所示。

表2-22 农业土壤成分分析标准物质中硫的标准值量值信息

组分	GBW070041（AST-1）	GBW070042（AST-2）	GBW070043（AST-3）	GBW070044（AST-4）	GBW070045（AST-5）	GBW070046（AST-6）
S/(μg/g)	0.013	0.017	0.019	0.033	0.014	0.014

4. 土壤有效态成分分析标准物质中的水溶性盐（包括氯离子、硫酸根离子、磷酸根离子）

标准物质编号：GBW07412～GBW07417。

中文名称：土壤有效态成分分析标准物质。

英文名称：Available nutrients in soil。

包装：样品以高密度聚乙烯塑料瓶发行，0.5kg/瓶和1kg/瓶。

保存条件：阴凉、干燥处避光保存。

使用注意事项：最小取样量为0.5g，用后立即盖紧瓶盖。

土壤有效态成分分析标准物质中的水溶性盐（包括氯离子、硫酸根、磷酸根离子）的认定值与不确定度：如表2-23所示。

5. 人发、灌木枝叶、杨树叶、茶叶中成分分析标准物质中的氯和硫（以硫酸根计）

标准物质编号：GBW07601～GBW07605。

中文名称：植物和人发成分分析标准物质。

包装：GBW07602～GBW07605为35g/瓶，GBW07601为10g/瓶和20g/瓶。

保存条件：干燥器内阴凉处保存。

使用注意事项：用后立即盖紧瓶盖。

量值信息：如表2-24所示。

表2-23 土壤有效态成分分析标准物质中的水溶性盐（包括氯离子、硫酸根离子、磷酸根离子）的认定值与不确定度

项目	GBW07412a (ASA-1a) 辽宁棕壤	GBW07413a (ASA-2a) 河南黄潮土	GBW07414a (ASA-3a) 四川紫色土	GBW07415a (ASA-4a) 湖北水稻土	GBW07416a (ASA-5a) 江西红壤	GBW07417a (ASA-6a) 广东水稻土	GBW07458a (ASA-7) 黑龙江黑土	GBW07459 (ASA-8) 新疆灰钙土	GBW07460 (ASA-9) 陕西黄绵土	GBW07461 (ASA-10) 安徽潮土
pH	6.80±0.06	8.15±0.08	8.18±0.08	6.08±0.06	4.71±0.09	6.80±0.08	6.14±0.07	8.61±0.07	8.50±0.07	8.18±0.06
有机物/ (g/kg)	10.0±0.5	13.2±0.6	14.6±0.5	33.3±1.0	7.3±0.5	38.5±1.3	34.5±1.3	12.7±0.3	10.3±0.3	17±1
全氮/ (g/kg)	0.63±0.02	0.77±0.03	1.07±0.04	1.97±0.06	0.54±0.04	2.11±0.08	1.62±0.07	0.71±0.03	0.65±0.04	1.09±0.07
水解性氮/ (mg/kg)	57±4	76±10	97±7	165±10	44±4	155±12	157±11	53±5	45±4	86±6
有效磷/ (mg/kg) 碳酸氢钠浸提	100±16	23.3±1.4	29±3			90±10	32±4	15.7±1.0	24±3	11.2±1.6
有效磷/ (mg/kg) 氟化铵浸提				1.5±0.2	(0.5)					
速效钾/ (g/kg)	0.38±0.02	0.29±0.02	0.38±0.03	0.25±0.02	0.18±0.01	0.162±0.009	0.36±0.02	0.39±0.03	0.33±0.02	0.34±0.03
缓效钾/ (g/kg)	1.06±0.05	0.95±0.08	0.88±0.08	0.46±0.04	0.16±0.04	0.33±0.04	0.98±0.10	1.04±0.12	1.2±0.2	1.02±0.11
有效硫/ (mg/kg) 磷酸盐浸提	22±5			76±10	104±13	105±19	33±4			
有效硫/ (mg/kg) 氯化钙浸提		42±5	47±6					38±3	27±4	31±3
有效硅/ (g/kg)	0.83±0.08	0.46±0.04	0.38±0.04	0.52±0.04	0.44±0.03	0.37±0.03	0.63±0.05	0.34±0.04	0.31±0.04	0.35±0.03
阳离子交换量/ [cmol (+) /kg]	21.6±1.4	12.8±0.8	17±1	19±1	10.0±0.6	19.7±1.1	31±1	13.8±0.7	9.6±1.3	20±2
交换性钙/ [cmol $(1/2Ca^{2+})$ /kg]	17.8±1.0			13.0±0.6	1.6±0.2	18.9±1.1	22.5±1.1			
交换性镁/ [cmol $(1/2Mg^{2+})$ /kg]	4.3±0.2	3.0±0.3	2.4±0.4	3.98±0.14	0.42±0.05	2.82±0.11	5.4±0.2			

项目									
交换性钠/[cmol (Na$^+$)/kg]	0.31±0.05	0.26±0.07	0.31±0.06	0.32±0.04	0.13±0.04	0.93±0.13	0.24±0.03		
交换性钾/[cmol (K$^+$)/kg]	0.99±0.06	0.77±0.07	1.02±0.12	0.63±0.04	0.45±0.03	0.41±0.04	0.94±0.06		
交换性锰/(mg/kg)	47±13	(36)	(106)	43±8	13±2	128±27	80±15		
水溶性盐									
总量/(g/kg)	(0.52)	(1.0)	(1.05)	(1.1)	(0.34)	(0.76)	(0.9)	(0.68)	(0.87)
Cl$^-$/(g/kg)	0.020±0.005	0.022±0.006	0.020±0.005	0.058±0.006	(0.014)	0.016±0.004	0.049±0.012	(0.015)	(0.021)
SO$_4^{2-}$/(g/kg)	0.064±0.008	0.125±0.011	0.139±0.013	0.236±0.016	0.070±0.006	0.335±0.024	0.12±0.01	0.083±0.006	0.092±0.012
Ca^{2+}/(g/kg)	0.040±0.005	0.17±0.01	0.174±0.011	0.128±0.011	0.022±0.004	0.166±0.011	0.082±0.013	0.117±0.011	0.165±0.007
Mg^{2+}/(mg/kg)	10±3	22±2	13±1	33±2	3.8±0.9	19±3	14±3	12.4±1.4	15.0±1.2
K$^+$/(mg/kg)	17±3	31±4	36±5	24±3	26±3	18±4	40±5	29±5	20.6±1.4
Na$^+$/(mg/kg)	27±4	29±4	34±4	41±4	5.8±1.2	24±3	163±10	29±4	33±4

注: 表中带 " ( ) " 数据为估算值。

表2-24　人发、灌木枝叶、杨树叶、茶叶中成分分析标准物质中的氯和硫

（以硫酸根计）的量值信息

组分	GBW07602 （GSV-1）	GBW07603 （GSV-2）	GBW07604 （GSV-3）	GBW07605 （GSV-4）	GBW07601 （GSV-1）
S/（μg/g）	0.32±0.03	0.73±0.06	0.35±0.04	0.245±0.022	4.3±0.3
Cl/（μg/g）	（1.13）	（1.92）	（0.23）		

注：带"（）"数据为估算值。

6. 黏土成分分析标准物质中的氯

标准物质编号：GBW03101~GBW03102。

中文名称：黏土成分分析标准物质。

英文名称：Clay。

包装：50g/瓶。

保存条件：阴凉、干燥处保存。

使用注意事项：用前应在烘箱内45℃烘2h，再移入干燥器中冷却备用，最小取样量为0.1g。

量值信息：如表2-25所示。

表2-25　黏土成分分析标准物质中氯的量值信息

组分		P_2O_5	MnO	SO_3	Cl^-	L.O.I.	FeO	H_2O^+	CO_2
GBW03101a	标准值/ （μg/g）	0.14	0.052	0.049	0.0041	10.62	（0.080）	（9.64）	（0.041）
	标准偏差（S）/ （μg/g）	0.02	0.008	0.017	0.0008	0.16			
GBW03102a	标准值/（μg/g）	0.053	0.020	0.023	0.0029	8.81	（0.052）	（8.64）	（0.051）
	标准偏差（S）/ （μg/g）	0.002	0.002	0.005	0.0008	0.17			

注：L.O.I.—limiting oxygen index，极限氧指数；带"（）"数据为估算值。

7. 人血清无机成分分析标准物质中的氯

标准物质编号：GBW09135。

中文名称：人血清无机成分分析标准物质。

英文名称：Inorganic element in human serum。

包装：0.2g每瓶。

保存条件：保存于10℃以下的环境中。

使用注意事项：使用前用超纯水注入容器溶解血清冻干粉，当注入的超纯水为1.7066g时，血清中各元素含量即为证书中标准值。

量值信息：如表2-26所示。

表2-26 人血清无机成分分析标准物质中氯的量值信息

参数	成分/（μg/g）						含量/（μg/g）				
	Mg	Cu	Zn	Ca	Fe	K*	Na*	Cl*	P*	Pb	无机磷
标准值	20.4	1.05	1.03	85.5	1.3	0.178	3.12	3.37	0.108	（0.17）	（35.5）
标准偏差（S）	0.8	0.09	0.23	5.3	0.3	0.010	0.13	0.14	0.005		
测量次数	50	40	35	44	40	40	40	34	45		

注：* 单位为 mg/g。

8. 生物成分分析标准物质（如柑橘叶）成分分析标准物质中的硫和氯

标准物质编号：GBW10020—10024。

中文名称：生物成分分析标准物质。

包装：样品以高密聚乙烯塑料瓶包装发行。扇贝、螺旋藻、花粉、人参为12g/瓶，人发为6g/瓶，其余为35g/瓶。

保存条件：扇贝于-10℃储存，其余在空调间储存。

使用注意事项：80℃（易挥发元素60℃）烘4h后测试，最小取样量为0.2g，用后应立即盖紧，用不透光的复合塑料袋密封包装后置于干燥器中于阴凉干燥处避光保存，保存室温应小于26℃，如发现霉变应立即停止使用。

量值信息：如表2-27所示。

表2-27 生物成分分析标准物质（如柑橘叶）成分分析标准物质中硫和氯的量值信息

元素（质量分数）	GBW10020（GSB-11 柑橘叶）	GBW10021（GSB-12 豆角）	GBW10022（GSB-12 蒜粉）	GBW10023（GSB-14 紫菜）	GBW10024（GSB-15 扇贝）
Cl/%	0.032±0.004	0.14±0.01	0.075±0.006	2.8±0.3	0.81±0.02
S/%	0.41±0.03	0.195±0.010	1.01±0.05	2.26±0.14	1.5±0.1

第二节 国外标准物质

一、单一成分的纯固体标准物质

和国内的纯度标准物质类似，国外的纯度标准物质一般也以固态存在，如 SRM915b 碳酸钙标准物质，SRM919b 氯化钠，SRM918c 氯化钾，还有硝酸盐标准物质等。

1. 碳酸钙标准物质

标准物质编号：SRM915b。

中文名称：碳酸钙标准物质。

英文名称：Calcium carbonate。

包装：20g/瓶。

保存条件：该标准物质应在室温下储存在其原始瓶子中。使用后重新加盖拧紧，防止受潮。

使用注意事项：在 200~210℃ 的温度下干燥材料 4h。标准物质干燥后，将其储存在干燥的容器中。为避免不均一，不建议使用小于 150mg 的样品。

量值信息：如表 2-28 所示。

表 2-28　碳酸钙标准物质的量值信息

组分	含量/%
$CaCO_3$	99.907±0.021
Ca	40.0104±0.0083
CO_3	59.923±0.012

2. 氯化钠

标准物质编号：SRM919b。

中文名称：氯化钠标准物质。

英文名称：Sodium chloride。

包装：30g/瓶。

保存条件：该标准物质应在室温下储存在其原始瓶子中。使用后必须重新盖紧，并防止潮湿和光照。在室温下，氯化钠的吸湿性高于相对湿度的 60%，当相对湿度超过 60% 时，建议不要进行称重和其他操作。

使用注意事项：在 110℃ 下干燥 3h。标准物质干燥后，将其储存在干燥器中，放置在无水高氯酸镁上，并在使用前轻轻压碎其中结块。为避免不均一，不建议使用小于 170mg 的样品。

量值信息：如表 2-29 所示。

表 2-29　氯化钠标准物质的量值信息

组分	含量/%
NaCl	99.835%±0.020%
Cl	60.564%±0.014%
Na	39.2747%±0.0075%

3. 氯化钾通用和离子活度标准物质

标准物质编号：SRM918c。

中文名称：氯化钾通用和离子活度标准物质。

英文名称：Potassium chloride general and ion activity standard。

包装：30g/瓶。

保存条件：室温，储存在其原始瓶子中。

使用注意事项：分析测定应使用 200mg 的最小试验部分质量。在 110~120℃的温度下干燥材料 4h。干燥后，将其储存在干燥的容器中。

量值信息：如表 2-30 所示。

表 2-30　SRM918c 氯化钾标准物质量值信息

组分	质量分数/%	u_c/%	V_{eff}	覆盖系数/k	扩展不确定度/%
KCl	99.945	0.011	121	1.980	0.021
K	52.421	0.0053	133	1.978	0.010
Cl⁻	47.5317	0.0040	27	2.052	0.0082

4. 高纯氯化钠标准物质

标准物质编号：BAM-Y009（BAM 指德国钢铁领域标准物质）。

中文名称：高纯氯化钠标准物质。

英文名称：High purity sodium chloride。

包装：该物质盛装在玻璃瓶中，含量约 0.5g 每瓶。

保存条件：在清洁干燥的环境下密封。

使用注意事项：规定该标准物质在使用前，必须对进行预处理。将材料在 500℃下加热 5h，以去除截留的母液，避免污染。必须使用质量大于 0.1g 的子样品。物质必须储存在干燥器中，以避免污染和水分积聚。

量值信息：如表 2-31 所示。

表 2-31　高纯氯化钠标准物质量值信息

组分	纯度（质量分数）	不确定度
氯化钠	0.99984	±0.00009

5. 高纯氯化钾标准物质

标准物质编号：BAM-Y010。

中文名称：高纯氯化钾标准物质。

英文名称：High purity potassium chloride。

包装：该物质盛装在玻璃瓶中，每瓶含有约 0.5g 物质。

保存条件：在清洁干燥的环境下密封保存。

使用注意事项：规定该标准物质在使用前，必须对进行预处理。将该标准物质在 500℃下加热 5h，以去除截留的母液，避免污染。必须使用质量大于 0.1g 的子样品。标准物质必须储存在干燥器中，以避免污染和水分积聚。

认定值及扩展不确定度如表 2-32 所示。

表 2-32　认定值及扩展不确定度

组分	质量分数	不确定度
氯化钾	0.99983	±0.00010

二、以纯水为基质的单一或多离子标准物质

以纯水为基质的单一或者混合离子标准物质都是以溶液形式存在的。无机阴离子很多都是溶于水的，以水为基质的标准物质有好定值、好保存等优点，也便于使用，不过，这也与离子的种类有关，比如硝酸根离子等需要避光保存，还有一些易于受微生物影响的离子，则需要严格控制其保存条件。不过，这类标准物质包装总体按照一次性使用的原则，极个别包装大一点的，打开后也需要在较短时间内完成使用。

根据 NIST 库，查询得到纯水为基质的单一或者混合离子标准物质有 NIST SRM3181 硫酸阴离子标准溶液，NIST SRM3182 氯离子标准溶液，NIST SRM3180 碘化阴离子标准溶液，NIST SRM3183 氟化物阴离子标准溶液，NIST SRM3184 溴化物阴离子标准溶液，NIST SRM3185 硝酸阴离子，NIST SRM3186 磷酸阴离子标准溶液等。下面对这几种标准物质作详细介绍。

1. 水中氯离子成分分析标准物质

标准物质编号：NIST SRM3182。

中文名称：水中氯离子成分分析标准物质。

英文名称：Chloride anion（Cl⁻）standard solution。

包装：用硼硅酸盐玻璃安瓿密封，10mL/瓶。

使用注意事项：打开时使用手套。未开封安瓿应在正常实验室条件下直立存放在原始容器内。

氯离子标准物质认定值：1004.0mg/kg±1.9mg/kg。

认定值应基于质量制备使用高纯氯化钾和离子色谱（IC）分析，用由高纯氯化钾或高纯氯化钠独立制备的三个初级标准进行校准。认定值（U）的不确定度计算公式如下：

$$U = ku_c$$

其中，$k = 1.972$，为95%置信区间和198个有效自由度的包含因子；u_c是根据 ISO/JCGM 指南（《测量不确定度表示指南》）计算的合成标准不确定度。

2. 硫酸根离子标准物质

标准物质编号：NIST SRM3181。

中文名称：硫酸离子标准物质。

英文名称：Sulfate anion（SO_4^{2-}）standard solution。

包装：10mL/瓶，密封在硼硅酸盐玻璃安瓿中。

使用注意事项：在打开时使用手套。未开封安瓿应在正常实验室条件下直立存放在原始容器内。

硫酸根阴离子标准物质的认定值：1.0000mg/g±0.0016mg/g。

3. 碘离子标准物质

标准物质编号：NIST SRM3180。

中文名称：碘离子标准物质。

英文名称：Sulfate anion（I⁻）standard solution。

包装：5mL/瓶，密封在琥珀色硼硅酸盐玻璃安瓿中。

使用注意事项：在打开时使用手套。未开封安瓿应在正常实验室条件下直立存放在原始容器内。

碘化阴离子标准物质的认证质量分数值：1.0006mg/g±0.0024mg/g。

4. 氟离子标准物质

标准物质编号：NIST SRM3183。

中文名称：氟离子标准物质。

英文名称：Fluoride anion（F⁻）standard solution。

包装：50mL 溶液装在高密度聚乙烯瓶中，密封在镀铝袋中。

使用注意事项：从镀铝袋中取出，立即将试样称重移到适当的容器中，并可在日后稀释至所需质量或体积。不允许储存部分使用过的标准物质溶液；但是，如果有必要进行储存，则应将瓶盖紧密密封，并将该瓶保存在一个容器中。

氟离子标准物质的认定值：0.9968mg/g±0.0031mg/g。

5. 溴离子标准物质

标准物质编号：NIST SRM3184。

中文名称：溴离子标准物质。

英文名称：Bromide anion（Br⁻）standard solution。

包装：10mL/瓶，密封在硼硅酸盐玻璃安瓿中。

使用注意事项：在打开时使用手套。未开封安瓿应在正常实验室条件下直立存放在原始容器内。

溴离子的认定值：0.9993mg/g±0.0023mg/g。

6. 溴化物标准物质

标准物质编号：VHG-IBR-100。

中文名称：溴化物标准物质（溶液，来自 KBr）。

英文名称：Bromide standard。

包装：100mL/瓶。

保存条件：溶液应盖紧盖子，并在正常实验室条件下储存，不要冷冻、加热或浸泡瓶子或其内容物，避免暴露在阳光直射或湿度较大的环境中。

使用注意事项：在使用前通过反复摇晃或旋转瓶子彻底混合溶液，使用最小子样本量为 500μL。

量值信息：如表 2-33 所示。

表 2-33 溴化物标准物质量值信息

组分	经认证的浓度和不确定性
Br	1000μg/mL±5μg/mL

7. 硝酸根离子标准物质

标准物质编号：NIST SRM3185。

中文名称：硝酸离子标准物质。

英文名称：Nitrate anion（NO_3^-）standard solution。

包装：10mL/瓶，密封在硼硅酸盐玻璃安瓿中。

硝酸根离子标准物质认定值：1.0006mg/g±0.0018mg/g。

8. 氯酸盐标准物质

标准物质编号：VHG-ICL03-500。

中文名称：氯酸盐标准物质。

英文名称：Chlorate standard。

包装：500mL/瓶。

保存条件：溶液应盖紧盖子，并在正常实验室条件下储存，不要冷冻、加热或浸泡瓶子或其内容物，整个包装应避免暴露在阳光直射或湿度较大的环境中。

使用注意事项：在使用前通过反复摇晃或旋转瓶子使溶液彻底混合均匀，使用最小子样本量为500μL。

量值信息：如表2-34所示。

表 2-34　氯酸盐标准物质量值信息

组分	经认证的浓度和不确定性
ClO_3^-	999.9μg/mL±5.0μg/mL

9. 氯离子色谱标准物质

标准物质编号：VHG-ICL100-100。

中文名称：氯离子色谱标准物质。

英文名称：Chloride（Cl^-）。

包装：100mL/瓶。

保存条件：溶液应盖紧盖子，并在正常实验室条件下储存。不要冷冻、加热或浸泡瓶子或其内容物，避免暴露在阳光直射或湿度较大的环境中。

使用注意事项：在使用前通过反复摇晃或旋转瓶子彻底混合溶液，使用的最小子样本量为500μL。

量值信息：如表2-35所示。

表2-35 氯离子色谱标准物质量值信息

组分	经认证的浓度和不确定性
Cl^-	$100.0\mu g/mL \pm 0.5\mu g/mL$

10. 多种阴离子混合标准物质

标准物质编号：VHG-ICM1-100。

中文名称：多种阴离子混合标准物质。

英文名称：Multi-Anion standard。

包装：100mL/瓶。

保存条件：溶液瓶旋盖应盖严，且必须在2～8℃冷藏。暴露在高温下会影响认证标准物质的稳定性。不要冷冻、加热或浸泡瓶子或其内容物，并避免暴露在阳光直射下。

使用注意事项：在使用前通过反复摇晃或旋转瓶子彻底混合溶液，使用最小子样本量为500μL。

多种阴离子混合标准物质的量值信息：如表2-36所示。

表2-36 多种阴离子混合标准物质量值信息

组分	经认证的浓度和不确定性/（μg/mL）	组分	经认证的浓度和不确定性/（μg/mL）
Br^-	99.99 ± 0.500	NO_3^-	99.99 ± 0.50
Cl^-	100.0 ± 0.50	PO_4^{3-}	100.0 ± 0.5
F^-	99.98 ± 0.50	SO_4^{2-}	100.0 ± 0.5

三、以其他物质为基质的阴离子成分分析标准物质

除了单一成分的纯固体标准物和以纯水为基质的单一或多离子标准物质之外，以其他物为基质的阴离子成分分析标准物质主要有 NIST SRM3232 海带粉中的氯的标准物质，NIST SRM3281 蔓越莓（水果）中的氯的标准物质，NIST SRM1880B 特兰水泥标准物质中的氟化物（用氟离子表示）的标准物质，NIST SRM1869 婴儿/成人营养配方 II（牛乳/乳清/大豆基）的标准物质等。下面对这些标准物质作详细的介绍。

1. 海带粉中的氯的标准物质

标准物质编号：NIST SRM3232。

中文名称：海带粉中的氯的标准物质。

英文名称：Kelp powder（Thallus laminariae）。

包装：用镀铝袋密封。

量值信息：如表 2-37 所示。

表 2-37 海带粉中的氯的标准物质量值信息

元素	质量分数/%	包含因子（k）
Al	1070±110	2.07
Cl	35600±1200	2.03
Co	0.307±0.011	2.06
P	4551±51	2.05
Rb	28.44±0.51	2.06

2. 蔓越莓（水果）中的氯的标准物质

标准物质编号：NIST SRM3281。

中文名称：蔓越莓（水果）中的氯的标准物质。

英文名称：Cranberry（Fruit）。

保存条件：材料应在受控室温（20~25℃）下以未开封的包装储存。对于元素分析时可以打开并重新密封包装，可以移取并分析测试样，直到材料到期；对于其他分析，可以打开并重新密封；测试可以在包装首次打开后的两周内进行。

使用注意方法：使用前，应将包装中的内容物充分混合，让内容物静置一分钟。在打开之前，尽量减少细颗粒的损失。

量值信息：如表 2-38 所示。

表 2-38 蔓越莓（水果）中的氯的标准物质的量值信息

元素	质量分数/%
Al	14.14±0.66
Cl	796.4±9.4

3. 特兰水泥标准物质

标准物质编号：NIST SRM1880b。

中文名称：特兰水泥标准物质中的氟化物（用氟离子表示）的标准物质。

英文名称：Portland cement。

包装：用小瓶密封。

保存和使用注意方法：水泥粉具有吸湿性。打开小瓶后，应立即使用，以尽量减少样品的变化，防止样品与空气中的水分和二氧化碳发生反应。每次应至少应使用 500mg 进行试验操作，称取完毕后，应快速密封好，尽快收回，放回贴有标签的铝箔袋中，并储存在干燥器中。

量值信息：如表 2-39 所示。

表 2-39 特兰水泥中的氟化物的标准物质的量值信息

组分	质量分数/%	组分	质量分数/%
不溶性残留物	0.487±0.014	硫化物	0.0131±0.0021
游离 CaO	1.567±0.059	ZnO	0.01054±0.00034
氟化物（F^-）	0.0539±0.0012	LOI[2]在 950℃	1.666±0.011
SRO[1]	0.0272±0.0016		

注：①特种路用沥青拌砂。

②烧失量。

4. 婴儿/成人营养配方产品Ⅱ（牛乳/乳清/大豆基）的标准物质

标准物质编号：NIST SRM1869。

中文名称：婴儿/成人营养配方产品Ⅱ（牛乳/乳清/大豆基）的标准物质。

英文名称：Infant/Adult nutritional formula Ⅱ（milk/whey/soy-based）

保存：包装应在-20℃或更低温度下储存。

使用注意方法：使用前，摇动未打开的包装，确保内容物充分混合。

量值信息：如表 2-40 所示。

表 2-40 婴儿/成人营养配方产品Ⅱ的标准物质量值信息

组分	质量分数/%	组分	质量分数/%
钙（Ca）	4560±130	锰（Mn）	46.0±1.6
铜（Cu）	19.00±0.38	钼（Mo）	1.612±0.047
氯（Cl）	5130±130	磷（P）	4186±57
铬（Cr）	0.859±0.066	钾（K）	7560±110
碘（I）	1.28±0.15	硒（Se）	0.806±0.083
铁（Fe）	164.7±3.7	钠（Na）	1877±53
镁（Mg）	947±10	锌（Zn）	144.0±3.2

5. 石油中氯标准物质

标准物质编号：VHG-CLOIL-10-100。

中文名称：石油中的氯标准物质。

英文名称：Chlorine in 75cSt mineral oil standard，Cl 10μg/g（0.0010 *wt*%）。

包装：100mL/瓶。

保存条件：溶液应盖紧盖子，并在正常实验室条件下储存。不要冷冻、加热或暴露在阳光直射下。尽量减少暴露在潮湿或高湿度环境中。

使用注意事项：在使用前通过反复摇晃或旋转瓶子使溶液彻底混合均匀。

认定值及扩展不确定度如表 2-41 所示。

表 2-41　石油中的氯标准物质认定值及扩展不确定度

组分	认定值和不确定度
Cl^-	10.0μg/g±0.1μg/g

6. 异辛烷中硫标准物质

标准物质编号：VHG-SISO-75-100。

中文名称：异辛烷中的硫标准物质。

英文名称：Sulfur standard：S 75μg/g（0.0075*wt*%）in isooctane。

包装：100mL/瓶。

保存条件：溶液应盖紧盖子，并在正常实验室条件下储存。不要冷冻、加热或暴露在阳光直射下。尽量减少暴露在潮湿或高湿度环境中。

使用注意事项：在使用前通过反复摇晃或旋转瓶子彻底混合溶液。使用的最小子样本量为 500mg。

量值信息：如表 2-42 所示。

表 2-42　异辛烷中硫标准物质的量值信息

组分	认定值和不确定度
S	75.0μg/g±0.8μg/g

预期用途：该溶液旨在用作经认证的参考物质或校准标准，用于以 X 射线荧光光谱（XRF）、燃烧和其他硫分析技术对各种石油产品中的硫进行分析。

7. 汽油中的低硫标准物质

标准物质编号：ERM-EF213。

中文名称：汽油中的低硫标准物质。

英文名称：Low sulfur in petrol。

包装：19mL/瓶，用玻璃安瓿包装。

保存条件：应在20℃±5℃的避光处储存。

使用注意事项：所用样品的最小取样量为0.20g。

量值信息：如表2-43所示。

表2-43 汽油中的低硫标准物质量值信息

组分	经认定值/（mg/kg）	不确定度/（mg/kg）
S	9.1	0.8

参考文献

[1] 关小桃，吴孟李，张琪雨，等．珠海地区饮用山泉水中无机阴离子污染特征的研究[J]．广东化工，2021，48（3）：191-193.

[2] 字琴江，王瑾，左李美，等．不同水源 F^-、SO_4^{2-}、Cl^- 和 NO_3^- 含量调查分析[J]．食品安全导刊，2022（12）：75-78.

[3] 李海英，金梅．贵阳市售瓶装水中阴阳离子现状调查[J]．环保科技，2021，27（5）：50-52.

[4] 朱俊．几种阴离子配体和细菌对土壤胶体和矿物吸附DNA的影响[D]．湖北：华中农业大学，2007.

[5] 胡爱莲，滑亚婷，杜春贵，等．LDHs的层间阴离子插层技术研究进展及其在材料阻燃中的应用前景[J]．化工新型材料，2021：049-010.

[6] Dixit Fuhar，Barbeau Benoit，Mohseni Madjid. Impact of natural organic matter characteristics and inorganic anions on the performance of ion exchange resins in natural waters [J]. Water Science & Technology：Water Supply，2020（8）：3107-3119.

[7] 曾珊．微波辅助离子液体提取黄酮类化合物的研究[D]．湖南：湘潭大学，2016.

[8] 李明雷，席辉，付英杰，等．离子色谱法分析烟用天然香料中的有机酸和无机阴离子[J]．烟草科技，2022，55（6）：42-50.

[9] 梁晨，彭浩，郑秀瑾，等．离子色谱法测定化肥中的无机阴离子和三聚氰胺[J]．湖北农业科学，2021，60（13）：114-118.

［10］王慧丽. 青稞酒酿酒用水中 6 种阴离子检验方法的研究［J］. 酿酒科技，2018（11）：65-69.

［11］边照阳，李中皓. 烟草农药残留标准样品研制［M］. 北京，中国轻工业出版社，2018.

第三章
烟草中的无机阴离子

第一节　概述

1939 年，Arnon 和 Stout 首次提出判断高等植物必需营养元素的三条标准[1,2]：一，缺少该元素，植物不能完成其正常的生活周期；二，缺少该元素，植物呈现专一的缺素症，只有补充该元素症状才能减轻或消失，其他元素不能代替它的功能；三，该元素在植物营养上是直接参与植物代谢作用，并非由于改善植物的生活条件所起的间接作用。只有满足这三个条件才能称为必需营养元素。时至今日，"植物营养元素"的这一概念已经被广泛应用。

到目前为止，已经可以确定的植物必需营养元素共有 17 种：碳（C）、氢（H）、氧（O）、氮（N）、磷（P）、钾（K）、硫（S）、钙（Ca）、镁（Mg）、硼（B）、铁（Fe）、铜（Cu）、锌（Zn）、锰（Mn）、钼（Mo）、氯（Cl）、镍（Ni）。这 17 种元素为高等植物生长发育所必需的营养元素。一般认为，碳（C）、氢（H）、氧（O）这 3 种元素是非矿质元素。所以在考虑营养元素时一般不考虑它们。其余 14 种元素来自土壤，氮（N）、磷（P）、钾（K）、硫（S）、钙（Ca）、镁（Mg）、硼（B）、铁（Fe）、铜（Cu）、锌（Zn）、锰（Mn）、钼（Mo）、氯（Cl）、镍（Ni），被称为矿质营养元素。植物的必需营养元素在植物体内无论数量多少都是同等重要的，任何一种营养元素的特殊功效都不能被其他元素所代替。也就是说植物体内的必需营养元素在含量上可能相差十倍、千倍甚至十万倍，但它们对作物生长发育所起的作用是同等重要的，没有轻重之分，而且每一种必需营养元素都承担着某些重要而又专一的生理作用，它们所起的作用在元素间是不能相互代替的。

烟草生物体的元素组成同其他作物也是一样的。烟草植株从土壤和其他环境中吸收各种化学物质，并通过一定的代谢活动将这些物质转化成自己的机体或用作生长发育的能源。在活的烟草植株中，水分占 70%～80%，除去水分后的有机体称为干物质，其中有机化合物占 90%～95%，矿质元素为 5%～

10%。烟叶的主要化学成分可以分为两大类：一类为有机化合物；一类为无机化合物。各种矿物质属于无机化合物。灰分则是烟草燃烧后残留的部分。

在烟草植物体内，17 种必需营养元素具有以下作用[3]：构成细胞结构组成成分及其代谢活性化合物的组成成分；维持细胞的有序化，即正常代谢活性所必需；在烟草植物体内能量转移中发挥作用。而烟草中的重要的无机元素如氯、氮、硫、磷等经常以无机阴离子的形式存在于烟草体内。

氯[4,5]和植物的光合作用有一定的关系，吸收少量的氯能促进烟株生长。增加细胞膨芽率而提高抗旱能力。但氯吸收过多时，叶内淀粉积累，叶片肥厚而易脆，烘烤后呈暗灰色到暗绿色，支脉呈灰白色，有腥味，燃烧性不好，品质低劣。若是植物缺氯，轻则生长不良，重则出现严重症状，首先是叶尖发生凋萎，接着叶片失绿，进一步变为青铜色，进而坏死，由局部遍及全叶，不结果，根细而短，侧根少。

氮[6]是影响烟叶产量和质量的关键元素。氮作为植物体蛋白质的构成成分，在维持生命活动和代谢上起着极其重要的作用。氮是叶绿素的成分，直接参与光合作用；氮是烟碱的成分，对烟草的质量有影响。此外，氮还作为硝酸盐及以其他形式存在于烟草中。

烟株主要以硝态氮（NO_3^-）的形式吸收氮素，铵态氮（NH_4^+）也能被直接吸收。被吸收的两种形式的氮素，对烟草化学成分有着不同的影响，硝态氮在酸性介质中利用较为有效，而铵态氮在 pH 7~9 最易被吸收。烟苗喜欢吸收铵离子，而较大的植株吸收硝态氮的比例较大。一般认为，一旦吸入植株体内，硝态氮即被还原转化为铵态氮，以合成较高级化合物直到蛋白质。

适当增施氮素肥料时土壤中有足够的硝酸盐及其他形式氮素供烟草吸收，可以提高烟叶产量和烟叶中烟碱及其他含氮化合物的积累量，从而使烟草正常生长，烟叶品质优良。氮素适当，烟株生长健壮，叶片厚薄适中，烟叶成熟正常，内在物理物质协调，产量高，质量好，香气吸味好。氮素过少，烟株生长迟缓矮小，叶片小而薄，产量低，叶色淡，劲头小，香气少，吸味平淡，内在质量差，严重时，烟叶出现白化现象；氮素过多，烟株生长过旺，叶浓绿不褪色，叶片肥大粗糙，烟叶内各种化学物质比例不协调，油分少，弹性差，色泽深暗，吸味辛辣，品质低劣。

硫[7,8]是氨基酸、维生素的组成部分。硫是以可溶性的硫酸盐被烟草吸收的，被结合到半胱氨酸、胱氨酸和甲硫氨酸中，进而形成各种蛋白质，对烟草植物生长有一定的作用。此外，硫还是一些酶、硫胺素（维生素 B_1）、生物素（维生素 H）、辅酶 A 的成分，这些化合物参与氧化、还原、生长调节等重要的生理作用，从多方面参与三羧酸循环和脂肪代谢。

为达到高产的目的，种植者通常会给植物生长的土壤中施加硫肥。由于常用的氮、磷、钾肥料中都含有大量的硫，烤烟生产中一般较少表现出缺硫的症状。而烟草若是缺硫，则会影响蛋白质的合成，出现类似缺氮时的萎黄症。对烟叶燃烧性有负面影响的无机元素，排在第一位的就是氯，而硫则是紧排在氯之后的第二位。这是因为烟株中过量的硫会使钾与有机酸的结合减少，故能显著地降低其燃烧性，表现为减少持火力，并严重影响烟草的吃味。

磷[9] 对烤烟新陈代谢和能量代谢有重要作用。有机磷是烟味中磷脂、核酸和植素等的重要成分。磷脂是原生质的组成部分，核酸和蛋白质合成核蛋白，是细胞核和原生质的成分，磷素多积累在种子内，以磷酸状态被吸收，不经过还原作用被同化为有机化合物。因此，磷是决定烟叶产量和品质的重要条件之一。并且，磷能调节碳氮比例，适当控制无机氮的吸收，促进有机物质的转化和运输。此外，磷能促进糖类代谢，糖类的合成、运输、转化和分解的中间产物中都含有磷；烟草中的磷与糖类在一定含量范围内呈正比关系，磷元素的存在，在一定程度上能改进烟叶的色泽。

第二节　烟草中的氯

一、氯在烟草体内的生理功能

氯元素对烟株的生理调控是一个复杂的过程，这关系到元素间的相互作用。氯在光合作用中是光系统 II 的氧化剂，同时氯在叶绿体中优先积累，对叶绿素的稳定起保护作用。大量研究表明，氯可促进光合磷酸化作用和腺嘌呤核苷三磷酸（ATP）的合成，是光合放氧所必需的；氯在叶绿体中含量较高，在光合电子传递过程中，Cl^- 具有平衡电荷的作用。同时，Cl^- 迅速进入烟株细胞内部提高了细胞内的渗透势和水势，从而增强了烟株从土壤中吸收水分的能力和使叶片饱满充实，延长或增强了光合作用。

刘国顺等[10] 试验结果显示，适量 Cl^-（0.5~4.0mmol/L）能改善烟株的整体生理机能，使烟株氧化还原酶促反应和碳氮代谢朝着有利于烟草产量品质形成的方向发展，具体表现为：蔗糖转化酶（INV）活性较高，碳代谢增强，营养阶段叶绿素合成增加。这与在适宜施氯水平下烟叶叶绿素含量高和光合速率高，碳水化合物生产量大，烟株生长旺盛的结果是一致的，因此，保证适量的氯素营养是促进光合作用进行，增加碳源，促进烟叶碳代谢的重要条件。

高 Cl^- 浓度（>4.0mmol/L）使烟株生育后期叶绿素含量居高不下，硝酸还原酶（NR）活性在整个生育期都低于其他处理，氮代谢受阻，相对于其他处理烟株生育期延长，由于 Cl^- 与 NO_3^- 存在竞争吸收位点的可能性，随介质 Cl^- 浓度增加，NO_3^- 与载体的亲和力降低，NO_3^- 进入体内的速度减慢，烟株为满足自身体内对氮的需求，延长对氮元素的吸收时间，从而使成熟期延长。

低 Cl^- 浓度（<0.5mmol/L）则使营养阶段叶绿素合成受阻，后期降解明显，不利于烟株光合碳的合成，从而降低烟株产量，叶片干物质积累不充分，对品质形成不利。

氯是一种烤烟生长必需但限量使用的元素，在植物体内担负着重要的生理功能。氯离子可促进细胞分裂，在烟株缺氯时，烟叶的细胞增值率降低，叶片生长明显减缓，叶面积大量减少。氯还可以钝化烟草花叶病毒的核酸，对烟草茎腐病、黑胫病及根腐病等真菌性病害有一定的防治作用。氯能增强烟株的抗病性和抗旱性，对烟草黑胫病、根黑腐病具有一定的防治作用，还可以钝化烟草花叶病毒的核酸。氯的渗透作用，对植物水势有强烈的影响，提高了作物对水势的利用率，增强了抗旱能力。舒小兵等[11] 研究表明，随施氯量的增加，烟株的团棵期和现蕾期均有所提前，分别为 2～3d、3～5d，同时延长了终采期及大田期 1～7d，烟株株高增加了 3.55～7.78cm。

在土壤溶液中，Cl 主要以 Cl^- 状态存在。植株对 Cl 的吸收和运输也是以离子形式进行的[12]，有根部吸收和叶面吸收两种，以根部吸收为主。根部吸收过程分为两个阶段，首先是通过扩散作用，Cl^- 从土壤溶液的高浓度区向低浓度区扩散而进入根系；然后消耗能量通过共质体逆化学势进入植株体内，分布到细胞的液泡、叶绿体及保卫细胞等组织，去执行一定的生理功能，Cl^- 的吸收、运输受温度、土壤通气、pH、离子间相互作用、光照及同化作用抑制剂等因素的影响。

二、氯在烟草植株体内的分布

一般烟叶中正常含氯范围为 0.3%～0.8%，过高过低对烟叶产质量均有不良影响[13]。我国主要烟区烤烟氯含量的区域特征、分布状况分析表明，我国烤烟氯含量普遍偏低，其中，高氯烤烟主要分布在北方（77.32%），低氯烤烟主要分布在南方（78.23%），在调查的2712份烤烟样品中，53.32%的样品氯含量低于0.30%，43.10%的样品氯含量在0.30%~0.80%，3.43%的样品氯含量大于0.80%。河南烟叶中有39.9%氯含量在0.3%~0.8%，有55.0%的烟叶氯含量小于0.3%，约5.1%的烟叶氯含量高于0.8%。

氯在烟株体内一般以离子的形态存在。在烟株各器官中以叶的氯含量最高，其次是茎，再次是根；叶片中又以叶梗氯含量最高，^{36}Cl示踪研究表明，叶片的叶脉中氯含量高于叶肉组织。烟叶吸氯量占总吸氯量的55.1%~67.6%、茎根占12.6%~18.4%。氯在烟草各部位叶片占19.8%~26.5%、不同部位烟叶中氯的含量分布规律一般是下部叶高于中部叶，中部叶高于上部叶，但也有上部烟叶含氯量>下部烟叶>中部烟叶的报道，可能是因为不同部位烟叶发育时水分供应有差异的结果。Cl$^-$在烟草植株中的再利用能力差，故先于老叶中积累，因此，烟叶各部位中氯积累量与氯含量正好相反。不同叶位及烟株不同部位氯的积累量表现出先增加后降低的趋势，与施氯量之间表现出二次抛物线关系，氯的积累高峰出现在旺长期；当烟叶缺氯时，在生长点附近氯的含量较高。

有学者[12,14,15]认为我国烤烟氯含量低的原因有以下几个方面。

（1）氯是易移动的活泼元素，容易流失。土壤含氯量与烟叶含氯量呈正相关关系，优质烤烟生长的最适宜土壤含氯量为30mg/kg，而我国大部分种植烟草的土壤氯含量低于这一数值。土壤中其他离子对烟株吸收氯也有影响。

（2）南方烟区雨量充沛，降雨下渗，土壤中氯容易被淋溶出根系活动层。尤其在雨季正值烤烟生长季节，这种淋溶作用更加显著。

（3）受传统观念的影响，国内外专家普遍认为烟草是忌氯作物，不宜施用含氯肥料及有机肥。从而导致土壤氯含量逐年下降，这是造成我国烟叶氯含量低的主要原因。

从表3-1列出来2001年河南各烟区烟叶中氯的含量水平[16]中可以看出，由于豫西烟区干旱少雨，施肥带入耕层土壤中的氯由于不能淋溶，积累比较明显，土壤氯含量较高。豫东烟区由于雨水偏多，加之灌溉条件较好，所以耕层土壤中氯含量呈下降趋势，但地下水和地上水中氯含量远高于其他烟区。烟叶中氯含量以豫东、豫中较高，这可能是土壤水氯含量较高所致。

表 3-1　河南各烟区烟叶中氯的含量　　　　　　　单位：%

烟区	产地	NC89	云烟 85
豫中	襄城	0.51	0.46
	郏县	0.34	0.63
	临颍	0.40	0.55
豫西	渑池	0.26	0.25
	济源	0.27	0.21
	登封	0.37	0.39
	宜阳	0.28	0.35
豫西南	方城	0.27	0.26
豫东	鹿邑	0.47	0.30
豫南	淮滨	0.30	0.24
	确山	0.22	0.39

注：此表所列数据为 2001 年分析结果，烟叶等级均为 C3F。

三、氯对烟草品质的影响

一定量的氯有利于改善烟叶品质，如颜色、弹性、油分和烟叶的储藏质量等。研究表明，贫氯土壤（水溶性氯含量 17.5mg/kg）上增施氯肥可促进烟株早生快发，提高烟株高度，改善烟叶品质与香气，能促使生产出的烟叶达到优质烟叶的要求。施氯效应在烟叶上一般表现为上部>中部>下部。烟叶的含氯量与肥料中提供的氯呈直线相关关系。随着施氯量的增加，烟叶中氯含量增大，两者呈显著的线性相关。在地膜覆盖栽培条件下，施氯量在 30.0~45.0kg/km²，各部位烟叶最佳氯含量为 0.30%~0.44%；露地栽培则以施氯量在 45.0~60.0kg/km² 时，烟叶氯含量比较适中，为 0.21%~0.50%；当施氯量小于 30.0kg/km² 时，无论是地膜或露地栽培烟叶氯含量都低于 0.30%。

不同施氯量对烟叶内在化学成分的影响不尽相同。林中麟等[17] 研究表明，不同施氯量对烟叶化学成分产生一定的影响，并以总糖、还原糖、氯含量、双糖差、钾氯比受影响较大。施氯后烟叶的还原糖含量提高，烟碱和总氮含量降低，化学成分更趋协调，说明在贫氯地区施用氯肥可改善烟叶的内在质量。此外施氯能提高烟叶烟碱含量，可能是与施氯促进烟叶对氮的吸收有关。增施氯化钾降低了还原糖的含量，但对烟叶中的蛋白质和烟碱含量增加不明显。

适量的氯能促进烟叶生长，使得烟叶品质好，燃烧性好，增强细胞膨压，从而提高抗旱能力，提高烟叶产量；增加烟叶的弹性和油润性，降低烟叶破碎率，提高烟叶的内、外品质。如表 3-2 所示，施氯后烟叶的还原糖含量提高，烟碱和总氮含量降低，化学成分更趋协调，说明在贫氯地区施用氯肥可改善烟叶的内在质量。

表 3-2 不同处理化学指标对比

品种	处理	总糖/%	还原糖/%	烟碱/%	总氮/%	钾/%	氯/%	双糖差	糖碱比	钾氯比	氮碱比
	CKA	15.73	12.18	3.34	2.69	2.99	0.18	3.55	5.10	16.48	0.83
	A1	18.86	13.17	2.67	2.05	3.47	0.87	5.74	8.08	4.17	0.83
K326	A2	21.53	17.37	2.47	2.21	2.91	0.88	4.15	9.55	3.43	1.00
	A3	19.96	15.29	2.56	2.44	3.18	1.47	4.67	9.17	2.22	1.10
	A4	22.18	18.41	2.87	1.86	2.97	1.34	3.77	8.16	2.25	0.63
	CKB	16.74	12.56	3.34	2.37	3.31	0.31	4.18	6.70	9.64	0.97
	B1	16.25	12.78	2.64	2.78	3.36	1.02	3.48	5.98	4.80	0.97
云87	B2	17.76	13.88	2.47	2.41	3.18	0.79	3.89	7.38	4.06	0.93
	B3	20.54	17.44	2.56	2.60	2.86	0.92	3.11	7.93	3.25	1.00
	B4	21.69	16.50	2.87	2.39	3.18	0.80	5.18	9.54	5.38	1.07

许永锋等[18] 研究表明，随施氯量的提高，相同部位烤后烟叶的总糖和还原糖含量表现出上升的趋势，B2F 和 X2F 两个等级烟叶的总氮含量随施氯量的增加表现为下降的趋势。从以上可看出，施氯对烟叶的烟碱和还原糖含量影响结果并不统一。宁尚辉[19] 等人的研究表明，适宜的氯含量能提高烟叶产量，在一定范围内烟叶产量与施氯量呈正相关，当施氯量 96kg/hm² 时，烟叶产量、产值达到最高。另外，氯含量对烟草的品质也有影响，其原因可能有两方面。一是气孔开闭受氯离子的影响，从而使氯离子在光合作用中发挥作用，增强植株的抗逆性，平衡细胞内电荷，调节渗透压，使叶片充分挺立。因此，施用适量的氯元素可以促进光合作用，增加同化物的合成。二是施用过量的氯元素，烟株内氯离子过多，则烟叶淀粉积累过多，阻碍光合作用的进行。

随着氯含量的增加，还原糖、烟叶总糖、淀粉含量逐渐增大，但尼古丁含量与氯含量关系不大。施氯量与烟叶总氮和不溶性氮呈负相关，二者关系也不大；施氯量与灰分含量成正相关，增加施氯量，烟叶灰分增加明显。同时，由于氯和钾的相伴离子效应，施氯可以促进烟株对氯、钾的吸收，但对氯含量增加的影响幅度较大，致使钾氯比下降。

目前，国内外研究人员普遍认为烟草是忌氯作物，在种植过程中不宜施用含氯无机肥料，同时由于有机肥如人粪尿、猪粪等施用受到限制，加上氯主要以离子形态在土壤中存在，易受淋失，造成南方部分烟区土壤氯含量较低。在这些地区进行烟叶生产，常发生氯元素缺乏，致使烟叶翻卷萎蔫，叶色不正常，生长发育迟缓，烤后叶片弹性差，易碎，烟叶偏薄内含物不足，颜色淡黄等。大量施用氯会影响烟株的正常生长，使叶片变的反常得绿、变厚、易碎、叶缘凹陷，叶片会呈现与常态不同的圆滑的外观，调制后的烟叶为不均匀的暗黑色，易于吸潮。

第三节　烟草中的硝酸根离子

一、硝酸根离子在烟草体内的生理功能

植物根系从土壤中吸收 NO_3^-、植物体内 NO_3^- 的运输和细胞内 NO_3^- 再分配都需要硝酸盐转运蛋白来执行[20]，编码硝酸盐转运蛋白主要有 NRT1 和 NRT2 家族，分别负责低亲和（LATS）和高亲和（HATS）硝酸盐转运系统。当外界 NO_3^- 浓度在 $1\mu mol/L \sim 1mmol/L$ 时，负责 NO_3^- 的吸收主要是高亲和转运系统（HATS）；而当外界 NO_3^- 浓度高于 $1mmol/L$ 时，NO_3^- 吸收的主要由低亲和转运系统（LATS）负责。HATS 又包括诱导型高亲和转运系统（iHATS）和组成型高亲和转运系统（cHATS）；LATS 又包括诱导型低亲和转运系统（iLATS）和组成型低亲和转运系统（cLATS）。

植物的氮素同化作用多是从硝酸盐的还原同化开始的[21]。如图 3-1 所示，硝酸盐被吸收进入植物根系细胞后，小部分留在根部被还原，而大部分被运送到地上部分，在硝酸还原酶（EC 1.6.6.1，Nitrate reductase，NR）的作用下形成亚硝酸盐，然后被亚硝酸还原酶（EC1.7.7.2，Nitrite reductase，NiR）进一步还原成 NH_3，最后 NH_3 被谷氨酰胺合成酶（EC 6.3.1.2，Glutaminesynthetase，GS）作用形成谷氨酰胺和谷氨酸，随后能够发生氨基转化形成各种氨基酸进入植物体代谢活动。

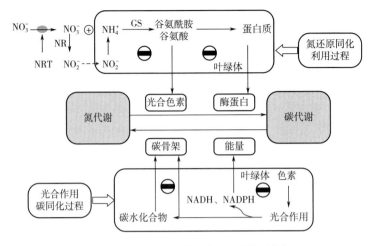

图 3-1　硝酸盐代谢途径及积累机制图

二、硝酸根离子在烟草内的分布和影响含量水平的因素

有关研究表明[22] 烟草积累的 NO_3^- 主要分布在烟叶细胞的液泡内，即液泡是烟叶 NO_3^- 积累的主要场所。一般来讲，细胞质 NO_3^- 变动很小，而组织中 NO_3^- 含量的多少主要取决于液泡 NO_3^- 浓度。烟叶在生长过程中主动吸收 NO_3^- 并积累于液泡中，必然有其生理上的意义。由于液泡中的 NO_3^- 具有储备、渗调等生理作用，因而烟叶在其生长过程中势必要积累一定数量的 NO_3^-。但是，烟叶 NO_3^- 积累总量的多少及其变化取决于 NO_3^- 吸收、运转和还原同化的生理过程，而这一过程与烟叶本身的生物学特性紧密相关，同时也受环境诸多因子的影响。

一般情况下，烟草中硝酸盐的含量因基因型而异，由烤烟的 0.10% 至白肋烟的 3.3% 不等，晒烟和雪茄烟硝酸盐含量也较高。赵晓丹等[23] 选取不同类型和品种烟叶进行比较，发现其硝酸盐含量差异显著。不同类型和品种间烟叶硝酸盐含量的差异多是由遗传因素控制，主要表现在硝酸盐吸收和转运、硝酸盐同化利用以及氮效率差异等方面。

硝酸盐吸收、转运和还原同化过程复杂，易受硝化抑制剂、激素、碳水化合物等化学物质的调控。液泡膜 H^+ 焦磷酸酶（V-PPase）能促进营养储藏，而液泡膜 ATP 酶（V-ATPase）能抑制营养储藏，V-PPase 和 V-ATPase 抑制剂能促进 NR 活性而降低植株组织硝酸盐含量。氮抑制剂能控制硝化速度，减少氮素的损失，从而提高氮肥利用率。国内外的研究表明氮抑制剂对蔬菜的硝酸盐积累有明显的抑制作用，目前常用的氮抑制剂有双氰胺（DCD），与只施尿素相比，硝酸盐含量明显下降。在白肋烟打顶后，喷施生长素、萘乙酸和水杨酸等激素物质能调控烟叶硝酸盐含量。在旺长期喷施钼酸钠同时在成熟期喷施钼酸钠和草丁膦的方法有利于促进烟叶发生氨气挥发现象，可有效促进烟叶氮素还原同化，使调制后烟叶硝酸盐含量下降47%。喷施丙三醇、壳寡糖和海藻糖等外源糖类均有助于提高烟叶色素含量和光合作用，可降低硝酸盐含量。

叶片是硝酸盐和亚硝酸盐还原的主要场所，在光合作用过程中形成 FADH 和 NADPH，它们是硝酸还原酶和亚硝酸还原酶的电子传递体，能促进硝酸盐和亚硝酸盐还原。在植株体内，新生的部位活性强，不易积累硝酸盐；而老组织活性较弱，积累硝酸盐的能力较强。Burton 等[24] 分析了烟叶叶片不同位置 NO_3^-、NO_2^- 的分布和关系，得出 NO_2^- 最高出现在叶片基部，朝叶尖方向降低。Burton 等[24] 还在试验中发现，亚硝酸盐在支脉周围叶片中的含量比叶片低，而且底部叶片含量高，上部叶片含量最低。在非绿色和光合作用较弱的组织中，如根、茎、叶柄，主要依靠呼吸作用产生的还原力进行硝酸盐和亚硝酸盐还原。不同组织硝酸还原酶和亚硝酸还原酶的活力不同；在同一组织内硝酸盐的变异与硝酸还原酶的活性呈负相关，而硝酸还原酶的活性强度是高度遗传的。试验表明，烟叶烤后不同部位硝酸盐含量表现为中部叶>上部叶>下部叶。

近些年来，国内外学者通过研究施用氮肥与 NO_3^- 积累的关系后认为，氮肥用量过大是造成作物 NO_3^- 积累过多的直接原因之一，土壤或栽培介质中有效氮含量与植物 NO_3^- 的吸收和积累呈线性关系，其相关系数介于 0.603~0.999。

光照强度对烟叶 NO_3^- 含量有较大影响[25]，光周期缩短和弱光照均会导致 NO_3^- 的累积，其原因可能是光照影响光合作用，光合作用的强弱又限制了在叶绿体中形成的糖类，继而影响 $NADH^+$ 的生成。而硝酸还原酶需要 $NADH^+$ 作为还原 NO_3^- 为 NO_2^- 的电子供体调节了硝酸还原酶的活力，最终影响植株体内 NO_3^- 的累积。强光照下可使烟叶的硝酸盐含量较之弱光照为低。正常光照条件下，光合作用良好，植株生长量大，吸入的硝酸盐可被稀释而不致积累太多，同时还促进硝酸还原酶的合成，提高其活性，并为硝酸还原提供能量，因此有利于硝酸盐含量的下降。

周炎等[26] 收集了中国和美国市售卷烟及雪茄共 37 款烟草制品，对其

TSNA 以及其硝酸根和亚硝酸根含量进行测定。如表 3-3 所示，硝酸盐含量整体相对较高，其中美国雪茄最高，高达 11.69mg/g；其次是中国雪茄，平均含量为 8.87mg/g；美国卷烟平均含量为 5.74mg/g，与美国雪茄样本平均硝酸盐含量差异显著。硝酸盐含量最低的为中国卷烟，平均仅为 0.75mg/g，与其他类型烟草样本存在显著差异。美国卷烟硝酸盐含量约为中国卷烟的 7.7 倍。所有样本亚硝酸盐含量处于较低水平，平均为 13.02μg/g，但变异系数高达101.54%，不同类型样品间差异较大。亚硝酸盐含量最高的是美国雪茄，平均高达 22.55μg/g，且与其余产品类型间存在显著差异；其次是中国雪茄，平均 9.91μg/g；亚硝酸盐含量最低的为中国卷烟，平均仅为 6.66μg/g，略低于美国卷烟。

表 3-3　中国与美国部分品牌烟草制品硝酸盐、亚硝酸盐含量

类型	项目	硝酸根/（mg/g）	亚硝酸根/（μg/g）
中国卷烟（6 个）	平均值	0.75	6.66
	标准差	0.43	0.18
	变异系数/%	57.66	2.7
美国卷烟（6 个）	平均值	5.74	7.02
	标准差	3.32	0.34
	变异系数/%	57.78	4.78
中国雪茄（13 个）	平均值	8.87	9.91
	标准差	4.89	2.71
	变异系数/%	55.16	27.36
美国雪茄（12 个）	平均值	11.69	22.55
	标准差	3.91	19.4
	变异系数/%	33.41	86.02
全部（37 个）	平均值	7.94	13.02
	标准差	5.47	13.22
	变异系数/%	68.89	101.54

三、硝酸根对烟草品质的影响

　　许自成等[22] 从统计学的角度分析了烟叶硝酸盐、亚硝酸盐含量与烟叶

其他品质指标的相关关系。如表 3-4 所示，B2F、C3F 和 X2F 在两组变量间的第一典型相关系数分别为 0.665、0.728 和 0.777，均达到 1% 极显著水平。所包含的相关信息占两组变量间的总相关信息依次为 80.80%、92.04% 和 77.16%，仍呈现出 C3F>B2F>X2F 的趋势，B2F、C3F 和 X2F 在两组变量间的第二典型相关系数分别为 0.158、0.063 和 0.230，均未达到 5% 的显著水平。比较 B2F、C3F、X2F 的第一典型变量构成可知还原糖系数的绝对值最大，石油醚提物系数的绝对值最小，均呈现出还原糖>总糖>石油醚提物的相同趋势。硝酸盐的系数明显大于亚硝酸盐的系数，表明硝酸盐的贡献比亚硝酸盐大。第一对典型变量之间的极显著相关主要是糖含量（还原糖、总糖）与酸盐所引起。由于还原糖、总糖的系数为负值，硝酸盐的系数为正值，说明在一定范围内烟叶糖含量的提高与硝酸盐的积累呈负相关。

表 3-4 烟叶硝酸盐、亚硝酸盐与石油醚提物、总糖、还原糖的典型相关分析结果

烟叶	典型相关系数	卡方值	自由度	显著水平
B2F	0.665	37.15	6	0
	0.158	1.51	2	0.471
C3F	0.728	44.82	6	0
	0.063	0.231	2	0.891
X2F	0.777	55.87	6	0
	0.23	3.03	2	0.219

研究结果表明，不同等级烟叶硝酸盐、亚硝酸盐含量与烟叶烟碱、总氮的第一典型相关系数均达到 1% 的极显著水平，且这一相关关系主要由硝酸盐与烟碱、总氮间的相关所引起。在烟叶的生长过程中，适量施用氮肥，烟叶体内的蛋白质含量随之增加，而硝酸盐含量增加则较为缓慢；当施氮量达到或超过某一限度时，烟叶中蛋白质含量下降，硝酸盐含量剧增，从而导致烟叶品质的下降。

第四节　烟草中的硫酸根离子

一、硫酸根离子在烟草体内的生理功能

硫是植物体内硫胺素和维生素 H 等一些生理活性物质的组成成分[27]，这

些生理活性物质具有调节植物生长发育进程的重要作用。在组成烟草叶片叶绿体基粒片层的基本物质中，由硫形成的硫脂就是其中最重要的一种，对烟草光合作用具有重要影响；其他如在光合作用中传递电子的硫氧还蛋白，参与光合作用暗反应的铁氧还蛋白的形成都需要有硫元素参与。土壤中硫的供应水平决定着位于叶肉细胞叶绿体蛋白上的有机硫含量，从而影响叶绿体的形成及其功能的正常发挥。硫能显著提高叶绿素 a 和叶绿素 b 的含量，尤其是叶绿素 a。盆栽试验表明，在一定范围内，增加施硫量可提高烟草叶片内光合色素的含量及产量，促进烟草的光合效率，但施硫量超过一定范围之后，反而会降低烟草光合色素的含量。

施用硫肥提高了一些必需氨基酸尤其是甲硫氨酸的含量。硫是甲硫氨酸和半胱氨酸的必需组成元素，在对成熟烟草植株标记过的 6 万个以上不同基因中，对应的多肽中绝大部分含有甲硫氨酸或半胱氨酸，或二者兼有。李玉颖[28] 的研究表明，烟草抗寒、抗旱和抗倒伏等抗逆性与体内硫疏基的数量有关，烟草体内硫疏基的含量与烟草植株的抗逆性如抗寒、抗旱和抗倒伏等呈显著正相关，增加烟草体内硫疏基的数量可提高植株抵抗不良环境条件的能力。研究表明，影响自生固氮菌和根瘤菌活性的某些酶须由植物体内的硫活化，植物的耐寒和耐旱性强弱也与植株体内的硫含量有关，在一定范围内增加硫含量可提高植株对水分的利用率。

硫在植物体内具有一定的移动性，但移动性不大，很少从老组织向幼嫩组织转移，所以植株缺硫往往从幼嫩组织开始。烟草缺硫的早期，会出现叶片失绿黄化的症状，新生叶片和上部叶片的叶面呈均匀黄色；缺硫的后期还会出现植株下部叶片早衰甚至停止生长的症状。烟草的生育期正常与否取决于土壤的供硫水平，土壤供硫水平低会推迟烟草生育期，烟株不能现蕾，植株的株高、茎围、最大叶面积等农艺性状均明显劣于正常供硫水平的植株。适时适量地施硫肥可以促进烟草生长发育，使烟株的农艺性状得到改善，明显降低烟株病虫害的发生概率但施硫量过大，不但不能促进烟株生长，反而会对烟株产生抑制作用[29]。

二、硫酸根离子在烟草内的分布和影响含量水平的因素

烟草体内的硫可分为有机态硫和无机态硫两大类，并且不同部位烟叶硫含量明显不同[30]。绝大部分有机硫以蛋白质形式存在，少量以含硫氨基酸的

形式存在，并且有机态硫的形态和含量比较稳定。无机硫则多以硫酸根（SO_4^{2-}）的形式在细胞中积累。一般烟叶全硫含量在 0.2%~0.7%。硫元素在根、茎、叶、顶杈的含量分别为 0.27%，0.23%，0.45%，0.57%。另外，烟草体内硫元素含量的变化与部位密切相关。由于烟株上不同部位烟叶营养条件不同，硫元素含量也有很大差异。上部叶硫元素含量为 0.52%，中部叶为 0.43%，下部叶为 0.41%。

烟草施硫与否及施硫多少取决于土壤中固有的硫含量及硫素平衡。烟草土壤中固有硫含量，特别是有效硫含量的高低与成土母质、土壤质地和有机质含量等有关。在烟草硫素平衡中，输入项主要是含硫肥料和大气干湿沉降；输出项有烟草植株的吸收，土壤 SO_4^{2-} 的淋溶损失等。烟草和其他作物一样，从土壤中吸收硫素主要通过两个途径：一是根系从土壤中吸收 SO_4^{2-}；二是烟草叶片通过气孔吸收大气中的 SO_2。植物从土壤中吸收的硫占主导地位，一般为需硫总量的 2/3。从大气中吸收的量取决于土壤供硫量和大气 SO_2 的浓度。当土壤缺硫时，从大气吸收的硫可高达 50%。根系吸收的硫可通过蒸腾作用向上部输送。硫酸盐主要在成熟叶片光合作用下还原同化为有机物，根系蛋白质合成所需的还原硫依赖于地上部向根系的运输。烟草中韧皮部长距离运输的有机硫主要是谷胱甘肽占 67%，其余甲硫氨酸占 27%，半胱氨酸占 2%~4%[31]。

另外，运输来的谷胱甘肽也作为根系硫营养的一种信号，调节根系硫的吸收。一般情况下，蛋白质合成活跃的部位需硫量多，合成的蛋白质中富硫氨基酸含量多的部位需硫量多。硫在植物体内可以移动，但是这种移动十分有限，所以缺硫症状首先表现在植物的幼嫩器官。硫在植株体内的移动称为再分配，通常是以无机硫即硫酸根的形式输出，在叶片成熟时，没有合成为有机硫的无机硫通过一定的循环通道进入正发育的部位被再次利用。但是在硫胁迫严重的情况下，有机硫也可以通过蛋白质水解转化为无机硫输出到幼嫩部位被再次利用。硫素的运转取决于该部位细胞组织的硫素供应以及其他部位对硫素的需求状况，一般情况下，硫素不发生移动，在代谢加强或者是硫胁迫时才会出现硫的转移。Adiputra 等[32] 的研究表明，发生硫胁迫时，从根部的液泡和成熟叶片中输出的硫的数量与需求部位的要求不一致，不能满足生长需要，因此，植物生长的各个时期都需要有硫肥的供应。谷胱甘肽是有机硫转运的重要形式，同时也是缺硫的传导信号；缺硫时，谷胱甘肽的含量迅速下降，促进硫素的吸收和再分配。

左天觉（Tso）博士[33]指出施用过磷酸钙与施用重钙（即重质碳酸钙）相比，烟叶含硫量增加48%。21世纪90年代全国烟叶抽样分析表明，烟叶含硫全国平均值为0.52%。而贵州、云南烟叶平均含硫分别为0.661%和0.510%，其中硫含量超过的样品达到0.8%以上达到20%。郝红铃等[34]发现烟叶硫含量在不同产区、不同等级间均存在显著差异，如图3-2所示，在所测定的烟叶样品中，无机硫含量与全硫含量呈极显著正相关。由表3-5可知，无机硫含量在缺硫（全硫<0.2%）时很低，占全硫含量的40%~54%，此时烟株吸收的硫绝大多数用于构建烟株体结构功能蛋白；随着全硫含量增加，无机硫含量也上升，占全硫含量的60%~81%；硫水平过量（全硫>0.7%）时，烟株体内无机硫含量达到全硫的85.3%，说明在满足烟株有机态硫的需要后，其余大多数以无机硫形态存在。

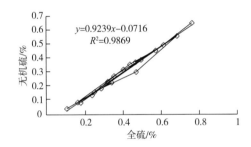

图3-2　烟叶样品全硫与无机硫的相关关系

表3-5　部分烟叶样品中的全硫和无机硫含量　　　　　单位：%

烟叶样品		全硫	无机硫	无机硫/全硫
福建	B2F	0.763	0.651	85.3
	C3F	0.615	0.494	80.4
	X2F	0.468	0.372	79.4
湖南	B2F	0.574	0.455	79.3
	C3F	0.439	0.357	81.2
	X2F	0.324	0.236	72.8
云南	B2F	0.405	0.321	79.2
	C3F	0.164	0.088	53.9
	X2F	0.107	0.043	40.4
四川	B2F	0.344	0.229	66.5
	C3F	0.255	0.163	63.9
	X2F	0.180	0.085	46.9

续表

烟叶样品		全硫	无机硫	无机硫/全硫
	B2F	0.685	0.558	81.4
贵州	C3F	0.472	0.303	64.2
	X2F	0.289	0.187	64.7
	B2F	0.498	0.389	78.1
湖北	C3F	0.356	0.275	77.2
	X2F	0.241	0.138	57.3

三、硫酸根离子对烟草品质的影响

提高烟叶品质是烟草生产的核心，烟叶品质的高低取决于烟叶中各内在化学成分（即各化学品质指标）的含量是否平衡[27]。烟叶香气味、燃烧性能等评吸品质也与烟叶含硫量密切相关。研究发现土壤供硫水平直接或间接影响烟叶品质，例如硫肥施用量过高，烟叶含硫氨基酸及含硫量将超过烟株自身调节能力，会使烟叶总糖含量下降，烟碱、蛋白质含量提高，烟叶品质下降。供硫超过烟株自身调节能力后，烟草的农艺性状明显下降，植株茎粗、叶片宽等指标显著低于正常供硫的植株。土壤供硫不足或过量时均会出现烟株生长发育不良、上部叶发黄失绿、烟叶品质变劣或颜色变暗、烟叶粗糙等症状，制出的烟丝燃烧持续时间变短、品质明显变劣。

土壤中的硫酸根离子被烟草过量吸收后，转运到烟叶，会导致烟叶中硫含量过高。烟叶中的硫有 2 个明显作用，一是被还原成含硫化合物，二是减少与有机酸结合的钾的数量，从而降低烟叶的燃烧品质[35]。研究表明，要使烟叶具有较好的燃烧性，烟叶中硫含量不能高于临界值 0.67%。烟叶中硫含量稍微不足不会影响烟叶品质，反而对烟叶品质有利。

李玉梅等[36] 的盆栽试验结果表明，当土壤硫用量<180mg/kg 时，硫素供应不足，烟叶中可溶性蛋白质含量降低；当土壤硫用量>180mg/kg 时，硫素供应过量，会降低烟叶中氨基酸的含量，危害烟草生长。由此可见，在有效硫含量较低的植烟土壤中适量施用硫肥有利于烟草的生长发育，可增加烟叶产量、提高烟叶品质。

含量过高对烟叶抽吸品质产生负影响[37]，如表 3-6 所示，烟叶较高的硫降低了烟叶燃烧性。日本发现多施用硫酸钾导致烟叶有恶臭味。以色列在香料烟上试验，结果也以施硫酸钾的质量差而施硝酸钾的质量好，前者灰色黑，抽吸质量差，产量低。试验证明，硫酸钾增施到 34kg/亩（1 亩 ≈ 666.67m²）时，烟叶质量明显下降，熄火，已无使用价值。

表3-6 法国埃里温地区烟叶含硫与燃烧性的关系

烟叶中硫含量/%	0.59	0.67	0.78	0.93
燃烧性质	好	尚好	差	熄火

增加硫供给量，烟叶中的 N、K 及烟碱成分增加，有降低烟叶中 P、Ca、Mg 及有机酸等成分含量的倾向，但不显著。其他如 Cl、蛋白质 N、水溶性 N 及灰分等成分未发现与硫处理有关系。缺硫程度较低，还原糖含量也较低，缺硫严重，增加还原糖含量。低氯和高硫导致低烟碱含量。

由于硫在烟草植株结构构成、碳水化合物、蛋白质和脂肪等几乎所有同化和代谢活动中都起十分重要的作用，所以硫的不足和过量都将引起体内一系列复杂的变化，如代谢产物的累积或减少，从而影响烟株生长发育、产量和烟叶品质。有报道认为，叶片中硫酸根的过量积累，使钾与有机酸的结合减少，有机钾的含量降低甚至出现负值。有机钾指草酸钾、柠檬酸钾和其他有机酸钾，它与卷烟的燃烧性和焦油产生量关系密切。如果烟草的有机钾值很低，即使总钾含量高，烟叶的燃烧性也不好。

第五节　烟草中的磷酸根离子

一、磷酸根离子在烟草体内的生理功能

磷素存在的形式分为有机态和无机态 2 种[38]。当磷进入根系或被运输到枝叶后，85% 的磷会转化为磷脂、核苷酸、核酸、植素等有机物质，剩余磷仍以无机态存在。当磷进入皮层后，其中 30%~50% 会迅速进入代谢途径，一般在数分钟甚至在几秒钟内，最先合成的有机形态的磷是 ATP，此外在糖酵解中还会合成 6-磷酸葡萄糖（G6P）、6-磷酸果糖（F6P）、磷酸甘油酸（PGA）等含磷化合物。有机磷合成后会迅速向中柱转移，在这一系统中，6-磷酸葡萄糖是被合成数量最多的含磷化合物，总磷量的 60% 以上是无机磷；从中柱到导管这个系统中，有机磷被脱磷酸化形成了无机磷，然后被输送到地上部。

烟株的正常生长发育和产量品质的形成，最终均由烟草的光合作用决定。光合作用各个阶段的物质转化、光合产物的运转和能量传递等重要过程，磷几

乎均有参与。其中，光合作用受核酮二磷酸（RuBP）羧化酶再生能力和活力的影响，而磷浓度会限制 RuBP 的再生，因此适当的磷浓度对光合作用是极其重要的。在光合细胞中，光合作用固定的碳最终转变成蔗糖和淀粉，二者分别在细胞质和叶绿体中合成。叶绿体和细胞质间的碳水化合物分配是通过叶绿体膜上的磷转运子进行磷酸丙糖（TP）与磷（Pi）的交换实现。细胞质 Pi 和 TP 库的大小在调节碳同化物跨叶绿体膜运输，以及蔗糖和淀粉合成的流向方面起着重要的作用[39]。据 Fredeen 等[40] 的观察发现，低磷胁迫使部分植物叶片中蔗糖含量下降，淀粉含量增加。但不同植物防止磷消耗的机制也不同，低磷处理的烟草叶片则表现出蔗糖合成酶、酸性及碱性转化酶活性降低，抑制了蔗糖的降解[41]。

土壤中的磷主要以无机磷（Pi）的形式存在，土壤对磷的强烈吸附，使土壤溶液中烟草可吸收的可溶性无机磷的含量非常低，通常小于 $10\mu mol/L$[42]。土壤中的磷素主要是以正磷酸盐（$H_2PO_4^-$，Pi）的形态被植物根系截获，并通过存在于细胞膜上的磷转运蛋白运输进入植物体内[43]。因此，细胞质膜上磷转运蛋白的数量及其对磷酸根离子的亲和性直接决定了植物对磷的吸收效率。磷进入细胞后，大多积累于液泡中，能够调节胞质中磷的稳定性。胞质中的磷处于动态平衡状态，它对植物正常生长发育的维持是必需的，也是调节根对磷的吸收和防止磷毒害的一种调控机制。试验表明，不同品种或基因型的植物对磷的吸收能力存在差异，相同的品种甚至同一植株不同器官对磷的吸收也不同。

植物对磷的利用率可分为磷吸收效率（P acquisition efficiency，PAE）和磷利用效率（P utilization efficiency，PUE）。PAE 代表植物从外界低磷环境中富集磷并吸收或在营养液中直接吸收磷的能力，PUE 则表示单位吸收的磷对应于植物的生物量的变化。目前，研究表明，磷利用效率主要受到 PAE 影响，而 PUE 则涉及整体磷代谢的调控。在分子水平上提高植物磷的吸收效率和增强植物抗低磷胁迫，需要系统的认识植物吸收利用磷的生理过程/机制。磷被植物的吸收利用途径如图 3-3[44] 所示，首先，土壤中仅存小部分易被植物吸收利用的磷（亦称速效磷），而部分不能直接被利用的磷则可被源于溶酶体中分泌/释放出的酸性磷酸酶从被吸附的有机分子上水解而形成可溶性磷酸盐（此类磷也称之为有效磷），继而以磷酸盐的形式通过植物根系的磷酸盐转运蛋白家族（Phosphate transporter，PHT in Arabidopsis，PHT or PT in rice）或者 SPX-EXS（ERD1/XRP1/SYG1）转运蛋白亚家族（PHO），利用 ATP 水解产生的能量转运进入植物体内。就整体植株而言，植物对体内外磷营养状况的感应/感知取决于其对磷营养的需求，从而调控一系列与磷饥饿相关的基因的表达水平。与此同时，PHR2还参与了氮和磷调控网络的互相作用，植物在响应外源硝酸盐时，通过NRT1.1B-NBIP1-SPX4-PHR2/NLP3信号传导途径调控磷的响应基因。近年来，焦磷酸肌醇（InsP8）被鉴定为信号分子，通过InsP8-SPX-PHR途径调控植物体内的磷水平；Dong等[45]报道，拟南芥体内高水平的InsP8积累，会正向促进细胞内的磷素储存。在组织/器官层面，有两条已被证实的信号途径介导了拟南芥根部磷饥饿信号的传导，即STOP1-ALMT1或LPR1/2-PDR2（图3-3）。该信号下游会影响植物体内的氧化还原平衡（Redox balance），进而改变植物的生长发育。根部吸收的磷将在PHO2的介导下，通过PHT1途径转运至地上部，以供植物生长发育之用。

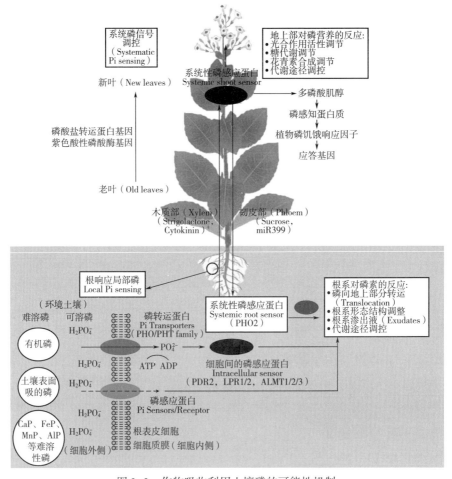

图3-3　作物吸收利用土壤磷的可能性机制

在供磷正常的条件下，70%~95%的磷酸根离子将被储存于液泡中。在拟南芥和水稻中，AtPHT5 和 OsSPX－MFS1 分别编码 Pi 的内向转运蛋白（Importer）；超表达 PHT5 导致液泡中积累过量 Pi 而无法活化，致使体内可再活化利用（Remobilization）的 Pi 的短缺，严重影响植物生长。细胞中的磷素除了可暂存于液泡之外，也以多种代谢化合物的形式存在于不同的细胞器中；细胞中的含磷化合物按含磷总量的大小可依次为：核糖核酸（RNA）>磷脂（Phospholipids）>各种含磷的其他酯类>脱氧核糖核酸（DNA）>具有代谢活性的无机磷（Metabolically active Pi）。植物除了能从土壤中直接吸收利用磷素，在磷饥饿情况下，亦能再活化并转运（Remobilization）衰老器官如老叶中的磷素至新生组织/器官中。

二、酸根离子在烟草内的分布和影响含量水平的因素

磷在植物体中分布不均匀，根、茎生长点较多，种子、果实中较丰富，嫩叶比老叶含量高[46]。不同烟草品种对磷的吸收差别较大，烟草移栽后 20d 时不同品种所吸收的磷差别较小，60d 时差别最大，绝大多数品种的吸收高峰在移栽后 60d 之后逐渐下降。磷素在烤烟中的含量比氮素低，磷在烟叶中的含量为 1~2.5mg/g，烟茎中的含量为 0.4~2.2mg/g，烟根中的含量为 0.6~2.4mg/g。

磷在烤烟体内的分布随生育时期和品种的不同而不同。在移栽后 50d 以前，磷在各器官中的分布为烟根>烟叶>烟茎（K358 除外）；50d 以后，烟叶中磷的浓度逐渐增大，远远高于根和茎中的浓度。根和茎中磷的浓度相差不大，但品种之间略有差别，红大和 K358 茎中的浓度高于根中的浓度，其他品种根中的浓度略高于茎中的浓度。这些结果说明，烤烟生长前期磷主要用于促进根系的发展。

张金霖等[47] 以 K326（*Nicotiana tabacum* L.）为试验材料，于 2005 年和 2006 年在广东南雄研究了早花烤烟生长期间氮磷钾三大元素的吸收和积累规律。该试验统一打顶，留叶 15 片，每 1hm² 植烟 15000 株，每 1hm² 施纯氮 150kg，$N：P_2O_5：K_2O=1：0.8：2$（质量比）。其他栽培烘烤措施按南雄市优质烟叶生产技术方案进行[48]。试验地前茬为水稻，土质为由紫色砂页岩发育而成的紫色土，土壤的 pH 7.40，有机质 1.50%，全氮 0.095%，全磷 0.056%，全钾 2.59%，碱解氮 84g/kg，速效磷 6.7mg/kg，速效钾 100mg/kg，pH 6.35。移栽后，分别于移栽后 21，34，49，56，70，83，98d 天取样，每次取样 6 株，将根、茎、叶分开，先用自来水冲洗干净，105℃下杀青 15min，

80℃下烘干到恒重后测定干物质质量、氮含量、磷含量和钾含量。

研究发现旱花烤烟根中磷含量从移栽后 3 周到移栽后 70d 是持续下降的，70d 后稍有回升。如图 3-4 所示，茎和叶中磷含量在移栽后 49d 左右达到峰值，然后开始急剧下降，到移栽后 70d 以后，变化不大。

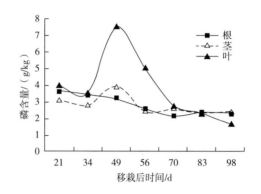

图 3-4　旱花烤烟磷含量变化（移栽后 56d 打顶）

由图 3-5 可以看出，旱花烤烟中磷积累随着时间的推移都呈 S 形曲线。从团棵期到打顶，叶中氮、磷、钾及干物质处于一个快速积累期，打顶后积累速率更高。打顶前根系和茎中的磷积累较慢，打顶后也进入快速增长期。原因在于打顶前根系吸收的矿物质和植株光合作用产物只要供给叶的生长，而打顶抑制了养分向叶的运输，同时刺激了根系的活力，最终导致茎和根的快速生长。总之，打顶后旱花烤烟不同器官磷的急速积累表明，打顶后烟草植株仍需要大量的矿质养料，这也成了打顶时追肥以保证植株发育的生理基础。

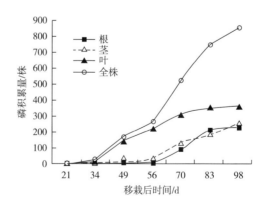

图 3-5　旱花烤烟磷积累变化曲线（移栽后 56d 打顶）

三、磷酸根离子对烟草品质的影响

磷元素是烟草生长发育所必需的三大营养元素之一，在烟草的生长发育及代谢过程中具有重要的生理作用。烟株生长前期磷素不足，则烟株生长矮小，抗病力与抗逆性差；生长后期不足，则成熟迟缓，烘烤后烟叶油分差，香吃味淡，品质不佳[49,50]。烟草生长所需要的磷主要来源于土壤，土壤磷的供给状况不仅影响烟草的干物质积累与分配，还直接影响烟草的产量和烟叶品质[51]。土壤磷含量过多，烟株有暴长的势态，叶片变老变厚，主脉变粗，组织粗糙，易破损，烟草成熟过早导致减产。而土壤磷含量过低也会影响烟株根系生长发育，并使烟叶不能正常落黄成熟，叶面积小，烟叶化学成分协调性差。当植物缺磷时，光合产物将优先分配运输到根系，保证根对养分的吸收，维持其正常生长，而地上部则生长较慢，成熟期推迟，叶色暗绿，叶形细长狭窄，烟叶长宽比与烟叶开片度和平衡含水率呈显著负相关，长宽比增大也会影响烤烟香气和余味的舒适性，同时烟叶中烟碱含量显著增加，总糖和还原糖含量显著降低[51,52]。土壤磷含量适宜时，烟株根系发达，生长健壮，落黄好，烟叶易烘烤，同时，适宜的磷素营养对烟株氮和钾的吸收与利用都有一定的促进作用，可以提高烟叶的质量和产量[53]。

第六节　烟草中其他阴离子与植株的关系

氯离子、硝酸根离子、硫酸根离子、磷酸根离子在烟草中是与烟草燃烧性和品质类型直接相关的无机阴离子，也是烟草中含量较高的几种无机阴离子成分。除去它们，还有其他很多种类的阴离子，包括与烟草相关性报道较少的氟、溴等，也包含被报道与烟草有相关性的硼、亚硝酸根离子等。但是这些成分在烟草中含量不及氯、硝酸根、硫酸根、磷酸根。这些低含量离子与植物植株生长发育也有较强相关性。烟草作为一种植株，很多关系应该都具有普遍性与适用性。在本节中，我们也对这些成分做一个简单的介绍。因为总体来讲，烟草中无机阴离子等元素与烟株关系报道还是较少，且不深入。作者长期从事这方面的研究，也希望在此能够起到抛砖引玉的作用。

一、氟离子

植物通过根系吸收土壤中的氟，再经过茎部输送，在叶组织内积累，最后集聚在叶尖和叶缘，所以叶尖和叶缘对氟的伤害最为敏感，一般土壤中的氟在高浓度时才会对植物产生危害；植物也可直接通过叶片吸收空气中的氟，空气中的氟在低浓度时便可伤害植物，毒害较大，但两种来源的氟对植物产生的危害症状是一样的[54]。

氟不是植物生长所必需的微量元素，但是在植物生长的过程中会以根系吸收的方式从土壤中吸收大量的可溶性氟，故植物根系对土壤中氟的吸收是土壤-植物系统中氟迁移的主要方式、土壤中水溶态氟和可交换态氟对植物、动物、微生物以及人类具有较高的有效性，土壤中水溶态氟含量比总氟含量能更好地表征植物对氟的吸收作用。在土壤-植物系统中，植物根系所吸收的氟含量与土壤中总氟的含量无关，而取决于土壤类型、pH、有机质、钙和铝的含量。在 pH 低的环境下，易形成 Al-F、HF 络合物，这些络合物比游离态的氟易被植物根系吸收。

不同植物对土壤氟的吸收、富集能力差异较大，且氟含量在植物中的分布也不同。如茶树对土壤氟有很强的富集和运输作用，郜红建等[55] 的研究表明：茶园表层土壤全氟和水溶性氟在茶树叶片的富集系数分别在 1.71～3.65 和 99.8～348，茶树体内氟的转移系数在 9.7～25.5，表明茶树对土壤中氟有较强的富集和运输能力；茶树不同部位氟含量不同，表现为成叶>落叶>嫩叶>根、茎，氟主要在茶树叶片积累，尤以成熟叶片和落叶最高。蔬菜中的氟含量大多数较低，且差异不大，蔬菜食用部分（洋葱、韭菜、番茄、胡萝卜）氟含量变化一般在 1～3.6mg/kg。而种类繁多的木本植物氟含量差异要大得多，研究发现[56] 在同一条件下生长的木本植物含氟量分别是：红松 12mg/kg、大叶黄杨 8.0mg/kg、柏 6.0mg/kg、桑树 24mg/kg、杉 14mg/kg、茶树（新芽）60mg/kg、茶树（老叶）800mg/kg、山茶（老叶）1600mg/kg。

二、溴离子

溴和氯同样普遍存在于植物体内，氯对植物生长发育是不可缺少的，但溴尚未认定为必需元素。然而，人们已发现溴能减轻缺氯症状。有人用番茄和三叶草试验，不给氯的处理生长量降低到充分供给氯的处理的 20% 以下，用溴代替氯充分供给时，亦可获得 75%～95% 的生长量，但如果已充分供给氯的话，供溴与否对生长量没有影响。因此，认为溴对氯的机能有不完全的代替作用，但未发现溴本身有特定的生理机能[57]。

植物对溴的吸收受一价阴离子存在的抑制。例如氯离子和 NO_3^- 都阻碍植物吸收溴。很早以前人们就知道溴和氯有拮抗作用，有人用小麦根做吸收试验，当氯的供给量固定而减少溴的供给量时，发现溴的吸收率降低，但达到最低值后，不管氯溴比多大，溴的吸收率也不再减少。施一价阴离子于土壤中，发现莴苣的溴化物含量显著减少，并且 Cl^- 的影响比 NO_3^- 大。施氯化物肥料的植物对溴的吸收量比施硫酸盐肥料的减少到（1/10）～（1/6）。因此，人们有可能利用氯和溴在吸收上的这种拮抗作用，来充分抑制植物对溴的吸收。

然而，植物对无机离子态溴是极易吸收的，并且吸收速度还超过氯，例如水稻幼苗地上部从水培液和土壤中吸收卤族元素 1h 的量是 $Br \geq Cl \geq F \geq I$；小麦地上部和根部从水培液中吸收 24h 的量是 $Br > Cl > I > F$。植物对溴的吸收在较短时间内就可达到饱和值，例如小麦幼苗的根部只要十几个小时，地上部分也只需要几十个小时就达到饱和。因此，施入土壤中的无机溴是容易被植物吸收的。

三、碘离子

植物中的碘含量并不多，牧草、蔬菜、粮食作物和野生植物叶片碘含量的分析结果显示碘含量水平为 0.1～1.0mg/kg，红三叶草含碘 0.31mg/kg，小麦杆含碘 0.067mg/kg[58]。

碘在植物体内的各个器官均有分布，但是不同植物及不同器官分布量各异。刘晓红等[59] 采用水培的方式研究了几种水生植物对125 I 的吸收，结果表明，矮慈姑有 74.84% 的碘积累在根系中，25.16% 积累在茎叶中；陌上菜根系中碘占 51.03%，茎 34.39% 和叶片 14.58%；螃蜞菊根系碘质量分数占 26.15%，茎 48.52%，叶片 25.33%。刘晓红等[59] 采用同位素示踪技术研究125 I 在水稻中的分布，得出水稻各器官125 I 的比活度大小顺序为根>茎>叶>谷粒。这是因为碘主要是从木质部运输而很少从韧皮部运输，导致种子内碘的积累较少。严爱兰等[60] 利用同位素示踪技术研究青菜在水培条件下对125 I 的吸收和富集特征时发现，青菜各部位125 I 的比活度大小顺序是根>茎>叶，而且上部嫩叶中125 I 高于下部叶片；同时在土壤一青菜系统中利用同位素示踪技术研究，得到同样的结果，青菜通过根部能很快吸收土壤中的125 I，并可将大部分转运至地上部分，青菜各部位125 I 的富集系数为根>茎>叶柄>叶，嫩叶中富集的125 I 明显大于老叶。洪春来等[61] 的盆栽试验结果表明，蔬菜吸收的碘在不同器官中的分布总体表现为根>叶>茎>果，但在萝卜中的分布表现为地上部分大于块根。这可能是由于萝卜地下部分为块根，相对于其他蔬菜，其须根较少，与土壤的有效接触面积小，因而从土壤中吸收的碘也较少；其次，萝卜的肉质根特性可能不利于碘的储存，根系吸收的碘更多地向地上部分转移，导致萝卜地下部分块根中的碘含量明显低于地上部分的碘含量。谢伶莉等[62] 的研究结果表明，小白菜通过根系吸收的碘，绝大部分保留在根部，只有一小部分由根部运输到地上部分；而空心菜根部与地上部分中不同形态碘的含量比均约为 1∶1。

林立等[63] 采用离子色谱与电感耦合等离子体质谱联合（IC-FCP/MS）进行碘酸根和碘离子的形态分离分析。采用碱提取法前处理样品以检测植物样品中的碘离子和碘酸根，采用高温裂解法处理样品，使样品中各种形态的碘最终均转化为碘离子，然后应用 IC-ICP/MS 检测碘离子，从而实现总碘的测定，图 3-6 为 IC-ICP/MS 检测碘酸根与碘离子的分离色谱图。碘的方法检出限为 0.010mg/kg。碱提取法和高温裂解法处理样品的碘的加标回收率分别为 89.6%～97.5% 和 95.2%～111.2%，结果令人满意。按照所建立的方法分别考察了紫菜、海带、圆白菜、茶叶、菠菜等常见植物性样品中碘的存在形式，结果表明，紫菜中的碘以有机碘为主，而海带、圆白菜、茶叶、菠菜中的碘则以无机碘为主。

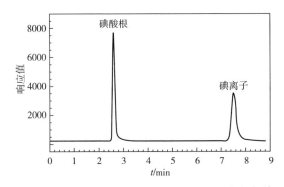

图 3-6　IC-ICP/MS 检测碘酸根与碘离子的分离色谱图

四、硼离子

硼是高等植物正常生长发育必需微量元素之一，在植物体内属不易移动的元素，一旦被细胞壁结合后，很难被释放出来转移再利用。在烟草的生长发育过程中，硼主要以 BO_3^{3-} 形态进入烟株体内，在烟株生理生化过程中发挥着重要的作用，参与尿嘧啶和叶绿素的合成，影响碳水化合物运输和蛋白质代谢运输，进而影响烟叶的产量和品质。在烟株缺硼时，顶芽枯死，生长停滞，呈丛生状；相反，硼营养过量，烟株变矮、营养生长期缩短、生殖生长期提前，不利于烟叶产质量的提高[64]。

施用硼肥有利于改善烟叶的内在品质。增施硼肥使烤烟的总氮、蛋白质、烟碱氧化钾、总糖、还原糖、淀粉含量接近最适宜值，烟叶品质得到提高。玉溪试验点施硼处理的烟叶总糖、总氮、施木克值、糖碱比均高于对照，蛋白质含量、烟碱、氮碱比低于对照；施硼烟叶的整体质量优于对照。烟叶总氮、还原糖、总糖和烟碱含量及其协调性均以团棵期喷施 0.20% 的硼砂溶液处理最接近优质烤烟的要求。另有试验结果表明：施硼能够适当降低烟碱、蛋白质、氯离子含量；提高氯钾比值、施木克值；改善烟叶的燃烧性和阴燃性。

硼与烤烟的香气质、香气量和评吸总分呈正相关。不施硼肥的对照烟叶的香韵、香气量和香气质较差，劲头也相对不足，评吸总分低，而施硼处理的香韵、香气量和香气质明显要好。同时有研究表明，适量的硫、硼营养配合施用对于提高烟叶中石油醚提取物含量有一定的促进作用。

目前硼元素的测定主要有分光光度法和电感耦合等离子体质谱法（ICP-MS），分光光度法操作效率较低，不适合开展批量烟叶中硼元素含量的测定；电感耦合等离子体质谱法（ICP-MS）具有灵敏度高、检出限低等优点，适合批量样品中微量硼元素的快速测定。郭军伟等[65]通过优化微波消解样品前处理条件和仪器参数，建立了电感耦合等离子体质谱法（ICP-MS）测定烟草中硼元素含量的分析方法。

从图 3-7 可以看出，不同类型烟草中硼含量为：白肋烟>香料烟>烤烟。对于烤烟而言，不同部位硼含量为：中部>下部>上部；而不同生长期烟叶中硼含量为：旺长期>成熟期>团棵期。表明烟株旺长期内需要吸收大量的硼，然后随着叶片的成熟，硼元素会有所迁移而降低。

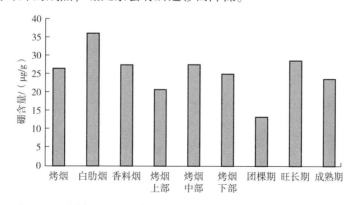

图 3-7　不同类型、不同部位和不同生长期烟草中硼元素含量水平

五、亚硝酸根离子

亚硝酸盐是在调制期间通过酶和微生物作用将硝酸盐还原而形成的。许多微生物具有将硝酸盐还原为亚硝酸盐的功能，这类微生物在烟草生长过程及调制初期附着在烟叶表面，因为条件无法满足而没有作用。在调制过程中，随着烟叶水分散失，细胞膜被破坏，提供了微生物活动所需的养分，加之适宜的温度、湿度及无氧条件，这类微生物在调制过程中的出现，将影响 NO_2^- 的积累。

喷施某些化学药剂可以降低烟叶亚硝酸盐的水平。维生素 C 是植物抗氧化剂，也是亚硝酸盐抑制剂，用维生素 C 处理过的烤后烟叶中的亚硝酸盐水平，要比对照烟叶低很多。马来酰肼作为一种植物生长调节剂，被广泛地用于烟草抑芽，可导致烟草含有较高水平的糖和钾，降低硝酸盐的水平。维生素 E 是一种亚硝酸盐抑制剂，用维生素 E 处理过的烟样，在晾制中亚硝酸盐水平会急剧增加，然而当晾制结束后，亚硝酸盐水平却只有对照样的（1/10）～（1/3）。

Andersen 等[66] 的研究指出，高温（32℃）高湿（83%）晾制条件可导致烟叶中 NO_2^- 增加几十甚至上百倍。不同烘烤设备也将影响调制后烟叶硝酸盐和亚硝酸盐含量。研究表明[67] 微波处理后的烟叶中硝酸盐和亚硝酸盐的含量均低于正常烘烤的烟叶，烟叶自变黄期结束到完全褐变这一时期，（晾晒烟采收 2~3 周后或烤烟采收 1 周后，亚硝酸盐的累积较多，从而产生较多的亚硝胺。）烟叶水分丧失较多，细胞的完整性遭到破坏，营养物质自细胞内流到细胞间，较高的湿度、适宜的温度及缺氧等条件为微生物的生长和繁殖提供了便利，而微生物的活动可使烟叶中的硝酸盐还原成亚硝酸盐，在烟叶尚未褐变、正处于变黄期、细胞还保持其完整性时采用微波辐射，可有效抑制在烟叶调制过程中产生亚硝胺的途径。另外，硝酸还原酶将硝酸盐还原成亚硝酸盐，其活性主要受变黄期温度和湿度的影响，在定色期阶段，硝酸还原酶多数情况下已经失活。还有一项研究表明[68] 高温或低湿的变黄条件都导致硝酸还原酶的存活时间缩短，使硝酸盐的还原量减少，亚硝酸盐的生成量也随之减少；调制期叶片表面的湿度与微生物活性在一定范围内呈线性关系，叶表相对湿度小，微生物活性低，产生的亚硝酸盐的量少。因此，调制时适当降低空气和叶表湿度将有利于降低烤后烟叶中的亚硝酸盐含量。

第七节　烟草中无机阴离子的分析方法

一、概述

烟草中无机阴离子常用的分析方法分为经典方法、光谱法和色谱法。

无机阴离子分析的经典方法有滴定法、比浊法、质量法、离子选择电极法等。这些传统的方法在测定某一种或某几种元素时有其独特的优势，但在测定其他元素时速度较慢且有外界干扰，灵敏度不高，再现性较差。例如用莫尔滴定法测定固体样品中的 Cl^-[69]、用硫酸钡质量法测定 SO_4^{2-}[70]、用比浊法测定 S[71] 等经典方法已经是检测固体样品（如粉煤灰陶粒和陶沙）中离子的国家标准方法。但众所周知，滴定法容易受样品中其他离子的干扰，操作烦琐，不能适应现代化生产的要求；比浊法和质量法主要用于质量浓度高于 250mg/L 物质的测定，精密度不高，灵敏度较差；离子选择电极法只能检测一种成分，并且灵敏度较差。植物中 S、P 的测定常用质量法，这种方法在前处理过程中易产生损失或污染，精确度和准确度都不高；除此之外，P 通常还用光度法测定，光度法测 P 研究较多而且成熟，但其显色过程的络合反应要求较高，限制了该法的灵敏度；而 S 的测定还有比浊法，方法易于推广，但灵敏度和再现性都不好；Cl^- 的测定用滴定法[72]，操作要求高，需要使用硝酸银等昂贵试剂。

光谱定量分析方法是根据感光板上所测量的黑度由图形或计算的方法测定含量，所得的结果和真实含量间有一定的误差，常用于固体粉末中金属元素的分析。比色分析具有较高的灵敏度与准确度，快速而简便，不需要贵重设备，是易于掌握与推广的微量元素分析技术，是 20 世纪 90 年代应用得最广泛的测定植物中微量元素的分析方法。植物中的大多数微量元素都能够利用比色法测定，如 As、Cr、I、Fe、B、P、S 等以及植物中的亚硝酸盐和硝酸盐。

比色法测定一般分为两个阶段：一是使被测元素与共存元素分离、浓缩且显色，二是测定过程。比色反应的灵敏度一般是 0.1mg/kg 上下，对于微量元素分析来说，有时需要加大试样质量使之与测定下限适应。近年来，多元络合物反应和自动分析仪的开发在比色分析中获得了广泛的应用，从而使显色反应有了较高的灵敏度和选择性，提高了测定的稳定性和准确度。尽管如此，比色法仍有它的局限性：对显色反应和分离有较多的要求而使分析过程延长，除了耗时较多以外，还可能导致污染或者损失被测元素。

以离子色谱为代表的色谱分析方法，是利用被测物质的离子性进行分离和检测的一种色谱技术，是基于离子性化合物与固定相表面离子性功能基团之间的电荷相互作用来实现离子性物质分离和分析的色谱方法。20 世纪 60 年代，科学家将颗粒粗大且不均匀的离子交换树脂用于离子性物质的分离，但分离效果差、耗时长，无法对柱流出物进行连续检测，而且背景电导很高，无法用电导检测器区别流动相中的淋洗离子和待测离子。1975 年 Small 等[73] 成功地解决了用电导检测器连续检测柱流出物的难题，建立了一种新型的使用自动电导计检测的离子交换色谱法。这篇报道是一个重要的里程碑，因为它第一次使普通的无机阴离子和有机阴离子的迅速分离和测定具有可能性，"离子色谱"的概念由此诞生。Small 等[73] 将第二支柱子（后来成为抑制柱）连接在离子交换分离柱后，通过在抑制柱中的化学反应，于测定所分离的离子前，将淋洗液转变成弱电导成分，流动相背景电导降低，从而获得高的检测灵敏度。

1979 年，Gjerde 等[74] 提出了用弱电解质作流动相，将电导检测池直接连接于分离柱之后，不用抑制柱就可以用电导检测器直接检测。这种不使用抑制柱的离子色谱法被称作非抑制型离子色谱法或单柱离子色谱法。使用抑制柱的离子色谱法被称作抑制型离子色谱法或双柱离子色谱法。从离子色谱问世到现在，已经发生了巨大的变化，由最初的常见无机阴离子的分析，发展到已经成为在无机和有机阴、阳离子分析中起重要作用的分析技术。近年来，离子色谱发展的一项重大突破是淋洗液在线发生器的研制成功和商品化，实现了不用化学试剂只用水的离子色谱的应用，大大简化了试验操作并降低了试验成本。

离子色谱法相对以往的经典分析方法和光谱分析方法具有以下优点。

1. 分析快速、简便

现代科学研究、产品质量控制要求的分析样品数量不断增加，分析速度越重要。一般而言，离子色谱分析一个样品平均需要约十几分钟。样品只需作简单的溶解、稀释和过滤，简化了制样过程。

2. 选择性好

离子色谱选择性主要由分离和检测系统来决定。离子色谱中固定相对选择性的影响较大。通过选择合适的分离模式和检测方法，可以获得较好的选择性。首先，一定的分离模式只对某些离子有保留，如在分离含有机物的食品或生物样品时，可以较好地避免有机物的干扰。采用溶质特性检测器也可大大提高选择性，如采用紫外检测，氯离子没有紫外吸收而硝酸根和亚硝酸根有响应。在柱后衍生化法中，可以通过衍生化试剂与待分析的某类离子的选择性反应实现选择性分析。

3. 检测灵敏度高

离子色谱分析浓度范围为 $0.001 \sim 1 \mu L/L$，进样量在 $50 \mu L$ 时，无机阴离子和阳离子的检出限在 $10 \mu g/L$ 左右。

4. 多离子同时分析

离子色谱法的主要优点是同时检测样品中的多种成分，可同时实现多种无机离子和有机离子的分离。另外，离子色谱法的峰面积工作曲线的线性范围一般有 $2 \sim 3$ 个数量级，所以含量相差数百倍甚至上千倍的不同离子也可以实现一次进样同时准确定量。

5. 离子色谱柱的稳定性好

容量高色谱柱的稳定性取决于柱填料的类型。离子色谱法中使用最多的是有机聚合物作基质的填料。这种新型柱填料具有高 pH 稳定性，耐酸碱，在有机溶剂中稳定，可用有机溶剂清洗色谱柱的有机污染物以延长柱子的使用寿命。高的稳定性和有机溶剂可匹配性以及高的柱容量，简化了样品前处理过程。

近年来，随着固定相和检测技术的不断革新，尤其是国内离子色谱技术的快速发展，离子色谱的应用领域不断扩大。离子色谱作为烟草化学的重要分析技术之一，可用于检测烟草、烟气、烟用材料、新型烟草制品中的阴阳离子、有机酸、糖类、醇类、氨基酸等多种成分，为国内烟草制品的研制、成分监控和质量控制提供参考[75]。

二、经典法分析烟草中的无机阴离子

吴名剑等[76] 应用水–丙酮介质建立了一种测定烟草中硫含量的新方法。在该介质中 SO_4^{2-} 与 Ba^{2+} 形成均匀稳定 $BaSO_4$ 溶胶，该方法 RSD<3%，回收率 97% ～ 102.6%，并用该方法测定了部分烟叶中的含硫量。该试验确定了利用硫酸钡比浊法测定烟草中硫含量的条件，并通过加入丙酮增加了测定体系的稳定性。在样品处理好以后 20min 可完成测定，实现了烟叶中硫含量的快速分析。

雷启福等[77] 以丙酮作为胶体保护剂，增强了 AgCl 胶体的稳定性，提高了测量的精度。该试验取一定量的 Cl^- 标准溶液于 25mL 比色管中，加入 2mL HNO_3 溶液、2mL 丙酮、1mL $AgNO_3$ 溶液，用二次水稀释至刻度，充分摇匀。静置暗处 10min，制作成系列标准溶液。用 1cm 石英比色皿，以试剂空白作参比，在波长335nm处测定吸光度值。测试样品时，准确称取0.5g烟末样品，放置于瓷坩埚中，加入2mL Na$_2$CO$_3$溶液，搅拌均匀，烘干并炭化后，移入马弗炉内逐步升温，在530℃下灰化2h，取出，加入20mL热水浸取并微火加热20min，移入50mL容量瓶中，用二次蒸馏水稀释至刻度，摇匀待测。烟叶检测结果和相对标准偏差（RSD）如表3-7所示。

表3-7　烟叶样品中Cl$^-$的含量

样品	平均值/%	RSD/%
湘南 B2F	0.28	1.34
湘南 C2F	0.26	2.61
湘南 X2F	0.29	1.78

张召香等[78]采用在柱阴离子选择性耗尽进样（ASEI）-碱堆积（BS）双重富集毛细管电泳法测定了卷烟样品中无机阴离子。毛细管先充满含0.4mmol/L十四烷基三甲基溴化铵（TTAB）的三羟甲基氨基甲烷缓冲液（Tris）抑制电渗流；再以高差法引入水塞，吸附于毛细管壁的TTAB溶解到水中，使该段毛细管的电势变负；电泳电源用负高压，电动进样时样品池中阴离子快速迁移并堆积在毛细管内缓冲液和水塞界面上，同时流向进样端的电渗流将水塞排出毛细管；接着电动注入NaOH溶液，快速迁移的OH$^-$与来自缓冲液的Tris$^+$形成低电导样品区，可进一步堆积样品带，还可使电动进样的时间延长。同常规电动进样相比，该双重富集法可达到（0.8~1.3）×10^{5}的富集倍数。用本方法测定了卷烟中6种无机阴离子，检出限低于6.2ng/L。

三、光谱法分析烟草中的无机阴离子

孔浩辉等[79]对连续流动分析法测定烟草中氯含量的可能影响因素，即透析处理、显色温度和检测波长进行了考察。该试验称取约0.5g（精确至0.1mg）烟末，置于100mL 5%（体积分数）醋酸中，振荡萃取30min，然后用定性滤纸过滤，滤液用自动分析仪进行测定。整个操作过程（萃取和仪器分析）均在普通空调环境（20~30℃）下进行。结果表明：透析处理能有效消除待测液底色的干扰，有利于提高检测结果的准确性。37℃显色和检测波长490nm是连续流动分析仪测定烟草氯含量的适宜条件，在此条件下测定了2种烟叶标准样品的氯含量，氯的回收率在101.7%~103.8%。

陈泽鹏等[80]对广东省主要烟区烟叶中的亚硝酸盐含量进行了检测，分析了烟草品种、生态环境、施肥及栽培措施等相关因子的关系。该研究的前处理方法为：准确称取经粉碎过筛（孔径0.071mm）的烟叶样品10.00g，放入200mL烧杯中，加入5mL饱和硼砂溶液和100mL热水（80℃左右），在振荡机上振荡10min，然后放置在沸水浴中加热30min，加热期间不断摇动；将盛有样品的烧杯取出，冷却至室温后加入亚铁氰化钾溶液10mL、乙酸锌溶液10mL和活性炭粉3g，充分摇匀，然后转入200mL容量瓶中加双蒸水定容至200mL，过滤；滤液中加入活性炭粉5g，过滤，再加入活性炭粉3g，得无色清亮提取液。

用移液管吸取提取液25mL于50mL容量瓶中，加双蒸水稀释至30mL后，加入5mL溶液 I（称取磺胺2g，放入盛有800mL双蒸水的1000mL容量瓶中，在沸水浴上加热溶解，冷却后加入盐酸100mL，用双蒸水定容至1000mL后避光保存）和3mL溶液 III（量取盐酸445mL，放入1000mL容量瓶中，加水定容至1000mL）混匀，于室温避光处加入1mL溶液 II（称取0.1g萘乙二胺盐酸盐，放入100mL容量瓶中，加双蒸水溶解后定容至100mL，避光保存），混匀，3min后用水定容至刻度，待测。在分光光度计上，用1cm光径吸收池，以空白溶液调零，于波长538nm处读取待测液的吸光度，然后在标准工作曲线中查出相应的亚硝酸离子含量。

如表3-8所示的结果显示，11个市县生产的烤烟烟叶中的亚硝酸盐含量存在一定差异，其中兴宁烤烟烟叶亚硝酸盐含量（0.7672μg/g）与丰顺（1.7121μg/g）、南雄（1.5970μg/g）烤烟达显著差异水平；兴宁烤烟与大埔烤烟（1.7747μg/g）的亚硝酸盐含量相差1.075μg/g。

表3-8 广东省11个县市烤烟烟叶中的亚硝酸盐含量比较

采样地点	NO_2^-/（μg/g）	采样地点	NO_2^-/（μg/g）
大埔	1.7747	乳源	1.3773
丰顺	1.7121	始兴	1.303
南雄	1.5970	蕉岭	1.0736
乐昌	1.4255	梅县	1.0457
平远	1.4192	兴宁	0.7672
五华	1.3980		

尚军等[81] 组建流动分析模块，并用于检测烟草中硝酸盐/亚硝酸盐的含量。硝酸盐/亚硝酸盐检测流路如图3-8所示，其检测原理是：用蒸馏水萃取烟草样品，萃取液中的硝酸盐在碱性条件下与硫酸肼-硫酸铜溶液反应生成亚硝酸盐，亚硝酸盐与对氨基苯磺酸酰胺反应生成重氮化合物，在酸性条件下，重氮化合物与 N-（1-萘基）-乙二胺二盐酸发生偶合反应生成一种紫红色配合物，其最大吸收波长为520nm。从原理上可以看出，实际检测的结果是硝酸盐和亚硝酸盐的总量。该检测方法的 RSD<2.92%；回收率为97.2% ~104.9%。

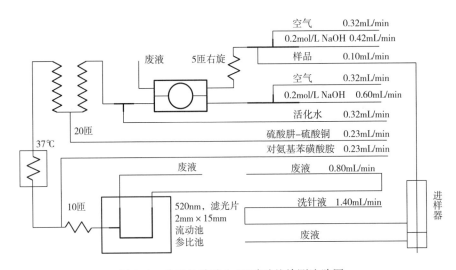

图3-8　典型的硝酸盐/亚硝酸盐检测流路图

2008年国家烟草专卖局发布了烟草行业标准 YC/T 269—2008《烟草及烟草制品　硫酸盐的测定　连续流动法》。该标准规定了烟草及烟草制品中硫酸盐含量的连续流动测定方法，已在烟草行业进行推广应用。杨志宇等[82] 研究了用分光光度法测定烟草中硫含量的方法。该方法称取1g左右烟草样品，用2%硝酸镁溶液润湿，在电炉上碳化后转入马弗炉中灰化，冷却后灰烬用10mL2%盐酸煮沸、过滤，滤液定容到100mL。取适当体积试液按测定。可应用于各种烟草样品分析，具有简单、快捷、实用等优点，检测波长选择在430nm处测定，硫含量在0~500μg/25mL符合比耳定律。

国际烟草科学研究合作中心（CORESTA）发布了第45号推荐方法"卷烟纸中磷酸盐的测定"。该方法采用紫外分光光度计测量在430nm处的吸光度。卷烟纸样品中的成分较为简单，干扰少；烟草样品中的成分较为复杂，干扰较多，故不适宜借鉴该方法的测定原理。张威等[83] 在化学非平衡的动态条件（但要求状态稳定）下测定烟草中的磷酸盐，分析快速、准确，重复性高。该法系钼蓝比色法，测试原理为：在酸性条件下磷与钼酸铵结合生成磷钼酸铵。试验中称取 0.25g 样品，置于 50mL 具塞三角瓶中，加入 25mL 去离子水，室温下振荡萃取 40min。用定性滤纸过滤，弃去前 2~3mL 滤液，收集后续滤液，滤液上机分析。磷钼酸铵经氯化亚锡或抗坏血酸还原成蓝色化合物——钼蓝，经紫外分光光度计测定钼蓝在 660nm 处有最大吸收。

刘少民等[84] 建立了磷钒钼蓝光度法测定烟草中磷的分析方法，该方法基于在酸性介质中正磷酸盐与偏钒酸盐的一步成络反应形成磷钒钼黄，然后将其还原成磷钒钼蓝，其吸光度大小与磷含量成正比可测定样品中的磷。显色液的最大吸收峰在 810nm 处，摩尔吸光系数为 2.3×10^4L/（mol·cm）；磷含量在 0~30.0μg/25mL 符合比尔定律；回收率为 98.6%~103.2%。比磷钒钼黄法［$\varepsilon_{430}=2000$L/（mol·cm）］提高近 12 倍且操作简便，准确性和重现性好，室温下显色液可稳定 48h（误差小于 1%）。

该方法的具体操作为准确称取 5.0000g 烟叶于凯氏瓶中，加 50mL 硝酸于通风柜中文火加热 30min，冷却至室温，再加 25mL 高氯酸，继续文火加热分解，使溶液中磷均转化成磷酸，当溶液达到无色或接近无色，出现白烟即可认为消解完全，停止加热并冷却至室温，用蒸馏水将其移入 100mL 容量瓶中定容，即得灰化原液（若有沉淀，需先过滤）。将灰化原液稀释 10 倍得测试样，取测试样 1.0mL 于 25mL 容量瓶中，加入 1 滴 2,6-二硝基酚指示剂，用 6mol/L 的氢氧化钠和 5mol/L 的硫酸调节酸度（微黄），然后按试验方法进行测定，同时做磷钒钼黄法对照试验，结果见表3-9。

表3-9　磷钒钼蓝光度法样品分析结果

样品	本法测定值/（μg/mL）			平均值/（μg/mL）	转换成烟草含量/%	磷钒钼黄法测定值/%	相对偏差/%
四川中二	10.22	10.18	10.20	10.20	0.217	0.216	0.30
	10.18	10.16	10.24				
南陵中二	11.31	11.36	11.32	11.36	0.245	0.242	0.62
	11.43	11.38	11.35				

四、离子色谱法分析烟草中的无机阴离子

(一) 烟草中无机阴离子分析的色谱方法研究

早在 1988 年，已有同时测定烟草中可溶性氯离子、磷酸氢根、硝酸根、苹果酸根、硫酸根及草酸根的分析方法的报道[85]。这种方法是在一个带电导检测器和不锈钢柱的高压液相色谱仪上，根据淋洗液抑制阴离子交换色谱法（AEC）的原理进行分析。检测器响应在操作范围内呈线性，$R^2 = 0.99$。除草酸盐外，回收率为 95%～104%，精密度测试结果表明：变异系数<5%。对氯离子、硝酸根、苹果酸根来说，其分析结果与标准方法相符，但磷酸氢根、硫酸根、苹果酸根测定的结果低一些，表明这些化合物有相当的比例是作为不溶性盐存在于烟草中。

早期的离子色谱仪器较为简陋。结果输出采用的是积分仪。1992 年，郑一新等[86] 使用 Dionex 4000i 型离子色谱仪，配电导检测器测定了烟草中氯、亚硝酸盐、苹果酸和柠檬酸。离子色谱条件为：色谱柱为两根串联的 AG6 柱，使用 2.0mmol/L Na_2CO_3 或 5.0mmol/L NaOH 淋洗液进行淋洗，流速 2.0mL/min，使用 AMMS 微膜抑制器。所有测定均由电导检测器检测，检测器量程为 30μs，进样体积 50μL。

前处理如下：准确称取过 40 目筛的干基烟末样品 0.15g 于 50mL 容量瓶中，加水 40mL，摇匀后置入超声波中提取 45min，定容后稀释 2.5 倍，用 0.45μm 微膜过滤进样。研究中比较了冷水浸提、加热浸提和超声波萃取三种方式，发现冷水提取率不高，热处理有时使样品糊化使微膜过滤进样困难。由于超声波提取率较高且平衡时间<30min，最终选用超声波萃取 45min 对烟草样作提取处理。虽然在这个文献中萃取容器用的是容量瓶，但是在现代分析实验室较为少见。因为容量瓶一般为计量器具，而超声波水浴较易产生热量，导致计量器具热膨胀，会影响最终的定容效果，这对于单纯的色谱分析是不推荐的（带质谱检测的内标法分析对定容要求没有这么高，单纯的离子色谱分析一般为外标法）。

在 21 世纪初，王金平[87] 使用国产离子色谱仪也成功测定了烟草中的 7 种阴离子（图 3-9）。该方法将烟草样品置于表面皿中，于 80℃烘箱中干燥 3h 取出并置于干燥器中，冷却至室温，取出研磨，过 198～246μm 筛。然后称取样品 0.5g（精确至 0.001g）于 50mL 干燥烧杯中，加入淋洗液（7.5mmol/L Na_2CO_3+5.7mmol/L $NaHCO_3$ 混合溶液）至刻度，于超声波振荡

器中浸取 2h 通过滤膜滤至 50mL 比色管中，用淋洗液定容至刻度。

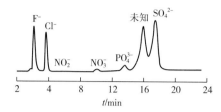

图 3-9　烟草中 7 种阴离子分析的离子色谱图

随着研究的深入，研究者发现当淋洗液换为 OH⁻ 系统时，比 $Na_2CO_3-NaHCO_3$ 的洗脱效果更好，基线噪声也更低。吴玉萍等[88] 研究了用 10mmol/L 的 NaOH 溶液超声波提取，同时检测烟草中有机酸和阴离子的离子色谱分析方法。采用 H_2O、5mmol/L NaOH 和 100mmol/L NaOH 梯度淋洗，流速为 1.5mL/min，成功测定了烟草中的苹果酸、柠檬酸、NO_3^-、NO_2^-、Cl^-、SO_4^{2-} 等成分。这些成分在检测条件下有良好的线性关系，相关系数：$r^2>0.99$，检出限为 0.005~0.2mg/L，相对标准偏差为 0.52%~9.14%，回收率为 3.5%~107.7%。

随后杨蕾等[89] 应用配有 IonPac AS11HC（250mm×4mm）分析柱和 IonPac AG11HC（50mm×4mm）保护柱的 ICS-2000 离子色谱分析仪（美国 Dionex 公司），在此基础上建立了同时测定烟草及其制品中 7 种无机阴离子的梯度淋洗离子色谱法，通过正交试验优化了萃取条件，并对方法进行了验证及评价。在优化条件下，7 种阴离子的定量下限为 0.003~0.254mg/L，RSD 为 0.09%~3.8%（$n=6$）。F^-、Cl^-、NO_3^-、SO_4^{2-} 和 $H_2PO_4^-$ 的线性范围为 0.5~100.0mg/L，相关系数为 0.9997~0.9999；NO_2^- 和 Br^- 的线性范围为 0.1~20.0mg/L，相关系数为 0.9999。将该方法用于原料烟叶、成品烟丝、造纸法再造烟叶及烟梗等样品的检测，样品中 7 种阴离子的加标回收率为 90%~106%，RSD（$n=6$）为 0.3%~4.4%（表 3-10）。

表 3-10　烟草及烟草制品中 7 种阴离子的测定结果

单位：%（质量分数）

样品	编号	F^-	Cl^-	NO_2^-	Br^-	NO_3^-	SO_4^{2-}	$H_2PO_4^-$	RSD (S_r) /%	回收率 (R) /%
烟叶	A#	0.23	0.61	—	—	0.03	1.61	0.54	0.3~3.0	90~104
	B#	0.45	0.98	—	—	1.11	1.37	0.61	0.3~1.1	

续表

样品	编号	F⁻	Cl⁻	NO₂⁻	Br⁻	NO₃⁻	SO₄²⁻	H₂PO₄⁻	RSD (S_r)/%	回收率 (R)/%
成品卷烟	C#	0.15	0.37	—	—	0.04	1.03	0.40	0.9~2.5	94~106
	D#	0.16	0.50	—	—	0.07	0.83	0.39	1.0~4.4	
	E#	0.21	0.47	—	—	0.04	0.69	0.43	1.0~4.1	
烟草薄片	F#	0.30	0.54	—	—	—	0.54	0.15	1.2~2.1	96~101
	G#	0.45	0.49	—	—	—	0.53	0.11	1.3~2.3	
烟梗	H#	0.26	1.25	—	—	0.71	0.76	0.35	0.7~2.7	94~103
	I#	0.25	0.98	—	—	0.21	0.72	0.56	1.8~2.4	

注："—"为未检出。

根据烟草制品性质选取纯水及 0.05，0.1，1.0mol/L 的氢氧化钠 4 种萃取液进行试验。结果表明，水的萃取效率高于氢氧化钠，因为碱性条件下会萃取大量非目标离子杂质，影响目标离子峰的分离及灵敏度，且当氢氧化钠浓度达到 1mol/L 时，钠离子带来的系统峰使基线抬高，掩盖目标离子峰，导致灵敏度降低（图 3-10），因此选取纯水为萃取液。

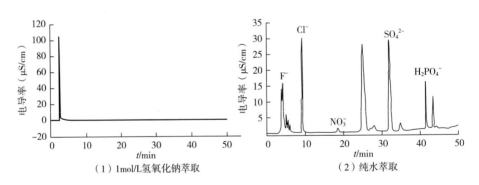

（1）1mol/L氢氧化钠萃取 （2）纯水萃取

图 3-10 1mol/L 氢氧化钠与纯水萃取样品的离子色谱图

诸寅等[90] 采用抑制电导-紫外检测器联用分析烟草中的阴离子和有机酸，其中 NO_2^- 和 NO_3^-、用紫外检测器进行检测。Cl^-、SO_4^{2-}、PO_4^{3-}、NO_2^-、NO_3^-、苹果酸和柠檬酸采用电导检测器检测。在检测条件下各目标物线性关系良好，相关系数在 0.9991~0.9999，相对标准偏差在 0.3%~2.1%（n = 5），检测限在 0.001~0.02mg/L 回收率在 93.7%~100.8%。

样品前处理方法为准确称取样品 1g 于 100mL 容量瓶中，用去离子水定容，用超声波提取 60min，然后取上层清液以 9000r/min 的转速离心 30min，上层清液通过 0.45μm 的滤膜，并通过 Dionex OnGuard RP 柱，弃去最初的 3mL，收集后面的 4mL，最后进离子色谱仪分析。烟草样品离子色谱图见图 3-11 和图 3-12。

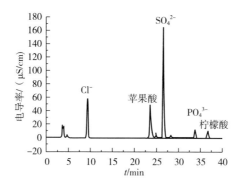

图 3-11　烟草样品离子色谱图（电导检测器）

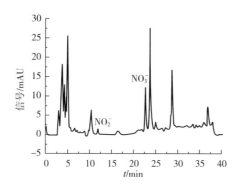

图 3-12　烟草样品离子色谱图（紫外检测器，检测波长：210nm）

（二）烟草中无机阴离子分析的提取方法研究

烟草中无机阴离子的前处理常用去离子水提取，辅以超声，提取后过滤进样。如娄斌等[91] 将烟丝在 60℃ 恒温箱中烘干，用研钵研成棕色粉末，用电子天平称取 10 份质量均为 0.5005g 烟样，置于高密度聚乙烯瓶中，5 份加入 60mL 亚沸水；另 5 份加入适量的标准溶液，再加入 50mL 亚沸水，在 60℃ 超声提取 70min，定容至 100mL 容量瓶中。提取液在 3000r/min 的条件下离心分离 15min，上清液经过 0.22μm 滤膜过滤，滤液过 RP 柱，待测。

崔柱文等[92] 分别用匀浆法、振荡浸取法和超声波浸取法对相同的样品进行提取比较，结果表明每 0.2g 的样品用 0.1mol/L 的氢氧化钠溶液 50mL 提取，振荡浸取 120min、超声浸取 30min、高速匀浆机 20000r/min 提取 1.0min 均可使样品中的 F^-、Cl^-、NO_2^-、HPO_4^{2-}、NO_3^-、SO_4^{2-} 完全溶出；高速匀浆法效率明显高于振荡浸取和超声浸取法。

王瑞琪等[93] 开发了加速溶剂萃取分析烟草中无机阴离子的方法，并与溶剂萃取的方法进行了比较。为了促进溶剂向烟草粉末样品中渗透，使待测组分溶解完全，在样品中加入石英砂用于分散基体；准确称取烟草样品粉末 1.0g，石英砂 30.0g，在研钵中混匀，倾入放有纤维素滤膜的 34mL 的萃取池中，将萃取池放入加速溶剂萃取仪进行萃取，操作条件如下：压力 10.3 MPa，温度 60℃，静态时间 6min，冲洗体积 150%，吹扫时间 100s，静态循环 1 次，萃取完成后将萃取液转移至 100mL 容量瓶定容，所得溶液过已活化的 Dionex-RP 小柱，以除去萃取液中少量的单宁、多酚、蛋白质等成分，滤液注入离子色谱分析定量。

试验以温度、静态时间、冲洗体积、循环萃取次数、吹扫时间为主要影响因素，对这 5 个因素分别取 4 个水平，设计了 L_{16} (4^5) 正交试验。萃取的最佳条件是：温度为 60℃，静态时间为 6min，循环次数为 1 次，冲洗体积为 150%，吹扫时间为 100s。在最优条件下，获得萃取液体积约为 70mL，萃取时间为 16min，加速溶剂提取 12 种分析物的平均回收率为 97.41%。

超声萃取方法为：准确称取 1.0g 样品粉末，转移至 100mL 容量瓶中，加入 70mL 去离子水，置于超声波清洗仪中，于 60℃超声提取 20min，冷却至室温后定容，将所得溶液在 9000r/min 转速下离心 15min 后取上层清液过 0.22μm 滤膜和 Dionex-RP 小柱后进样分析。

加速溶剂萃取与超声萃取 2 种萃取方法的萃取效率如表 3-11 所示。对于 12 种待测物质，超声萃取回收率为 73.86% ~ 105.27%，加速溶剂萃取回收率为 84.71% ~ 103.63%。试验结果表明加速溶剂萃取时间及萃取效率均优于超声辅助萃取法，且操作过程方便快捷，具有一定的推广价值及应用前景。

表 3-11　烟草样品的加速溶剂萃取及超声辅助萃取结果

分析物	超声辅助萃取		加速溶剂萃取	
	回收/%	RSD/% ($n=3$)	回收/%	RSD/% ($n=3$)
F^-	73.86	6.81	84.71	4.20
Cl^-	98.48	2.53	99.78	1.62

续表

分析物	超声辅助萃取		加速溶剂萃取	
	回收率/%	RSD/% ($n=3$)	回收率/%	RSD/% ($n=3$)
NO_2^-	96.01	4.62	97.92	2.11
Br^-	104.06	3.78	103.56	2.08
NO_3^-	100.87	1.05	101.48	1.25
SO_4^{2-}	105.27	4.13	102.13	3.51
PO_4^{3-}	92.90	3.57	103.15	3.16

（三）烟草中无机阴离子分析的样品净化方法研究

离子色谱法虽然分析高效快速，选择性和灵敏度都很高，但是离子色谱柱容易受到污染，当样品较脏时，特别是萃取液中含有多酚等物质，这些成分很易在离子色谱柱上富集，且不易洗脱，直接的后果就是多次进样后柱效降低，分离效果受到影响。烟草样品是一种成分含量较为复杂的生物质，其提取液中除了分析物有机酸和阴离子外，还含有少量其他成分，如单宁、多酚、蛋白质、油脂等。这些物质易也污染色谱柱且影响分离，所以在进样之前要预分离这些成分。张霞等[94] 在试验中采用 Sep-Pak C_{18} 固相萃取小柱预分离单宁、多酚、蛋白质、油脂等成分。用 Agilent SPE 真空提取装置，每次可同时处理 10 个样，小柱活化和样品富集的流速均为 10mL/min，小柱用 5mL 甲醇浸润，再用 10mL 水洗去甲醇，样品以 10mL/min 的流速通过小柱，弃去最初的 2mL，收集后面的 3mL 用 0.22μm 针头过滤器过滤，取 10μL 进样分析，这样可有效地除去单宁、多酚、蛋白质、油脂等水难溶成分和颗粒。

郑甜甜等[95] 将烟草样品萃取后的溶液以 1mL/min 的速度经过已用 3mL 甲醇和 5mL 水活化后的 C_{18} 固相萃取柱两次，弃去前 3mL 的流出液，收集后 9mL 流出液，再用 0.22μm 一次性过滤头过滤，即得到样品溶液。该方法通过 C_{18} 固相萃取柱有效的除去了样品中的干扰杂质，提高了分析方法的稳定性。

基质固相分散是一种样品处理技术，基本操作是将样品（固态或液态）直接与固相萃取材料一起混合研磨，使样品均匀分散于固定相颗粒的表面，形成一个独特的色谱固定相，装柱，然后依靠所选定的溶剂洗脱样品。它浓缩了传统样品均化、组织细胞裂解、提取、过滤、净化等过程，使样品的预处理变得简便，同时也避免了目标物的损失，具有简便、样品和溶剂用量少等优点。

在基质固相分散中，固相分散剂同时起着支持剂、吸附剂和净化剂的作用，它的选择非常重要。石墨化炭黑球属于反相材料，对极性小的物质有较强吸附，而极性大的物质吸附弱，研磨时样品中的各种组分根据极性的不同吸附在石墨化炭黑球上，根据相似相溶原理，在提取烟草中的阴离子时，脂肪类物质、蜡质、色素、多酚等物质是其主要干扰物，容易在色谱柱上残留而污染色谱柱。当烟样和反相石墨化炭黑球研磨后，色素、蜡质、多酚等非极性的组分吸附在非极性的石墨化炭黑球上，用热水洗脱时，阴离子被洗脱在水中，而与反相石墨化炭黑球结合强的色素、蜡质、多酚等物质保留在石墨化炭黑球上，因此反相石墨化炭黑球能起到提取净化效果。

张艳宏等[96] 设计了专门的经净化装置，尝试使用基质固相分散法来净化样品。称取烟样 0.1g，石墨化炭黑球 0.4g，置于玻璃研钵中，用玻璃杵研磨 5min，使样品与填料均匀混合；装入 8mm×15mm 的萃取管（图3-13），在装填管的一端装上筛板，装入样品并压实，然后在另一端装上筛板，拧紧柱冒。装好后用稍少于 10mL 的热水（>80℃）洗脱，洗脱液冷却后，准确调制体积为 10mL，取洗脱液 1.0mL 经 0.45μm 膜过滤后进行分析。

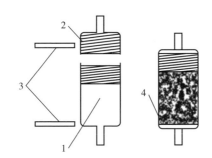

1—聚四氟乙烯装填管（带螺纹）；2—聚四氟乙烯柱帽（带螺纹）；
3—筛板；4—样品。

图3-13 基质分散固相萃取柱结构示意图

为了使阴离子被充分洗下的同时让干扰物尽可能地保留在石墨化炭黑球上，达到制备样品并有效分离干扰物的目的，试验选用水为洗脱剂。试验结果表明：约8mL的水就能把样品中的阴离子完全洗脱下来（合并残渣回流提取后没有阴离子检出），试验选用稍少于10mL的热水为洗脱剂。

张艳宏等[96] 将烟草样品与石墨化炭黑球（质量比为 1：4）充分研磨后装柱，用热水洗脱，洗脱液中的阴离子用离子色谱测定。以 YSA8 型 8164A-8

阴离子色谱柱为固定相，用碳酸钠和碳酸氢钠混合液为流动相。6 种阴离子 F^-、Cl^-、NO_2^-、HPO_4^{2-}、NO_3^- 和 SO_4^{2-} 在 12min 内可完全分离；方法加标回收率在 96.4%~103.6%，相对标准偏差（$n=5$）均小于 2.1%，检出限（3S/N）均小于 0.025mg/L。

（四）烟草中无机阴离子分析分析方法实例

中国烟草总公司郑州烟草研究院为满足科研工作的需要，参考烟草行业标准 YC/T 248—2008《烟草及烟草制品　无机阴离子的测定　离子色谱法》，建立了内控标准，下面列出了这个方法的标准文本。

《烟草及烟草制品无机阴离子的测定
离子色谱法（实验室分析方法）》

1. 范围

本方法规定了烟草及烟草制品中 Cl^-、SO_4^{2-}、PO_4^{3-}、柠檬酸根的离子色谱测定方法。适用于烟草及烟草制品中 Cl^-、SO_4^{2-}、PO_4^{3-}、柠檬酸根的测定。

2. 规范性引用文件

下列文件对于本方法的应用是必不可少的。凡是注日期的引用文件，仅注日期的版本适用于本文件。凡是不注日期的引用文件，其最新版本（包括所有的修改单）适用于本方法。

GB/T 6682—2008《分析实验室用水规格和试验方法》

YC/T 31《烟草及烟草制品　试样的制备和水分测定　烘箱法》

3. 原理

用水超声萃取样品中 Cl^-、SO_4^{2-}、PO_4^{3-}、柠檬酸根，萃取液通过阴离子交换分离–电导检测定量分析。

4. 试剂与材料

4.1　氯化钠，优级纯。

4.2　无水硫酸钠，分析纯。（使用前在 550℃马弗炉中烘 5h。）

4.3　磷酸氢二钠（无水），分析纯。

4.4　二水柠檬酸钠，分析纯。

4.5　去离子水，$R \geqslant 18.2M\Omega$。

4.6　标准溶液

4.6.1　标准溶液储备液

分别称取约 0.1633g 氯化钠、0.1478g 无水硫酸钠、0.1481g 磷酸氢二钠（无水）、0.1556g 二水柠檬酸钠至 100mL 容量瓶中，准确记录称量质量至 0.1mg，用去离子水稀释至刻度，Cl⁻、SO_4^{2-}、PO_4^{3-}、柠檬酸根的浓度约为 1000μg/mL。该溶液于 4℃ 避光保存，有效期为 1 个月。

4.6.2 系列标准工作溶液

移取适量标准溶液储备液至 100mL 容量瓶中，用去离子水逐级稀释，得到系列标准工作溶液。系列标准工作溶液浓度如表 1 所示。

表 1 系列标准工作溶液浓度表   单位：μg/mL

编号	氯	硝酸根	硫酸根	磷酸根
ST1	0.8	0.1	0.8	0.8
ST2	1.6	0.2	1.6	1.6
ST3	4.0	0.5	4.0	4.0
ST4	8.0	1.0	8.0	8.0
ST5	20.0	2.5	20.0	20.0
ST6	40.0	5.0	40.0	40.0
ST7	80.0	10.0	80.0	80.0

5. 仪器设备

5.1 分析天平：感量 0.0001g。

5.2 超声仪。

5.3 离子色谱仪（配电导检测器）。

5.4 色谱分析柱、保护柱及抑制器：AS11-HC（4mm×250mm）阴离子分析柱；AG11-HC（4mm×50mm）保护柱；自动再生电导抑制器：ASRS（4mm）。

5.5 水相滤膜，0.22μm。

6. 分析步骤

6.1 按 YC/T 31—1996《烟草及烟草制品 试样的制备和水分测定 烘箱法》制备试样，并测定其含量水分。

6.2 样品萃取

称取 0.25g 试样（6.1）于 100mL 具塞锥形瓶中，精确至 0.0001g，准确加入 50mL 去离子水超声萃取 30min，超声功率设为 40%。静置 10min，移取上层清液过 0.22μm 滤膜（5.5）至 2mL 色谱小瓶中，进样分析。如果样品溶液的浓度超出标准工作曲线的浓度范围，则进行稀释。

6.3 离子色谱参考条件

6.3.1 进样量：25μL。

6.3.2 流速：1.2mL/min。

6.3.3 柱温：30℃。

6.3.4 检测器模式：抑制型电导检测模式。

6.3.5 抑制电流：120 mA。

6.3.6 分析参数（梯度洗脱程序）。

离子色谱所用分析程序见表2。

表2 离子色谱所用分析程序

时间/min	OH⁻浓度	时间/min	OH⁻浓度
0.0	5mmol/L	28.1	35mmol/L
20.0	10mmol/L	36.0	40mmol/L
20.1	25mmol/L	36.1	5mmol/L
28.0	25mmol/L	38.0	5mmol/L

6.4 标准工作曲线的制作

用系列工作标准液（4.6.2）制备标准工作曲线。由保留时间定性，根据系列工作标准液的浓度及各阴离子组分响应峰面积，外标法定量。

7. 结果的计算与表述

各目标物的含量由式（1）计算：

$$x = \frac{c \times V}{1000m(1 - \omega)} \tag{1}$$

式中 x——样品中目标物的含量，mg/g；

c——目标物的浓度，μg/mL；

V——样品的萃取体积，mL；

m——试样质量，g；

ω——试样中水分的质量分数，%。

取两次平行测定结果的平均值为最终测试结果，精确至0.01mg/g，平行测定结果的相对偏差应小于10%。

8. 精密度、回收率

本方法的精密度、回收率试验研究结果参见表3。

表3 烟草样品中各化合物精密度和回收率的试验数据

化合物	相对标准偏差 日内（$n=6$）	相对标准偏差 日间（$n=5$）	回收率/%
氯离子	4.4%	6.0%	96.1

续表

化合物	相对标准偏差 日内（n=6）	相对标准偏差 日间（n=5）	回收率/%
硝酸根	5.2%	7.3%	98.4
硫酸根	3.5%	5.4%	97.6
磷酸根	4.3%	4.5%	93.5

参考文献

[1] 中国烟草学会，国家烟草专卖局科技教育司．金叶栽培 [M]．北京：当代世界出版社，2001.

[2] 廖红，严小龙．高级植物营养学 [M]．北京：科学出版社，2003.

[3] 闫克玉．烟草化学 [M]．郑州：郑州大学出版社，2002.

[4] 黄建如，陈修年，王中富，等．施用 B，Zn，Ca 肥对浙江山区香料烟产质影响的分析 [J]．中国烟草，1994（2）：41-43.

[5] 刘平，江锡瑜，赵讲芬．烤烟施用氯化钾对烟叶及土壤含氯量的影响 [J]．中国烟草学报，1993（1）：34-39.

[6] 邓云龙，孔光辉，武锦坤，等．氮素营养对烤烟叶片淀粉积累及 SPS、淀粉酶活性的影响 [J]．烟草科技，2001（11）：34-37.

[7] 李忠，刘思远，黄海涛，等．烟草制品中硫含量测定的研究 [J]．光谱实验室，2000，17（5）：534-535.

[8] 周冀衡．K^+ 与相伴阴离子（SO_4^{2-}、Cl^-）对烟草生长和有关生理代谢的影响 [J]．中国烟草学报，1994（2）：46-53.

[9] Wu C, Siems W F, Hill Jr H H, et al. Analytical determination of nicotine in tobacco by supercritical fluid chromatography-ion mobility detection [J]. Journal of Chromatography A, 1998, 811 (1-2): 157-161.

[10] 刘国顺，李姗姗，位辉琴，等．不同浓度氯营养液对烤烟叶片生理特性的影响 [J]．华北农学报，2005，20（2）：72-75.

[11] 舒小兵，李佛琳，张映，等．施氯量对丽江烤烟烟叶生长、产量和化学成分的影响 [J]．安徽农业科学，2012，40（32）：15631-15632.

[12] 李永忠，罗鹏涛．氯在烟草体内的生理代谢功能及其应用 [J]．云南农业大学学报，1995，10（1）：57-61.

[13] 张清壮，屠乃美，付小红，等．氯对烤烟的影响及植烟土壤氯现状 [J]．作物研

究，2015，29（2）：215-220.

[14] 成延鏊，伍仁军，吴纯奎，等．四川烤烟区土壤氯的动态与施氯量的确定 [J].中国烟草学报，1995（2）：21-28.

[15] 韩忠明，李章海，黄刚，等．我国主要烟区烤烟氯含量特征比较研究 [J].贵州农业科学，2008，36（1）：106-107.

[16] 范艺宽，张翔，黄元炯，等．河南烟区土壤和灌溉水氯含量状况评价 [J].烟草科技，2003（8）：39-41.

[17] 林中麟，陈文俊，严永旺，等．氯施用量对烤烟品质的影响 [J].湖南农业科学，2009（8）：50-52.

[18] 许永锋，陈顺辉，李文卿，等．不同施氯量对烤烟氯含量和生产质量的影响 [J].中国烟草科学，2008，29（5）：27-31.

[19] 宁尚辉，邓勇，陈志刚，等．氯营养对烤烟生产质量的影响研究进展 [J].现代农业科技，2011（24）：81-82.

[20] 贾宏昉，张洪映，刘维智，等．高等植物硝酸盐转运蛋白的功能及其调控机制 [J].生物技术通报，2014（6）：14.

[21] 冯雨晴，杨惠娟，史宏志．烟株发育过程中硝酸盐积累与调控的研究进展 [J].中国烟草学报，2019，25（2）：109-120.

[22] 许自成，张莉，肖汉乾，等．烤烟硝酸盐，亚硝酸盐含量与若干品质指标的典型相关分析 [J].郑州轻工业学院学报：自然科学版，2005，20（1）：43-46.

[23] 赵晓丹．不同产区白肋烟质量特点及差异分析 [D].郑州：河南农业大学，2012.

[24] Burton H R，Dye N K，Bush L P. Distribution of tobacco constituents in tobacco leaf tissue. 1. Tobacco – Specific nitrosamines, nitrate, nitrite, and alkaloids [J].Journal of Agricultural and Food Chemistry，1992，40（6）：1050-1055.

[25] 许自成，陈伟，黄平俊，等．影响烤烟叶片硝酸盐积累的因素分析 [J].中国农学通报，2004，20（6）：47-49.

[26] 周炎，史宏志，季辉华，等．中美部分品牌烟草制品 TSNA 及其前体物的含量和关系 [J].中国烟草学报，2022，28（2）：42-49.

[27] 汤宏，邓洁，张杨珠．硫素营养与烟草生长发育，产量及品质的关系研究进展 [J].湖南农业科学，2017（9）：124-127.

[28] 李玉颖．硫在作物营养平衡中的作用 [J].黑龙江农业科学，1992（6）：37-39.

[29] 付劭怡，刘霞，刘国顺．不同供硫水平对烤烟生长发育及全硫含量的影响 [J].中国农学通报，2008，24（3）：235-238.

[30] 宾柯，周清明，杨虹琦，等．烟草硫素营养研究现状与展望 [J].作物研究，

2007, 21（B12）：719-721.

[31] 谢瑞芝，董树亭，胡昌浩．植物硫素营养研究进展 [J]．中国农学通报，2002，18（2）：65-68.

[32] Adiputra I G K，Anderson J W. Effect of sulphur nutrition on redistribution of sulphur in vegetative barley [J]．PhysiologiaPlantarum，1995，95（4）：643-650.

[33] Tso T C. Production，physiology，and biochemistry of tobacco plant [M]．Beltsville，Mary land，USA：IDEALS Inc.，1990.

[34] 郝红玲，何爱民，苏国岁．微波消解-离子色谱法测定烟草中的全硫 [J]．烟草科技，2011，10：39-43.

[35] 孙计平，李雪君，孙焕，等．烟草减害降焦研究进展 [J]．河南农业科学，2012，41（1）：11-15.

[36] 李玉梅，徐茜，熊德忠．不同硫肥用量对烤烟产量和品质的影响 [J]．中国农学通报，2005，2（2）：171-174.

[37] 刘勤，曹志洪．烟草硫素营养与烟叶品质研究进展 [J]．土壤，1998，30（6）：320-323.

[38] 岳伦勇，何华波，朱列书，等．烟草的磷素营养研究 [J]．现代农业科技，2014（23）：238-240.

[39] Champigny M L. Regulation of photosynthetic carbon assimilation at the cellular level：a review [J]．Photosynthesis research，1985，6（3）：273-286.

[40] Fredeen A L，Rao I M，Terry N. Influence of phosphorus nutrition on growth and carbon partitioning in Glycine max [J]．Plant physiology，1989，89（1）：225-230.

[41] PAUL M J，STITT M. Effects of nitrogen and phosphorus deficiencies on levels of carbonhydrates，respiratory enzymes and metabolites in seedlings of tobacco and their response to exogenous sucrose [J]．Plant，Cell and Environment，1993（16）：1047-1057.

[42] 徐光辉，邢亮，黄朝文，等．烟草磷营养分子机制研究进展 [J]．江西农业学报，2013（3）：78-82.

[43] Bucher M，Rausch C，Daram P. Molecular and biochemical mechanisms of phosphorus uptake into plants [J]．Journal of Plant Nutrition and Soil Science，2001，164（2）：209-217.

[44] 杨伟芹，李文瑞，向禹澄，等．烟草磷素营养吸收利用的分子生理研究进展与展望 [J]．Botanical Research，2021，10：824.

[45] Dong，J S，Ma，G J，Sui，L Q，et al. Inositol Pyrophosphate InsP8 Acts as an Intracellular Phosphate Signal in Arabidopsis [J]．Molecular Plant（Cell Press），2019，12：1463-1473.

[46] 刘华英，萧浪涛，彭克勤．土壤难溶态磷的高效利用研究进展 [J]．贵州农业科

学，2002，30（6）：61-63.

［47］张金霖，陈建军，吕永华，等．早花烤烟氮，磷，钾吸收规律研究初报［J］.中国农学通报，2010（24）：115-119.

［48］刘国顺．烟草栽培［M］.北京：中国农业出版社，2003.

［49］孟凡，罗建新，蔡叶，等．土壤速效磷对烟草生长发育及干物质积累与分配的影响［J］.作物杂志，2022，38（2）：203-210.

［50］姜荣，谢胜利，范洪慈，等．烤烟叶片大小与烟叶化学成分的关系研究初报［J］.中国烟草科学，1991，12（2）：13-17.

［51］李东亮，许自成，陈景云．烤烟主要物理性状与化学成分的典型相关分析［J］.河南农业大学学报，2007，41（5）：492-497.

［52］刘智炫，周清明，黎娟，等．湖南浓香型烟叶化学成分与物理性状相关性分析［J］.中国农业科技导报，2016，18（1）：129-135.

［53］崔志燕，陈富彩，张玲，等．不同施磷水平对烟叶氮磷钾含量、光合特性和产质量的影响［J］.河南农业大学学报，2016，50（2）：171-175.

［54］吴代赦，吴铁，董瑞斌，等．植物对土壤中氟吸收，富集的研究进展［J］.南昌大学学报：工科版，2008，30（2）：103-111.

［55］郜红建，刘腾腾，张显晨，等．安徽茶园土壤氟在茶树体内的富集与转运特征［J］.环境化学，2011，30（8）：1462-1467.

［56］廖自基．微量元素的环境化学及生物效应［M］.北京：中国环境科学出版社，1997.

［57］邹邦基．土壤与植物中的卤族元素——Ⅲ，溴［J］.土壤学进展，1985，2.

［58］邢怡，刘左军，袁惠君，等．植物中的碘与富碘蔬菜的研究［J］.安徽农业科学，2009，37（12）：5451-5453.

［59］刘晓红，刘琼英，邝炎华，等．水生植物对^{125}I和^{3}H的吸收，分配及消长［J］.核农学报，1998，12（6）：359-364.

［60］严爱兰，翁焕新，洪春来，等．土壤-青菜系统中^{125}I的生物地球化学迁移及其动态变化［J］.地球化学，2007，36（5）：525-532.

［61］洪春来，翁焕新，严爱兰，等．几种蔬菜对外源碘的吸收与积累特性［J］.应用生态学报，2007，18（10）：2313-2318.

［62］谢伶莉，翁焕新，洪春来，等．小白菜和空心菜对不同形态碘的吸收［J］.植物营养与肥料学报，2007，13（1）：123-128.

［63］林立，陈光，陈玉红．离子色谱-电感耦合等离子体质谱法测定植物性样品中的碘及其形态［J］.色谱，2011，29（7）：662-666.

［64］张玲，李琦，朱金峰，等．烟草硼素营养研究进展［J］.江西农业学报，2013，

25 (12)：89-92.

[65] 郭军伟，王洪波，张仕祥，等．电感耦合等离子体质谱法测定烟草中的微量硼 [J]．烟草科技，2014，04：71-73.

[66] Andersen R A, Kasperbauer M J, Burton H R, et al. Changes in chemical composition of homogenized leaf-cured and air-cured burley tobacco stored in controlled environments [J]. Journal of Agricultural and Food Chemistry, 1982, 30 (4)：663-668.

[67] 魏玉玲，宋普球，缪明明．降低烟草特有亚硝胺含量的微波处理方法综述 [J]．烟草科技，2002 (3)：18-19.

[68] 张树堂，杨雪彪．烟叶硝酸还原酶活性在烘烤过程中的变化 [J]．中国烟草科学，2000，21 (4)：11-14.

[69] 柴逸峰，吴玉田，李翔．药物分析（Ⅱ）[J]．分析试验室，2004，23 (7)：72-92.

[70] 敦惠娟，赵爱东，周清泽．硫酸钡重量法测定可膨胀石墨中硫 [J]．冶金分析，2004，21 (4)：55-56.

[71] 王兆喜，王敬武．比浊法在分析科学中的应用研究 [J]．江西化工，2004 (4)：11-16.

[72] 魏剑英，曲志刚，贾春晓，等．自动电位滴定法测定烟草中的无机氯 [J]．郑州轻工业学院学报（自然科学版），2002，17 (1)：7-9.

[73] Small H, Stevens T S, Bauman W C. Novel ion exchange chromatographic method using conductimetric detection [J]. Analytical Chemistry, 1975, 47 (11)：1801-1809.

[74] Gjerde D T, Fritz J S, Schmuckler G. Anion chromatography with low-conductivity eluents [J]. Journal of Chromatography A, 1979, 186：509-519.

[75] 王东翔，郑秀瑾．离子色谱在烟草化学中的应用现状及前景 [J]．中国烟草科学，2021，42 (1)：98-102.

[76] 吴名剑，孙贤军，雷启福，等．硫酸钡溶胶比浊法测定烟草中的硫 [J]．烟草科技，2005 (1)：24-26.

[77] 雷启福，周春山，高艺，等．AgCl溶胶比浊法测定烟草中的微量氯 [J]．光谱实验室，2004，21 (5)：931-935.

[78] 张召香，何友昭．在柱双重富集毛细管电泳法测定卷烟样品中的无机阴离子 [J]．分析化学，2005 (11)：1531-1534.

[79] 孔浩辉，李期盼，郭文，等．连续流动分析法测定烟草中的氯含量 [J]．烟草科技，2004 (4)：26-28.

[80] 陈泽鹏，龚忠年，万树青，等．广东主要烟区烤烟亚硝酸盐含量的比较分析 [J]．广东农业科学，2008 (9)：23-25.

[81] 尚军，王鹏，吕祥敏，等．烟草及烟草制品中硝酸盐/亚硝酸盐流动分析模块的

建立 [J].安徽农业科学，2011，39（11）：6509-6510，6512.

[82] 杨志宇，杨志宏，章雄，等.分光光度法测定烟草中的硫 [J].江西化工，2002（04）：105-106.

[83] 张威，王颖，于瑞国，等.连续流动法测定烟草中磷酸盐的含量 [J].烟草科技，2010（10）：37-40.

[84] 刘少民，盛良全，刘济红，等.磷钒钼蓝光度法测定烟草中的磷 [J].烟草科技，1998（4）：25-27.

[85] Charlesh Risner，吕静.使用普通液相色谱仪以淋洗液抑制阴离子交换色谱法定量测定烟草中的阴离子 [J].中国烟草，1988（4）：43-48.

[86] 郑一新，陈廷俊，夏丙乐，等.HPIC 测定烟草中氯、亚硝酸盐、苹果酸和柠檬酸 [J].烟草科技，1992（5）：28-29.

[87] 王金平.离子色谱法测定烟草中的 10 种阴、阳离子 [J].化学分析计量，2006（03）：30-31+33.

[88] 吴玉萍，宋春满，雷丽萍，等.梯度淋洗离子色谱法测定烟草中的苹果酸、柠檬酸和阴离子 [J].分析试验室，2006（7）：31-34.

[89] 杨蕾，侯英，王保兴，等.梯度淋洗/离子色谱法对烟草及烟草制品中 7 种无机阴离子的快速测定 [J].分析测试学报，2010，29（2）：165-170.

[90] 诸寅，朱岩，王丽丽.离子色谱法分析烟草样品中的阴离子和有机酸 [J].分析试验，2011，30（12）：81-84.

[91] 娄斌，李阳，唐清，等.离子色谱同时测定烟草中的七种无机阴离子 [J].食品研究与开发，2012，33（9）：164-166.

[92] 崔柱文，汤丹俞，李海燕，等.匀浆法提取-离子色谱法测定烟草中阴离子的研究 [J].云南民族大学学报（自然科学版），2009，18（4）：325-327.

[93] 王瑞琪，王娜妮，朱岩.加速溶剂萃取离子色谱法测定烟草中无机阴离子和有机酸 [J].浙江大学学报（理学版），2012，39（2）：205-209.

[94] 张霞，杨柳，向刚，等.烟草中有机酸和无机阴离子的离子色谱法分析及聚类分析研究 [J].中国烟草学报，2009，15（4）：13-18.

[95] 郑甜甜，黄芳，刘燕晓，等.离子色谱法同时测定烟草中的阴离子含量 [J].化工时刊，2010，24（12）：28-30.

[96] 张艳宏，王森，张承明，等.离子色谱法测定烟草中阴离子 [J].理化检验（化学分册），2009，45（3）：346-348.

第四章
烟草无机阴离子成分分析标准物质的研制

第一节　标准物质研制的意义

烟草中无机阴离子等成分是烟草行业烟草检测的常规成分。目前在烟草行业，烟草中无机阴离子的测定工作，主要由设在各个烟草产区的烟草收购站、卷烟生产企业质量监督检测中心（三级站）、省烟草质量监督检测站（二级站）以及国家烟草质量监督检验中心（中心站）来完成。此外，一些烟草产量较高的省份，其工业企业的技术中心也承担一部分检验工作。

烟草农业种植、工业生产和专业的质量监督机构都要经常对不同批次的烟叶、卷烟产品进行此类成分的测定，控制产品质量；国家烟草专卖局每年也会向承检机构下达烟叶抽检或者统检任务。此外，烟草行业能力验证提供者（国家烟草质量监督检验中心）经常组织对烟草常规成分测定的实验室比对；而一些烟叶产量大省，如云南，由于检测实力较为雄厚，经常会在本省范围内组织由不同实验室共同参加的检测试验，这些工作都是为了提高此类成分的检测质量，保证检测的准确性。

不同于痕量成分，烟叶中无机阴离子是常量成分，此类测定研究发展方向（图4-1）为高通量、快速、实时等。和食品行业类似，烟草检测领域目前也在大力推进快速检测技术的开发，如现在烟草工业企业中应用较多的在线近红外测定等，国家烟草质量监督检验中心开发的烟草中氯离子的快速检测装置，目前在河南烟叶产区也得到了一定程度的推广应用。

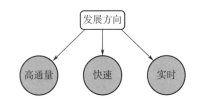

图4-1　常规烟草无机阴离子检测发展方向

在检测量提高的基础上，烟草行业的发展对检测的准确度也提出了更高的要求。准确度的控制，一方面与方法本身、试验操作人员素质、测定环境有关，更重要的一个方面是标准样品的监控；前者可以通过优化改进达到最佳条件，但是后者的存在，是对前述各个条件的检验与判断。相对于痕量成分，常量成分测定对标准样品的需求更为突出。

目前，关于烟草中无机阴离子的测定，根据测定原理不同，分为两类方法：一类是连续流动法，另一类是离子色谱法。

由于各单位仪器装备和采用的试剂不同，各家实验室在实际测定中具体使用的分析方法并不完全统一；即使采用的设备和分析方法相同，分析人员技术水平的差异也会导致分析结果产生误差，这些原因都会致使系统之间分析数据存在差异，可比性差。因此，标准物质的使用在此类测定中的重要性显得尤为突出。但是，国内外目前均无烟草中无机阴离子成分分析标准物质。很多共同试验，比对试验所使用的基体参照物质，严格来讲并没有通过 JJF 1343—2022 等专业准则的检验和评价。

而国内外其他类型的样品，如茶叶、土壤等，均有以测定对象为基质的，涵盖测定项目较多，且目前仍处于有效期内的有证标准物质。与烟草燃烧性相关的，烟草中无机阴离子标准物质的应用，可以为烟草中无机阴离子测定的质量控制、仪器校准和数据结果的溯源提供可靠的参照和判定依据。同时也有助于满足各种烟草企业实际生产过程对产品质量控制的迫切需要。

第二节 标准物质研制样品的选择

在标准物质的研制中，首先需要对样品类型和测定对象进行选择、进行合理的取舍。在样品类型的选择上，主要考虑样品的易得性、可制备性，还有比较关键的一点是考虑样品的使用需求。测定对象的选择，需要考虑测定对象在样品中预期的均匀性、稳定性能否实现，以及测定条件是否能够满足。当然，所有这些选择都是为了保证标准物质的研制过程能够顺利完成，保证所研制出来的标准物质有利用价值。

一、样品的选择

前文已经介绍了不同类型的烟草，详述了无机阴离子在这些类型的烟草中的含量差异，以及对于烟草外观和品质的影响。在烟草无机阴离子成分分析标准物质的研制中，我们选择了目前国内烟草行业较为常见易得的样品类型：烤烟、白肋烟、香料烟和烟草薄片。

由于烤烟烟区在我国分布最为广泛，在所有烟叶中产量占比最大，烤烟型卷烟是我国卷烟市场最主要的产品，且烤烟中无机阴离子成分含量范围跨度较大，所以选择两种不同含量的代表性烟叶进行标准物质的制作。

烟草薄片又称重组烟叶，传统意义上是利用造纸法，将烟末、碎片、烟梗或低次烟叶加入胶黏剂和其他添加剂等组成。随着新型烟草制品的发展，特别是加热不燃烧卷烟（图4-2）的产生，重组烟草又有了新的概念，加热不燃烧卷烟的烟弹也是由重组烟草构成，但主要成分不是烟草废料，而是经过筛选的烟叶，加入一定的起雾剂和保润成分，使烟草在低温条件下（270～350℃）释放出自然香味，同时没有燃烧过程，有害成分释放量减小（降低约90%）。此类样品与普通的烟草薄片以及烟叶基质有较大不同。关于新型烟草制品工作原理和一些理论方面的研究还处于发展状态，远不及传统卷烟成熟。因此，关于烟草本身相关成分的研究也是必不可少的，特别是与烟草燃烧性相关的氯、硫酸根、硝酸根和磷酸根等成分，在加热不燃烧卷烟中加热过程的作用目前鲜有文献报道，但是相关检测标准是否采用烟草及烟草制品检测标准还未可知。

图4-2　加热不燃烧［Heat not burn（HNB）］卷烟外观

二、测定成分的选择

烟草中无机阴离子成分较多，与燃烧性相关的主要是氯离子、硫酸根离子、磷酸根离子和硝酸根离子。这几种成分都是烟草内源性物质，只要选择合理的制样方式，一般可以达到预期的均匀性。

氯、硫酸根和磷酸根都是较为稳定的离子价态，但是硝酸根有所不同。有很多文献报道，作为亚硝胺前体物质的硝态氮，即硝酸根和亚硝酸根离子在储存期间会发生相互转化。对于硝酸盐含量低的烤烟，这个趋势不明显，对于硝酸根含量较高的白肋烟和其他类型的晒烟，会出现硝酸盐转化成为亚硝酸盐或其他一些挥发性物质，出现含量降低的现象[1,2]。但是，几乎所有文献中的储存条件都没有隔绝空气。根据本试验考察的储存条件，短期条件下，隔绝空气，在14d的考察期内，即使温度升高，硝酸盐含量并未出现明显变化；长期条件下，隔绝空气，−20℃储存，在12个月的考察期内，硝酸盐含量也未出现明显变化。这说明对于硝酸盐与亚硝酸盐之间的转化，温度和空气接触是两个必要条件。

通过一个短期试验对样品不同储存条件对硝酸盐的含量影响进行考察，采用1个月的考察期，在3种储存条件下，对样品中硝酸盐含量变化进行考察。如图4-3所示，条件1为室温开口放置；条件2为室温密闭，抽取真空放置；条件3为低温（−20℃）闭口，抽取真空放置。每隔5d对样品进行一次测定。前两个条件主要考察空气接触的影响，后两个条件主要考察温度的影响。结果表明，空气接触的影响高于温度的影响。

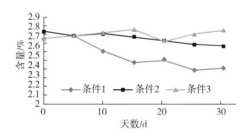

图4-3　白肋烟在不同储存条件下硝酸根含量变化

由图4-3~图4-5可知，白肋烟和烟草薄片的硝酸根含量在条件1的情况下，在考察期内降低趋势最为明显，到20d后更为明显，香料烟样品在3个条件下未观察到稳定的降低趋势。这也和报道中的硝酸根含量较高的样品变化较大较为吻合。在条件3，即我们的标样储存条件下，样品含量在整个考察期较为稳定。

试验标准物质的储存条件严格控制在隔绝空气、−20℃条件下，短期运输加冰，且规定收到样品后，立刻放入−20℃条件下低温保存。

测定中规定：拿出样品后，不需要放至室温，在24h内完成样品前处理（包括水分的测定），在48h内完成样品测定。

这些规定可以保证试验标准物质在测定期间保持成分的稳定。

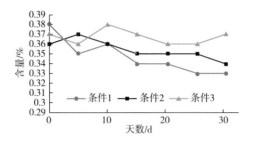

图 4-4　烟草薄片在不同储存条件下硝酸根含量变化

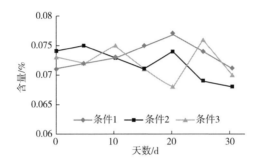

图 4-5　香料烟在不同储存条件下硝酸根含量变化

通过对储存条件的控制，可以保证硝酸根含量达到预期的稳定性，满足标准物质考察需求、使用需求。研制中最终选择的无机阴离子为氯、硫酸根、硝酸根和硫酸根离子。

第三节　研制内容与技术路线

1. 样品制备

选取适宜含量，不同品种，调制成熟的烟叶（或烟叶制品），研磨处理，混匀，分装后低温保存。

2. 方法建立

根据研究对象，利用离子色谱和连续流动分析仪，优选烟草中无机阴离子测定的前处理条件和仪器测定条件，对所建立的方法进行方法学评价，建立烟草中几种无机阴离子的测定方法。

3. 标准物质的检验

采用建立的方法，按照现行有效的 JJF 1343—2022《标准物质的定值及均匀性、稳定性评估》，对分装后的样品批进行测定和检验。

（1）均匀性检验，即方差齐性检验。

（2）短期稳定性和长期稳定性检验，即直线拟合检验。

如果检验结果不满足均匀性和稳定性要求，则重新进行样品制备直至均匀性和稳定性检验满足要求。

（3）当均匀性和稳定性满足检验要求后，按照两种不同方法，组织实验室对烟草中无机阴离子含量进行联合测试。根据数理统计方法对收集得到的数据进行统计分析及定值，按照 JJF 1059.1—2012《测量不确定度评定与表示》进行不确定度的 A 类和 B 类评定，合成相对扩展不确定度，并为样品赋值。

4. 撰写报告

撰写标准物质研究技术报告，提交审查。

5. 技术路线

如图 4-6 所示，为整个研制过程的技术路线。

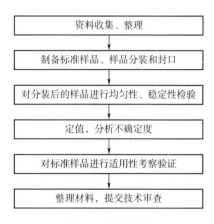

图 4-6 技术路线

第四节 样品制备

一、烟叶的采集研磨

获取烟叶首先要种植，其中香料烟和白肋烟均取自湖北利川，采用小块烟田，有机种植（图 4-7），自然成熟后，经过晾晒，收集烟株中部烟叶，去梗。

图 4-7　烟株外观

烤烟样品取自湖北利川（烤烟 G）和福建南平（烤烟 D），为大田种植，自然成熟后，经过打叶复烤，后收集烟株上部烟叶，去梗（图 4-8）。

图 4-8　加工后的烟叶外观

烟草薄片（图 4-9）样品为造纸法再造烟叶，将收集来的样品撕碎至5cm×5cm 左右的碎块。

图 4-9　烟草薄片外观

将上述样品放入 40℃烘箱，烘至样品用手可以轻易捏碎（一般为 12h），取出样品，采用烟叶粉碎机（图 4-10），对样品进行研磨后过 40 目筛。选择对烟末过 40 目筛，与烟草中常规成分分析方法的通用要求相吻合，以保证试验标准物质的适用性。

过筛后的烟末样品为 2.5kg 左右，以铝塑袋密封盛装。

二、混匀

样品混匀选择 SYH-15 三维混合机（南京凯奥机械设备有限公司），如图 4-11 所示，该混匀机最大装料容积为 12L，最大装料质量为 7.5kg。该设备工作原理是：通过反复抬高粉体重心，利用重力迫使粉体流动、扩散、对冲，从而达到混合均匀的目的。

图 4-10 烟叶粉碎机　　图 4-11 本试验所用混匀机

混匀机参数设定为：转速 12r/min，混匀时间 60min。

根据混匀机的容积，控制混匀时的样品体积在一半容积（6L 左右），以便充分混匀。

三、均匀性初筛

在 6 个不同的取样点，对混匀后的样品进行称取，每个样品平行测定 3 次，检测方法为优化后的离子色谱法，以方差分析初步检验的样品均匀性。

本试验选取烤烟类型为 2 个，分别采用烤烟 G 和烤烟 D 来表示。其中烤烟 G 代表的是氯含量较高的烤烟，烤烟 D 代表是氯含量较低的烤烟。这两种烤烟目前在我国烟叶种植区内都较为常见，经过检验发现本研究所选择的两种样品硝酸根含量都较低，因此，在此次定量过程中，对两个烤烟样品均不考察硝酸根含量，只做氯、硫酸根和磷酸根含量的定值分析。

五类样品不同成分检测结果见表 4-1~ 表 4-18，对五类样品不同成分进行方差齐性检验（即 F 检验结果），将计算所得数据（F 计算结果）与 95% 置信水平下 F 检验表中数据进行比较，小于查表值即表明在此置信水平下不存在显著性差异，制得的样品中的氯、硫酸根、磷酸根和硝酸根 F 计算结果均小于 $F_{0.05}$（5，12），表明在 $\alpha = 0.05$ 水平下，测试结果不存在显著性差异，样品均匀性良好，下一步对样品进行分装。

表 4-1　白肋烟中氯含量均匀性初筛　　　　　单位：%（质量分数）

样品编号	重复性测定结果			平均值	总平均值
	1	2	3		
1	2.082	2.050	2.044	2.059	
2	2.067	2.052	2.044	2.054	
3	2.060	2.094	2.055	2.069	2.055
4	2.041	2.035	2.030	2.035	
5	2.060	2.087	2.055	2.068	
6	2.048	2.043	2.052	2.048	
方差分析					
方差来源	平方和（Q）	均方（S^2）	自由度（ν）	F 计算结果	$F_{0.05}$（5，12）
瓶间	0.002454	0.000491	5	2.19	3.11
瓶内	0.002684	0.000224	12		

表 4-2　白肋烟中硫酸根含量均匀性初筛　　　　　单位：%（质量分数）

样品编号	重复性测定结果			平均值	总平均值
	1	2	3		
1	1.369	1.372	1.352	1.364	
2	1.284	1.376	1.349	1.337	
3	1.347	1.363	1.351	1.354	1.346
4	1.354	1.295	1.287	1.312	
5	1.393	1.352	1.389	1.378	
6	1.352	1.333	1.311	1.332	

续表

样品编号	重复性测定结果			平均值	总平均值
	1	2	3		

方差分析					
方差来源	平方和（Q）	均方（S^2）	自由度（ν）	F 计算结果	$F_{0.05}$（5，12）
瓶间	0.008588	0.001718	5	2.19	3.11
瓶内	0.009411	0.000784	12		

表4-3 白肋烟中磷酸根含量均匀性初筛　　　　单位：%（质量分数）

样品编号	重复性测定结果			平均值	总平均值
	1	2	3		
1	0.448	0.465	0.472	0.462	
2	0.452	0.468	0.443	0.454	
3	0.465	0.452	0.457	0.458	0.458
4	0.455	0.463	0.477	0.465	
5	0.445	0.445	0.448	0.446	
6	0.462	0.468	0.451	0.460	

方差分析					
方差来源	平方和（Q）	均方（S^2）	自由度（ν）	F 计算结果	$F_{0.05}$（5，12）
瓶间	0.000672	0.0001345	5	1.45	3.11
瓶内	0.001114	0.0000928	12		

表4-4 白肋烟中硝酸根含量均匀性初筛　　　　单位：%（质量分数）

样品编号	重复性测定结果			平均值	总平均值
	1	2	3		
1	2.778	2.762	2.721	2.754	
2	2.701	2.725	2.665	2.697	
3	2.735	2.728	2.726	2.730	2.724
4	2.702	2.700	2.659	2.687	
5	2.716	2.760	2.657	2.711	
6	2.755	2.807	2.733	2.765	

续表

样品编号	重复性测定结果			平均值	总平均值
	1	2	3		
方差分析					
方差来源	平方和（Q）	均方（S^2）	自由度（ν）	F计算结果	$F_{0.05}$（5，12）
瓶间	0.023627	0.002916	5	2.70	3.11
瓶内	0.010699	0.001081	12		

表4-5　烤烟 G 中氯含量均匀性初筛　　　　单位：%（质量分数）

样品编号	重复性测定结果			平均值	总平均值
	1	2	3		
1	0.869	0.872	0.865	0.869	
2	0.859	0.871	0.866	0.865	
3	0.868	0.861	0.858	0.862	0.867
4	0.871	0.872	0.866	0.870	
5	0.873	0.859	0.869	0.867	
6	0.869	0.876	0.870	0.872	
方差分析					
方差来源	平方和（Q）	均方（S^2）	自由度（ν）	F计算结果	$F_{0.05}$（5，12）
瓶间	0.000165	0.0000330	5	1.31	3.11
瓶内	0.000303	0.0000253	12		

表4-6　烤烟 G 中硫酸根含量均匀性初筛　　　　单位：%（质量分数）

样品编号	重复性测定结果			平均值	总平均值
	1	2	3		
1	1.162	1.165	1.167	1.165	
2	1.156	1.158	1.167	1.160	
3	1.143	1.162	1.148	1.151	1.157
4	1.147	1.143	1.159	1.150	
5	1.156	1.146	1.159	1.154	
6	1.171	1.151	1.165	1.162	

续表

样品编号	重复性测定结果			平均值	总平均值
	1	2	3		

方差分析					
方差来源	平方和（Q）	均方（S^2）	自由度（ν）	F计算结果	$F_{0.05}$（5，12）
瓶间	0.000598	0.000120	5	2.00	3.11
瓶内	0.000717	0.000060	12		

表4-7 烤烟G中磷酸根含量均匀性初筛　　　单位：%（质量分数）

样品编号	重复性测定结果			平均值	总平均值
	1	2	3		
1	0.879	0.889	0.888	0.898	
2	0.901	0.897	0.894	0.897	
3	0.908	0.912	0.898	0.906	0.894
4	0.892	0.887	0.895	0.891	
5	0.883	0.892	0.902	0.892	
6	0.881	0.885	0.908	0.891	

方差分析					
方差来源	平方和（Q）	均方（S^2）	自由度（ν）	F计算结果	$F_{0.05}$（5，12）
瓶间	0.000569	0.000114	5	1.04	3.11
瓶内	0.001309	0.000109	12		

表4-8 烤烟D中氯含量均匀性初筛　　　单位：%（质量分数）

样品编号	重复性测定结果			平均值	总平均值
	1	2	3		
1	0.265	0.271	0.272	0.269	
2	0.268	0.269	0.264	0.267	
3	0.273	0.272	0.275	0.273	0.271
4	0.271	0.269	0.275	0.272	
5	0.272	0.271	0.273	0.272	
6	0.275	0.273	0.269	0.272	

续表

样品编号	重复性测定结果			平均值	总平均值
	1	2	3		
方差分析					
方差来源	平方和（Q）	均方（S^2）	自由度（ν）	F 计算结果	$F_{0.05}$（5，12）
瓶间	0.0000823	0.0000165	5	2.28	3.11
瓶内	0.0000867	0.0000072	12		

表 4-9　烤烟 D 中硫酸根含量均匀性初筛　　　　单位：%（质量分数）

样品编号	重复性测定结果			平均值	总平均值
	1	2	3		
1	1.152	1.147	1.149	1.149	
2	1.134	1.152	1.164	1.150	
3	1.150	1.132	1.142	1.141	1.147
4	1.143	1.144	1.150	1.146	
5	1.153	1.127	1.138	1.139	
6	1.158	1.148	1.167	1.158	
方差分析					
方差来源	平方和（Q）	均方（S^2）	自由度（ν）	F 计算结果	$F_{0.05}$（5，12）
瓶间	0.00067	0.000135	5	1.37	3.11
瓶内	0.00118	0.000098	12		

表 4-10　烤烟 D 中磷酸根均匀性初筛　　　　单位：%（质量分数）

样品编号	重复性测定结果			平均值	总平均值
	1	2	3		
1	0.368	0.375	0.366	0.370	
2	0.375	0.388	0.371	0.378	
3	0.368	0.376	0.382	0.375	0.373
4	0.369	0.383	0.381	0.378	
5	0.357	0.367	0.378	0.367	
6	0.375	0.362	0.369	0.369	

续表

样品编号	重复性测定结果			平均值	总平均值
	1	2	3		
方差分析					
方差来源	平方和（Q）	均方（S^2）	自由度（ν）	F 计算结果	$F_{0.05}$（5，12）
瓶间	0.000342	0.0000684	5	1.14	3.11
瓶内	0.000721	0.0000601	12		

表 4-11　香料烟中氯含量均匀性初筛　　　　单位：%（质量分数）

样品编号	重复性测定结果			平均值	总平均值
	1	2	3		
1	1.325	1.339	1.525	1.396	
2	1.465	1.329	1.567	1.454	
3	1.385	1.362	1.378	1.375	1.437
4	1.462	1.487	1.489	1.479	
5	1.465	1.451	1.432	1.449	
6	1.478	1.482	1.449	1.470	
方差分析					
方差来源	平方和（Q）	均方（S^2）	自由度（ν）	F 计算结果	$F_{0.05}$（5，12）
瓶间	0.026360	0.005272	5	1.14	3.11
瓶内	0.055373	0.004614	12		

表 4-12　香料烟中硫酸根含量均匀性初筛　　　　单位：%（质量分数）

样品编号	重复性测定结果			平均值	总平均值
	1	2	3		
1	1.822	1.867	1.795	1.828	
2	1.765	1.695	1.788	1.749	
3	1.788	1.795	1.821	1.801	1.793
4	1.811	1.810	1.799	1.807	
5	1.789	1.793	1.795	1.792	
6	1.801	1.752	1.792	1.782	

续表

样品编号	重复性测定结果			平均值	总平均值
	1	2	3		
			方差分析		
方差来源	平方和（Q）	均方（S^2）	自由度（ν）	F 计算结果	$F_{0.05}$ （5, 12）
瓶间	0.010550	0.002110	5	2.69	3.11
瓶内	0.009411	0.000784	12		

表 4-13　香料烟中磷酸根含量均匀性初筛　　　　单位：%（质量分数）

样品编号	重复性测定结果			平均值	总平均值
	1	2	3		
1	0.598	0.630	0.618	0.615	
2	0.647	0.632	0.609	0.629	
3	0.598	0.596	0.633	0.609	0.624
4	0.645	0.633	0.628	0.635	
5	0.619	0.628	0.633	0.627	
6	0.639	0.622	0.631	0.631	
			方差分析		
方差来源	平方和（Q）	均方（S^2）	自由度（ν）	F 计算结果	$F_{0.05}$ （5, 12）
瓶间	0.001523	0.000305	5	1.45	3.11
瓶内	0.002519	0.000210	12		

表 4-14　香料烟中硝酸根含量均匀性初筛　　　　单位：%（质量分数）

样品编号	重复性测定结果			平均值	总平均值
	1	2	3		
1	0.065	0.071	0.068	0.068	
2	0.074	0.068	0.072	0.066	
3	0.075	0.076	0.073	0.075	0.071
4	0.072	0.065	0.070	0.069	
5	0.073	0.072	0.069	0.071	
6	0.068	0.072	0.067	0.069	

续表

样品编号	重复性测定结果			平均值	总平均值
	1	2	3		
方差分析					
方差来源	平方和（Q）	均方（S^2）	自由度（ν）	F 计算结果	$F_{0.05}$（5，12）
瓶间	0.000149	0.000030	5	2.04	3.11
瓶内	0.000175	0.000015	12		

表 4-15 烟草薄片中氯含量均匀性初筛 　　单位：%（质量分数）

样品编号	重复性测定结果			平均值	总平均值
	1	2	3		
1	0.925	0.956	0.925	0.935	
2	0.917	0.955	0.962	0.945	
3	0.908	0.922	0.921	0.917	0.943
4	0.967	0.925	0.974	0.955	
5	0.922	0.958	0.947	0.942	
6	0.962	0.974	0.946	0.961	
方差分析					
方差来源	平方和（Q）	均方（S^2）	自由度（ν）	F 计算结果	$F_{0.05}$（5，12）
瓶间	0.004206	0.000721	5	1.96	3.11
瓶内	0.006727	0.000368	12		

表 4-16 烟草薄片中硫酸根含量均匀性初筛 　　单位：%（质量分数）

样品编号	重复性测定结果			平均值	总平均值
	1	2	3		
1	0.701	0.692	0.689	0.694	
2	0.677	0.703	0.698	0.693	
3	0.693	0.688	0.689	0.690	0.697
4	0.712	0.705	0.699	0.705	
5	0.698	0.701	0.695	0.698	
6	0.708	0.702	0.697	0.702	

续表

样品编号	重复性测定结果			平均值	总平均值
	1	2	3		
	方差分析				

方差来源	平方和（Q）	均方（S^2）	自由度（ν）	F 计算结果	$F_{0.05}$（5，12）
瓶间	0.000527	0.000105	5	1.99	3.11
瓶内	0.000636	0.000053	12		

表 4-17　烟草薄片中磷酸根含量均匀性初筛　　　　单位：%（质量分数）

样品编号	重复性测定结果			平均值	总平均值
	1	2	3		
1	0.365	0.378	0.366	0.370	
2	0.377	0.378	0.375	0.377	
3	0.369	0.378	0.374	0.374	0.374
4	0.365	0.379	0.368	0.371	
5	0.374	0.378	0.382	0.378	
6	0.369	0.383	0.379	0.377	

方差分析

方差来源	平方和（Q）	均方（S^2）	自由度（ν）	F 计算结果	$F_{0.05}$（5，12）
瓶间	0.000185	0.000037	5	1.12	3.11
瓶内	0.000395	0.000033	12		

表 4-18　烟草薄片中硝酸根含量均匀性初筛　　　　单位：%（质量分数）

样品编号	重复性测定结果			平均值	总平均值
	1	2	3		
1	0.328	0.352	0.374	0.351	
2	0.362	0.365	0.358	0.362	
3	0.366	0.371	0.358	0.365	0.358
4	0.342	0.351	0.339	0.344	
5	0.372	0.368	0.376	0.372	
6	0.365	0.351	0.347	0.354	

续表

样品编号	重复性测定结果			平均值	总平均值
	1	2	3		
方差分析					
方差来源	平方和（Q）	均方（S^2）	自由度（ν）	F计算结果	$F_{0.05}$（5，12）
瓶间	0.001537	0.000307	5	2.53	3.11
瓶内	0.001458	0.000122	12		

四、分装

样品以棕色玻璃试剂瓶盛放，每瓶 12g，铝塑袋真空包装（图 4-12 和图 4-13），-20℃储存，夏季需要加冰运输。均匀后得到该类标准物质各约 2.5kg，本批分装 200 瓶。

图 4-12　样品真空封塑机

图 4-13　样品包装形式

第五节　分析方法

一、离子色谱法——无机阴离子的测定

离子色谱法是目前无机阴离子测定的首选方法，烟草行业在 2008 年也发布了 YC/T 248—2008《烟草及烟草制品无机阴离子的测定　离子色谱法》，还有很多文献介绍了加速溶剂-离子色谱法[1]、匀浆-离子色谱法测定烟草中无机阴离子[4] 等。在上述资料基础上，本试验对测试方法进行了重新选择和

优化，以便使其更适合本研究所制样品的测定。

（一）方法原理

用水超声萃取试样中的 Cl^-、SO_4^{2-}、PO_4^{3-}、NO_3^-，萃取液经固相萃取小柱净化后，进行阴离子交换分离，电导检测，采用峰面积外标法定量，结果以干物质计。

（二）材料和仪器

1. 材料与试剂

水，应符合 GB/T 6682—2008《分析实验室用水规格和试验方法》中一级水的规定要求。CNWBOND Coconut Charcoal 椰子壳活性炭 SPE 小柱（2g，6mL），购自上海安谱公司。Agilent Bond Elut C_{18} 固相萃取小柱（小粒径 40μm），Agilent Bond Elut C_{18} 固相萃取小柱（大粒径 120μm）（500mg，6mL），购自安捷伦科技有限公司。Cl^- 标准溶液 1000μg/mL［GBW（E）080268］、NO_3^- 标准溶液 1000μg/mL［GBW（E）083214］、SO_4^{2-} 标准溶液 1000μg/mL［GBW（E）080266］、PO_4^{3-} 标准溶液 1000μg/mL［GBW（E）083220］均购自国家标准物质中心。烤烟、白肋烟、香料烟、烟草薄片 4 类样品由国家烟草质量监督检验中心提供。

用水对上述标准溶液进行稀释，配制如表 4-19 所示浓度的标准工作溶液。

表 4-19　离子色谱法测定无机阴离子标准工作溶液浓度表　　　　单位：μg/mL

标准溶液所含离子	1#	2#	3#	4#	5#	6#
Cl^-	2	5	10	30	50	80
NO_3^-	2	3	8	16	40	80
SO_4^{2-}	2	8	16	40	60	80
PO_4^{3-}	2	4	8	15	25	50

注：所配制的工作标准溶液应放置在 4℃ 条件下保存，使用时需要放置至室温，有效期为 2 周。

2. 仪器

分析天平（精确至 0.1mg），美国 Sartorius 公司；Milli-Q 纯水仪，美国 Millipore 公司；HY-8 振荡器，江苏金坛医疗仪器厂；KQ700-DE 超声波萃取器，昆山市超声仪器有限公司；Centrifuge 5810R 高速冷冻离心机，德国 Eppendorf 公司；离子色谱仪（配电导检测器和二元梯度泵），色谱柱：AS11-HC（4mm×250mm）阴离子分析柱；保护柱：AG11-HC（4mm×50mm）阴离子保护柱；抑制器：ADRS 600（4mm）；淋洗液罐：KOH 型，美国 Thermo fisher 科技有限公司。

（三）分析步骤

1. 样品水分含量的测定

依据 ISO 6488：2004《烟草及烟草制品　水分的测定　卡尔费休法》进行样品水分含量的测定。

2. 前处理与分析

（1）C_{18} 固相萃取小柱的活化：分别采用 10mL 水，10mL 乙醇，10mL 水，缓慢通过 C_{18} 固相萃取小柱，对其进行活化。

（2）准确称取 0.125g 试样，精确至 0.0001g，置于 150mL 三角瓶中，采用定量加液器（加液范围 5~50mL）加入 50mL 水，具塞后超声萃取 40min，取 5~10mL 至离心管中，采用高速离心机，以 10000r/min 的速度，离心 5min；用小粒径（40μm）C_{18} 固相萃取小柱（活化后的）过滤离心后的溶液，弃去前 3~5mL，收集后续滤液，上机分析。

每个试样重复测定两次，同时做空白试验以验证溶剂对测定的干扰。

3. 仪器条件

柱温：30℃。

流速：1.2mL/min。

进样量：25μL。

抑制器电流：119mA。

梯度洗脱程序见表 4-20。

表 4-20　离子色谱法测定无机阴离子淋洗液梯度表

时间/min	浓度/（mmol/L）	时间/min	浓度/（mmol/L）
0	5	28.1	40
20	10	36	40
20.1	20	36.1	5
28	25	40	5

（四）结果计算

以下式计算试验数据。

$$a = \frac{cv}{m \times (1 - w) \times 1000000} \times 100$$

式中　a——以干基计的阴离子含量，%；

　　　c——阴离子浓度的仪器示值，$\mu g/mL$；

　　　v——萃取液体积，mL（此处为 50mL）；

　　m——称样量，g；

　　w——水分含量，%。

结果以平行测定结果的平均值表示，保留三位有效数字。

（五）方法优化

1. 前处理条件的优化

（1）萃取方式的选择　常见的待测成分前处理方式有湿法消解、干法灰化后溶解、溶剂直接提取。湿法消化会引入酸根离子（如 Cl^-），不适合阴离子测定，干法灰化耗时较长，操作烦琐。首先，无机阴离子一般都是易溶于水的；其次，根据文献报道，烟草无机阴离子测定多采用水直接提取[3,4]；再者，水作为萃取剂，环保且简单易得，因此，本研究采用水作为萃取剂对样品直接提取。

试验结果表明，超声提取和振荡提取测定结果不存在显著性差异，但是，振荡提取需要将每个瓶子都进行位置固定，振荡结束后，还需要将每一个瓶子从固定位取出；而超声提取可以一次性将一批样放入，取出也是如此，工作效率相对振荡提取更高。因此，本试验选择分析实验室中常见的超声波萃取仪对样品进行超声提取。

（2）萃取时间的选择　采用超声提取，选择 10，20，30，40，50min 的提取时间，每个样品平行测定两次，取平均值。试验结果见图 4-14。由图 4-14可知，各成分的测定结果，在 30min 时间内，都有随着萃取时间增加而提高的趋势，到 30min 以后，各个样品不同成分的测定结果都趋于稳定，因此，萃取时间选择为 30min。

（3）萃取液净化条件的选择　采用 Agilent Bond Elut C_{18}（$120\mu m$）、Agilent Bond Elut C_{18}（$40\mu m$）、CNWBOND Coconut Charcoal SPE 小柱对萃取后的样品进行净化。由图 4-15 可知，椰子壳活性炭净化后的溶液颜色最浅，去除色素等干扰物的效果最好；小粒径（$40\mu m$）C_{18} 柱净化的效果其次；大粒径（$120\mu m$）C_{18} 柱净化的效果最差。

但是根据试验结果，椰子壳活性炭净化后的溶液中，硫酸根、磷酸根含量明显降低，这说明椰子壳活性炭对硫酸根、磷酸根具有吸附作用，导致测定结果偏低。

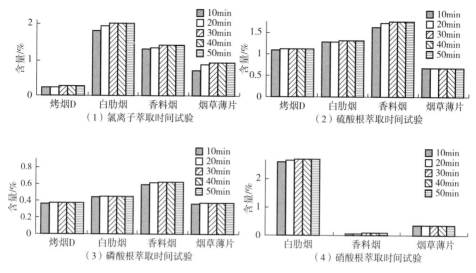

图4-14　离子色谱法测定无机阴离子萃取时间的选择

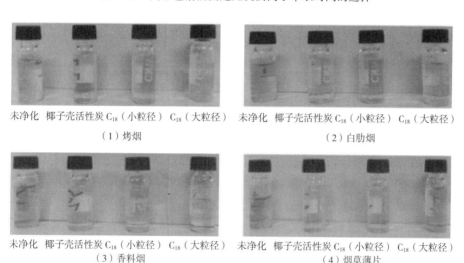

图4-15　离子色谱法测定无机阴离子不同净化条件的对比

对样品进行7d连续不间断进样，未净化的样品和经过两种 C_{18} 小柱净化后的样品，测定所得到的结果差异不大，峰没有出现漂移等现象，峰形无明显变化。延长进样时间至15d，结果表明，未净化的样品色谱峰漂移现象较为突出，且峰形改变较为明显；净化后的样品保留时间和峰形均无明显改变。这说明，长期来看杂质的存在会影响柱效能，造成保留时间变化，对峰判定形成影响，而峰形改变表明定量结果存在偏差。

试验最终选取小粒径 C_{18} 柱（40μm）对萃取液进行净化后测定。

2. 仪器条件的选择

（1）分析柱的选择 烟草中的氯、硫酸根、磷酸根等阴离子是离子色谱常见的测定对象，大部分离子色谱分析柱均可以实现上述几种成分的良好分离。试验选取了报道中两种常用的阴离子分析柱[5,6]：AS11HC 和 AS19 分析柱进行比对，两者都属于大容量色谱柱。试验结果表明，在烟草无机阴离子的分析中，两种分析柱上的待测成分无论是峰形、保留性还是定量均无明显差别。AS19 分析柱的设计主要是在超高浓度的氯化物、硫酸盐和碳酸盐存在的情况下，对低浓度（μg/L）的溴酸盐进行定量。烟草中无机阴离子测定不存在此种情况要求，因此，试验选择最常用的 AS11HC 分析柱对样品进行分离。

（2）淋洗液梯度设置 烟草样品含有一定量的氟等成分，这些成分在 AS11 分析柱上保留性很弱，最早流出，而氯仅次于氟等物质的保留，因此，淋洗液浓度初始设置较低，为 5mmol/L，目的是将氯与其他不检测的离子分离开来，保证氯的定性和定量。对于填充较为紧实的分析柱（如新拆封的柱子），这个浓度也可以设置为 10mmol/L。在此浓度条件下，硝酸根等离子也能保证足够的分离。如图 4-16 和图 4-17 所示，20min 后，氯和硝酸根等离子均已流出，此时逐渐提高淋洗液浓度，至 10~20mmol/L，使保留性较强的硫酸根洗脱出来。在硫酸根洗脱完毕后，到 28min 时，逐渐提高淋洗液浓度至 25~40mmol/L，使保留性最强的磷酸根洗脱出来，最后，在磷酸根和柠檬酸根洗脱完毕后，调整淋洗液浓度至初始浓度 5mmol/L，完成梯度。从整个色谱图上来看，氯、硝酸根、硫酸根、磷酸根和柠檬酸根各个离子间距适宜，分离度良好。

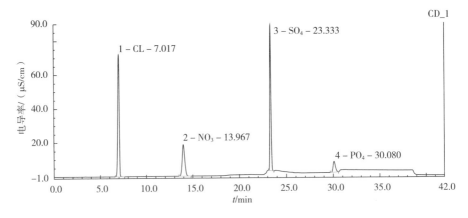

图 4-16　离子色谱法测定无机阴离子标准溶液色谱图

（3）系统流速选择 系统流速过低会导致样品保留时间较长，流速过快会导致峰堆积、杂质共流出、分离度下降。从图4-17可知，烟草成分基质复杂，待测成分峰相邻，且均有若干杂质峰干扰。试验考察了0.8、1.0、1.2、1.5mL/min条件下各成分分离情况。结果表明，在0.8mL/min流速下，所有成分保留时间均延长，单个样品测定时间达到50min，时间较长；在1.0mL/min条件下，成分保留时间有所延长，磷酸根与柠檬酸根分离度下降；在1.5mL/min条件下，系统压力增高较多，氯的出峰时间缩短，达到4.5min，与保留性较小的成分分离度下降，不适合测定。因此，试验最终选取系统流速为1.2mL/min。

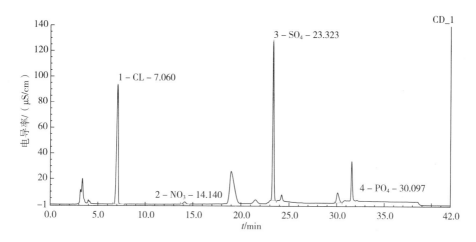

图4-17 离子色谱法测定无机阴离子典型样品色谱图

（六）方法学验证

1. 重复性

分别对烤烟、白肋烟、香料烟、烟草薄片取样，按照前文所述方法进行处理和测定与计算。每个样品平行测定6次，计算6次测定的平均值和相对平均标准偏差（RSD,%）。结果见表4-21，各个样品、各个成分平行测定结果的RSD在3.25%~6.23%，重复性良好。

表4-21 离子电谱法测定无机阴离子的重复性

样品	氯			硫酸根			磷酸根			硝酸根		
	平均值	SD	RSD/%	平均值	SD	RSD/%	平均值	SD	RSD/%	平均值	SD	RSD/%
烤烟	0.272	0.008	2.94	1.147	0.021	1.83	0.378	0.013	3.44	—	—	—

续表

样品	氯			硫酸根			磷酸根			硝酸根		
	平均值	SD	RSD/%	平均值	SD	RSD/%	平均值	SD	RSD/%	平均值	SD	RSD/%
白肋烟	2.051	0.072	3.51	1.338	0.032	2.39	0.449	0.015	3.34	2.745	0.081	2.95
香料烟	1.439	0.052	3.61	1.796	0.058	3.23	0.631	0.021	3.33	0.074	0.0035	4.73
烟草薄片	0.945	0.023	2.43	0.705	0.022	3.12	0.382	0.011	2.88	0.371	0.012	3.23

2. 加标回收率

对不同类型的样品，不同成分分别进行低、中、高三个水平的加标回收率试验，加标量根据样品本身测定值而定。每个加标水平均平行测定三次，分别计算加标回收率，取平均值，表4-22列出了测定结果。由表4-22可知，加标回收率范围为95.2%~104.3%，说明本方法回收率较好，测定结果较为准确。

表4-22 离子电谱法测定无机阴离子的加标回收率

样品		氯			硝酸根			硫酸根			磷酸根		
		低	中	高	低	中	高	低	中	高	低	中	高
烤烟	加标量/(μg/mL)	2	5	10	—	—	—	10	20	50	5	10	15
	回收率/%	95.2	97.5	99.8	—	—	—	99.2	98.7	101.5	96.3	97.2	98.5
	平均值/%		97.5			—			99.8			97.3	
白肋烟	加标量/(μg/mL)	10	20	30	15	30	50	5	10	25	2	5	8
	回收率/%	99.3	96.5	96.8	93.8	98.6	105.1	95.2	98.3	96.5	98.2	96.7	99.6
	平均值/%		97.5			99.2			96.7			98.2	
香料烟	加标量/(μg/mL)	10	30	50	0.5	1	2	10	30	50	5	10	20
	回收率/%	98.2	99.5	102.6	104.3	95.8	97.6	98.2	99.7	102.3	98.5	96.9	97.8
	平均值/%		100.1			99.2			100.1			97.7	

续表

样品		氯			硝酸根			硫酸根			磷酸根		
		低	中	高	低	中	高	低	中	高	低	中	高
烟草薄片	加标量/ (μg/mL)	5	10	30	2	5	10	5	10	20	2	5	10
	回收率/%	97.8	98.5	96.6	102.3	101.5	98.4	103.5	104.3	97.5	98.2	99.6	101.5
	平均值/%		97.6			100.7			101.8			99.8	

3. 方法的检出限和定量限

以待测成分浓度（μg/mL）为横坐标（x），以待测成分峰面积（μS·min）为纵坐标（y）做标准曲线，数据见表4-23。

表4-23　离子色谱法测定无机阴离子的各成分标液浓度与标准曲线

成分	单位	1#	2#	3#	4#	5#	6#	标准曲线	R^2
氯		2	5	10	30	50	80	$y=0.2533x-0.0064$	1.0000
硝酸根	μg/mL	2	3	8	16	40	80	$y=0.1421x-0.0423$	0.9999
硫酸根		2	8	16	40	60	80	$y=0.1855x+0.0673$	0.9999
磷酸根		2	4	8	15	25	50	$y=0.0832x-0.0591$	0.9999

采用空白对检出限和定量限进行测定。由于本研究中所测定成分氯、硫酸根、硝酸根、磷酸根均为烟草内源性物质，无法得到和基质极为类似的空白样品，因此，试验采用萃取液——水，作为空白，对检出限和定量限进行评估。

按照前述仪器分析条件对水进行测定，氯、硫酸根、硝酸根和磷酸根四种成分仪器响应均为未检出（n.a.），根据GB/T 27417—2017《合格评定 化学分析方法确认和验证指南》（5.4.2.2中的c），采用校准方程的适用范围评估检出限，标准曲线重复测定10次，计算截距的标准偏差$S_{y/x}$，并取斜率的平均值$\bar{b}$，则待测成分检出限$x_{LOD}=3S_{y/x}/b$。

根据GB/T 27417—2017标准中5.4.3.2，定量限可采用3倍的LOD来表示。则该测定方法的检出限和定量限如表4-24所示。

表4-24　离子色谱法测定无机阴离子的检出限和定量限

成分	$S_{y/x}$	$\bar{b}$	检出限/（μg/mL）	定量限/（μg/mL）
氯	0.002556	0.2539	0.03	0.09
硝酸根	0.001476	0.1415	0.03	0.09
硫酸根	0.002166	0.1862	0.03	0.10
磷酸根	0.000814	0.0822	0.03	0.09

二、连续流动法——氯离子的测定

（一）方法原理

用水萃取样品中的氯，氯与硫氰酸汞反应，释放出硫氰酸根，进而与三价铁反应形成络合物，反应产物在460nm处进行比色测定（用5%乙酸水溶液作为萃取液亦可得到相同的结果。），反应方程式如下：

$$2Cl^- + Hg(SCN)_2 \rightleftharpoons HgCl_2 + 2SCN^-$$

$$n\ SCN^- + Fe^{3+} \rightleftharpoons Fe(SCN)_n^{3-n}$$

（二）材料和仪器

1. 试剂和材料

硫氰酸汞（纯度>99.9%），美国 ACROS 公司；甲醇（农残级），美国 TEDIA 公司、硝酸铁（[Fe(NO₃)₃·9H₂O]，纯度>99.0%）、硝酸和冰乙酸（AR），购自天津北方天医化学试剂厂；Brij 35（30%水溶液），购自美国 Accurate Chemical & Scientific Corporation 公司；CNWBOND Coconut Charcoal 椰子壳活性炭 SPE 小柱（2g，6mL），购自上海安谱公司；1000μg/mL 氯离子标准溶液 [GBW（E）080268]，购自国家标准物质中心；烤烟、白肋烟、香料烟、烟草薄片4类样品由国家烟草质量监督检验中心提供。

其中，连续流动分析所用试剂配制方法如下。

（1）硫氰酸汞溶液　称取 2.1g 硫氰酸汞于烧杯中，精确至 0.1g，加入甲醇溶解，转移至 500mL 容量瓶中，用甲醇定容至刻度。该溶液在常温下避光保存，有效期为 90d。

（2）硝酸铁溶液　称取 101.0g 硝酸铁于烧杯中，精确至 0.1g，用量筒量取 200mL 水，加入烧杯中溶解，后用量筒量取 15.8mL 浓硝酸，加入溶液中，混合均匀，将混合溶液转移至 500mL 容量瓶中，用水定容至刻度。该溶液在常温下保存，有效期为 90d。

（3）显色剂 用量筒分别量取硫氰酸汞溶液和硝酸铁溶液各60mL于250mL容量瓶中，用水定容至刻度，加入0.5mL聚氯乙烯月桂醚（Brij 35）。显色剂应在常温下避光保存，有效期为2d。

（4）硝酸（0.22mol/L） 用量筒量取16mL浓硝酸，用水稀释后，转入1000mL容量瓶中，用水定容至刻度。

（5）标准工作溶液 用水将标准储备液稀释至浓度为10，20，40，60，80，100μg/mL，-4℃条件下保存，有效期2周。

2. 仪器设备

BRAN+LUEBBE AA3连续流动分析仪（配460nm滤光片，光程10mm），BRAN+LUEBBE 12in（1in=2.54cm）透析槽，C型透析膜，德国布朗卢比公司；HP8453型紫外-可见分光光度计，美国HP公司；HY-8振荡器，江苏金坛医疗仪器厂；KQ700-DE超声波萃取器，昆山市超声仪器有限公司；TDL 60C台式低速离心机，上海安亭科学仪器厂；BSA2245-CW电子天平（感量0.0001g），德国赛多利斯公司；Milli-Q超纯水装置，美国Millipore公司。

（三）分析步骤

1. 样品水分含量的测定

依据ISO 6488：2004《烟草及烟草制品 水分的测定 卡尔费休法》进行样品水分含量的测定。

2. 前处理与分析

（1）椰子壳活性炭固相萃取小柱的活化：采用10mL水，缓慢通过固相萃取小柱，对其进行活化。

（2）确称取0.125g样品，精确至0.0001g，至50mL具塞三角烧瓶中，用定量加液器（加液范围5~50mL）加入25mL去离子水（或5%乙酸），室温下超声萃取30min，后取适量至15mL离心管中，室温下4000r/min，离心5min，后经CNWBOND Coconut Charcoal椰子壳活性炭SPE小柱（2g，6mL）（净化后的），弃去前3~5mL，收集后续滤液。使用连续流动分析仪测定，测定管路见图4-18。

（四）结果计算

以 a 表示以干基试样计的氯的含量，数值以%为单位，由下式计算：

$$a = \frac{c \times v}{m \times (1-w) \times 1000000} \times 100$$

式中 c——萃取液氯的仪器观测值，μg/mL；

v——萃取液的体积，mL；

m——试样的质量，g；

w——试样水分含量，%。

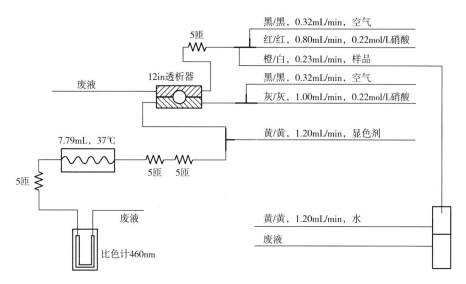

图 4-18 烟草中氯的测定——连续流动法管路图

(五) 方法优化

1. 前处理条件的优化

此法萃取方式和萃取时间选择条件均与离子色谱法相同，样品净化条件的选择如下。

取 0.25g 烟末样品 3 份，其中一份样品用水萃取后，采用不加透析的管路（YC/T 162—2011《烟草及烟草制品 氯的测定 连续流动法》）测定，萃取液与显色剂反应后，在显色产物到达检测器之前截取（无净化）；另一份水萃取后，采用加透析的管路（YC/T 162—2011《烟草及烟草制品 氯的测定 连续流动法》），萃取液与显色剂反应后，在显色产物到达检测器之前截取（过透析）；最后一份水萃取，离心后用椰子壳活性炭小柱净化，萃取液与显色剂反应后，在显色产物到达检测器之前截取（小柱+透析）；以显色剂作为空白，用紫外及可见分光光度计在波长 390~600nm 分别对其进行扫描，结果见图 4-19。

由图 4-19 可知，3 条曲线均在 460nm 处有最大吸收，但是无净化的样品杂质干扰太多，低波长处吸收较强，导致曲线的弧度被拉平；过透析后的样品液这一情况有所改善，但低波段处仍有吸收，只有小柱与透析结合净化的样品液呈现较为完美的高斯曲线，在这种情况下，信噪比是最高的。因此，在前处理中选择小柱净化处理可以得到较好的结果。

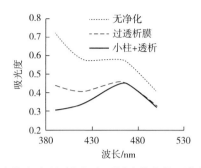

图4-19 连续流动法测定氯在不同净化条件下紫外吸收图谱

2. 仪器条件的选择

（1）显色剂浓度与进样管径的配比 连续流动法测定烟草中的氯，所发生的络合反应的配位数为 n，其中 n 的值为 $1\sim6$。当 $n=1$ 时，反应为一次反应，体现在标准曲线上为一次曲线，即一条直线；当 $n>2$ 时，标准曲线发生弯曲，为二次曲线。

本研究通过选择一定流量的进样管，同时改变显色剂（等体积的 202mg/mL 硝酸铁溶液和 4.2mg/mL 硫氰酸汞溶液混合，定容至 250mL）硝酸铁溶液和硫氰酸汞溶液的移取体积，考察显色剂浓度的改变对标准曲线的影响。AAⅢ连续流动分析仪使用说明书推荐常用进样管流量有 0.10，0.23，0.32mL/min，为了提高显色反应灵敏度，选择流量 0.23mL/min 或 0.32mL/min 的进样管进行试验。工作标准曲线浓度范围（$2\sim80\mu g/mL$）基本可以涵盖目前大部分烟草中氯的含量。表 4-25 列出了进样管流量为 0.23mL/min 和 0.32mL/min 时，使用不同浓度的显色剂，AAⅢ连续流动分析仪测定氯标准曲线，标准曲线一次曲线和二次曲线拟合得到的相关系数（r）。

表 4-25 连续流动法测定氯的不同显色剂浓度与进样管配比

移取的体积/mL			标准曲线相关系数 r	
202mg/mL 硝酸铁溶液	4.2mg/mL 硫氰酸汞溶液	进样管流量/（mL/min）	一次曲线	二次曲线
25	25	0.23	0.9825	0.9991
30	30	0.23	0.9953	0.9993

续表

移取的体积/mL			标准曲线相关系数 r	
202mg/mL 硝酸铁溶液	4.2mg/mL 硫氰酸汞溶液	进样管流量/ （mL/min）	一次曲线	二次曲线
35	35	0.23	0.9986	0.9995
40	40	0.23	0.9988	0.9998
45	45	0.23	0.9995	0.9999
50	50	0.23	0.9999	1.0000
60	60	0.23	1.0000	1.0000
60	60	0.32	0.9999	0.9999

由表4-25可知，在进样管流量0.23mL/min下，随着硝酸铁溶液和硫氰酸汞溶液移取体积的增大，标准曲线的一次曲线和二次曲线的相关系数均相应增加，而二者之差则相应减小。移取体积较小的情况下，反应为二次反应，标准曲线为二次曲线。移取体积各达50mL时，一次曲线与二次标准曲线的相关系数之差为0.0001，说明采用一次曲线和二次曲线拟合均比较合适。移取体积各达60mL时，进样管流量为0.23mL/min和0.32mL/min，反应均为一次反应，标准曲线为一次曲线；因此，选择硝酸铁溶液和硫氰酸汞溶液的移取体积各为60mL，此时硝酸铁溶液和硫氰酸汞溶液在显色剂中的浓度各为48.5mg/mL和1.0mg/mL。

（2）稀硝酸浓度的选择　硝酸的作用主要是调整样品的pH，阻止样品液中不可溶的离子在透析膜上富集，提高测定的灵敏度。在硝酸流量不变的条件下，硝酸的浓度应与进样量有一定比例关系[7]。表4-26列出了ISO 15682与本法中进样量与硝酸量数据的对比。由表4-26可知，硝酸流量（透析液管流量）同为0.8mL/min，与ISO 15682数据相比，改进后管路样品流量增加了一倍多，那么对应的硝酸浓度也应当增加一倍左右。本试验参照ISO 15682，选择硝酸浓度约为0.22mol/L。

表4-26　ISO 15682与连续流动法测氯离子进样与透析流量配比

数据来源	进样管流量/（mL/min）	透析液管流量/（mL/min）	透析液浓度/（mol/L）
ISO 15682	0.10	0.80	0.09
试验数据	0.23	0.80	0.22

ISO 15682 中透析槽下部也加入了硝酸。为了考察透析槽下部硝酸对于测定灵敏度的影响，固定透析槽上部硝酸的量，在透析槽下部采用 0.05 ~ 0.30mol/L 的硝酸，按照图 4-18 所示的管路，对本试验所述方法配制的标准曲线进行测定。表 4-27 列出了透析槽下部硝酸浓度的改变所引起的仪器的基线和增益的变化。

表 4-27 透析槽下部硝酸浓度对测定的影响

稀硝酸浓度/（mol/L）	标准曲线相关系数 r	基线	增益
0.05	0.9995	−22215	36
0.10	0.9986	−21210	35
0.15	0.9972	−19861	32
0.20	0.9991	−17682	32
0.22	0.9998	−16698	30
0.30	0.9998	−16537	30

由表 4-27 可知，随着透析槽下部硝酸浓度的增大，标准曲线的线性程度也变得更好。而基线也在逐渐提高，增益在逐渐降低，这说明，透析槽下部硝酸浓度的增大，也可以提高此反应的灵敏度。但是，当透析槽下部硝酸浓度增大到 0.22mol/L 以上时，灵敏度的提高已经非常有限。因此，本试验选择透析槽下部硝酸的浓度也为 0.22mol/L。

（六）方法学验证

1. 精密度试验

取烤烟、白肋烟、香料烟、烟草薄片 4 类样品，按照本试验方法对样品进行前处理和测定，单次重复测定 6 次，计算含量，得到单次重复测定的相对标准偏差，具体结果见表 4-28，4 类样品测定的 RSD<5%，方法的精密度良好。

表 4-28 连续流动法测定氯的精密度

样品	含量/%						RSD/%
	1	2	3	4	5	6	
烤烟	0.309	0.311	0.310	0.298	0.295	0.321	3.085
白肋烟	1.052	1.046	1.043	1.055	1.022	1.046	1.115
香料烟	0.458	0.452	0.441	0.436	0.439	0.432	2.248
烟草薄片	0.647	0.665	0.667	0.671	0.654	0.652	1.457

2. 回收率试验

加标回收率做了样品的低、中、高三个加标水平的试验。每个加标水平平行称取 6 份样品，对样品进行前处理和测定，并计算含量，结果见表 4-29。由表 4-29 可知，回收率在 95.8%~102.5%，说明方法准确性较好。

表 4-29　连续流动法测定氯的回收率

样品	项目	加标水平		
		低	中	高
烤烟	原含量/（μg/mL）	24.898	24.898	24.898
	加标量/（μg/mL）	5	10	20
	回收率/%	98.4	99.6	100.3
	平均回收率/%		99.4	
白肋烟	原含量/（μg/mL）	99.439	99.439	99.439
	加标量/（μg/mL）	20	50	100
	回收率/%	99.4	100.6	102.5
	平均回收率/%		100.8	
香料烟	原含量/（μg/mL）	41.673	41.673	41.673
	加标量/（μg/mL）	10	20	40
	回收率/%	96.7	95.8	98.2
	平均回收率/%		96.9	
烟草薄片	原含量/（μg/mL）	61.317	61.317	61.317
	加标量/（μg/mL）	20	40	60
	回收率/%	97.6	98.2	96.5
	平均回收率/%		97.4	

3. 检出限和定量限

（1）连续流动法测定烟草中氯的标准曲线　以待测成分浓度为横坐标（x），以待测成分峰高为纵坐标（y）做标准曲线，数据见表 4-30。

表 4-30 连续流动法测定氯的标准溶液浓度与标准曲线

级别	浓度/（μg/mL）	标准曲线
1	10	
2	20	
3	40	$y = 0.41093x - 0.002637$
4	60	$R^2 = 0.9998$
5	80	
6	100	

（2）采用空白对检出限和定量限进行测定 由于本研究中所测定成分氯均为烟草内源性物质，无法得到和基质极为类似的空白样品，因此，试验采用萃取液——水，作为空白，对检出限和定量限进行评估。

按照同样的仪器分析条件对水进行测定，重复测定 10 次，计算检测结果的标准偏差 s 为 0.003567，10 次测定平均值为 0.01547。根据 GB/T 27417—2017《合格评定 化学分析方法确认和验证指南》（5.4.2.2 中的 b），采用空白标准偏差法评估检出限。

检出限 LOD = 空白平均值 + 3s ≈ 0.03μg/mL

根据 GB/T 27417—2017 标准中 5.4.3.2，定量限可采用 3 倍的 LOD 来表示，则该测定方法定量限为 0.08μg/mL。

三、连续流动法——硫酸根离子的测定

（一）方法原理

用水萃取烟草样品，萃取液经过阳离子交换柱除去具有干扰性的阳离子。净化后的萃取液在 pH 2.5～3.0 条件下和氯化钡反应生成沉淀，然后将溶液 pH 提高，未反应的钡和甲基百里酚蓝在 pH12.5～13.0 条件下形成一种蓝灰色的络合物，在 620nm 处有最大吸收，在 620nm 比色测定，利用反化学计算蓝灰色物质的减少量从而得到硫酸根含量，反应式如下：

$$BaMTB^{4-} + SO_4^{2-} \longrightarrow MTB^{6-} + BaSO_4$$

（二）材料和仪器

1. 试剂和材料

盐酸（37%），氯化钡，氢氧化钠，氯化铵（AR 级），无水乙醇（AR 级），购自天津北方天医化学试剂厂；乙二胺四乙酸（EDTA），甲基百里酚蓝（MTB），购自美国 Sigma-Aldrich 公司；Brij 35（30%水溶液），购自美国

Accurate Chemical & Scientific Corporation 公司；Bond Elut SCX 阳离子交换小柱（500mg，10mL，40μm），Bond Elut PRS 丙磺酸阳离子交换小柱（500mg，10mL，40μm），美国安捷伦科技有限公司；1000μg/mL 硫酸根离子标准溶液［GBW（E）080266］，购自国家标准物质中心；烤烟、白肋烟、香料烟、烟草薄片 4 类样品由国家烟草质量监督检验中心提供。

其中，连续流动分析所用试剂配制方法如下。

（1）氯化钡溶液　称取 1.53g 氯化钡于烧杯中，精确至 0.01g，用水溶解，转入 1000mL 容量瓶中，用水定容至刻度。

（2）盐酸溶液　将 84mL 盐酸（37%）缓慢加入至 500mL 烧杯中稀释，并用去离子水定容至 1000mL，得到 1mol/L 盐酸溶液。

（3）显色剂　称取 0.12g 甲基百里酚蓝于烧杯中，精确至 0.01g，加入 25mL 氯化钡溶液，4mL 盐酸溶液，再加入 71mL 蒸馏水，溶解后，转入 500mL 容量瓶中，用无水乙醇定容至刻度。溶液放于棕色瓶中，要随用随配。

（4）氢氧化钠溶液　称取 6.75g 氢氧化钠，用去离子水溶解，定容至 1000mL 容量瓶中，得到 0.18mol/L 氢氧化钠溶液。

（5）缓冲溶液（pH 10.0）　称取 6.75g 氯化铵于烧杯中，精确至 0.01g，溶解于 500mL 去离子水中，加入 57mL 氢氧化钠溶液，转入 1000mL 容量瓶中，用水定容至刻度。

（6）EDTA 溶液　溶解 40g EDTA 于 pH 为 10.0 的缓冲溶液中，并用 pH 10.0 的缓冲溶液稀释至 1L。储存在棕色聚乙烯瓶中。溶液保持澄清即可使用。

（7）标准工作溶液　用水将标准储备液稀释至浓度为 20，40，60，80，160，200μg/mL，-4℃条件下保存，有效期 2 周。

2. 仪器设备

BRAN+LUEBBE AA3 连续流动分析仪（配 620nm 滤光片，光程 10mm），德国布朗卢比公司；阳离子交换树脂（Na 型），上海阿拉丁生化科技股份有限公司；HY-8 振荡器，江苏金坛医疗仪器厂；KQ700-DE 超声波萃取器，昆山市超声仪器有限公司；TDL 60C 台式低速离心机，上海安亭科学仪器厂；BSA2245-CW 电子天平（感量 0.0001g），德国赛多利斯公司；Milli-Q 超纯水装置，美国 Millipore 公司。

（三）分析步骤

1. 样品水分含量的测定

依据 ISO 6488：2004《烟草及烟草制品　水分的测定　卡尔·费休法》进行

样品水分含量的测定。

2. 前处理与分析

（1）Bond Elut SCX 阳离子交换小柱的活化，采用 10mL 水，缓慢通过 SCX 阳离子交换小柱，对其进行活化。

（2）准确称取 0.125g 样品，精确至 0.0001g，至 50mL 具塞三角烧瓶中，用定量加液器（加液范围 5~50mL）加入 25mL 去离子水，室温下超声萃取 30min，后取适量至 15mL 离心管中，室温下 4000r/min，离心 5min，取上清液 10mL，缓慢通过 Bond Elut SCX 阳离子交换小柱（500mg，10mL，40μm），弃去前 3~5mL，收集后续滤液，使用连续流动分析仪测定，测定管路见图 4-20。

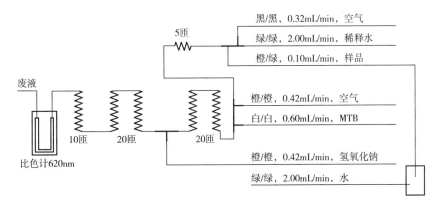

图 4-20 烟草中硫酸根的测定——连续流动法管路图

（四）结果计算

a 表示以干基试样计的硫酸根的含量，数值单位为 %，算式如下：

$$a = \frac{c \times v}{m \times (1 - w) \times 1000000} \times 100$$

式中 c——萃取液硫酸根的仪器观测值，$\mu g/mL$；

v——萃取液的体积，mL；

m——试样的质量，g；

w——试样水分含量，%。

（五）方法优化

1. 前处理条件的优化

萃取方式和萃取时间选择条件均与离子色谱相同，样品净化条件的选择如下。

测定建立在反化学的基础上，测定的是游离态甲基百里酚蓝的吸光度。在这个反应中，烟草萃取液中的阳离子会严重干扰待测成分的峰形，出现拖尾、漂移等现象[8]，因此，需要在样品进行反应之前，将萃取液中的 Ca、Mg 等离子去除。在 YC/T 269—2008《烟草及烟草制品　硫酸盐的测定　连续流动法》中，是采用在线联接一个阳离子填充柱，使萃取液中阳离子在线去除。这个填充柱需要手动填充，容易引入气泡和出现填充不均匀等现象，对操作人员要求较高；如果填充质量不好，会导致峰形变差，影响测定。本研究将萃取液上机分析前提前采用阳离子交换小柱进行处理，选择了 Bond Elut SCX 阳离子交换小柱和 Bond Elut PRS 丙磺酸阳离子交换小柱对样品进行分别处理。图 4-21 表示了在线净化以及两种不同小柱处理后样品回收率测定差异。

由图 4-21 可知，在线处理和 Bond Elut SCX 小柱处理后的样品含量差别不大，但是 Bond Elut PRS 丙磺酸小柱处理后的回收率较差（或低于 80%，或高于 120%），这主要是因为 Bond Elut PRS 丙磺酸小柱本身对弱阳离子交换，及烟草中强阳离子交换能力较差，造成试验结果偏差。因此，本试验选取 Bond Elut SCX 小柱对样品进行处理。

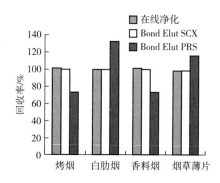

图 4-21　连续流动法测定硫酸根的不同净化条件测定结果

2. 仪器条件的选择

（1）显色剂浓度与进样管径的配比　由于该反应测定与硫酸根完全反应后的剩余钡离子含量，因此，显色剂中硫酸钡浓度一般是过量的。但是如果钡离子的浓度过量太多，会造成其与甲基百里酚蓝 MTB 形成其他类型的络合物，如 Ba_2MTB^{2-}，给吸光度测定带来一定的误差。因此，试验固定显色剂含量，考察了进样管流量为 0.1，0.23，0.32mL/min 时，不同样品溶液测定含量的差别，结果见图 4-22。由于各个烟草样品硫酸根含量都较高，基本可以达到标线次高附近，因此，直接采用样品液和标液测定差别不大。结果表明，三种进样条件下显色剂都是足量的，但是 0.1mL/min 的进样量，明显低于 0.23mL/min 和 0.32mL/min 的测定值，这说明相对于 0.1mL/min 的进样量，显色剂有些超量，因此，试验选取 0.23mL/min 的进样量。

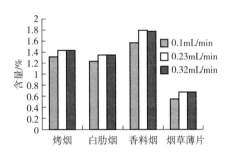

图 4-22　连续流动法测定硫酸根进样量与显色剂配比

（2）EDTA 缓冲溶液的加入量　烟草萃取液除了有钙、镁等阳离子，还有磷酸根、硝酸根等阴离子。阳离子通过阳离子交换小柱后，已被除去大部分，但是阴离子中的硝酸根和磷酸根在也会与钡离子形成不溶于水的磷酸钡等。在反应初始的酸性环境中，磷酸钡会形成溶于水的磷酸二氢钡。EDTA 碱性缓冲溶液是在后面加入的，其作用一部分是络合多余的阳离子，另一部分是阻止硫酸钡沉淀溶解，但是，在这种碱性环境下，也会造成部分磷酸钡的沉淀，影响测定。因此，EDTA 缓冲溶液的量很重要。

试验考察了 EDTA 的量对测定的结果的影响，分别采用 20，30，40，50g 的加入量。结果表明，EDTA 加入量在 20g 和 30g 时，测定结果偏高，且多次测定的 RSD 较高（>8%），说明整个反应体系内部并没有达到一个稳定的状态。而在 EDTA 量达到 50g 时，测定结果明显偏低，说明 EDTA 量太大，可能会有其他形式的钡离子的沉淀产生，影响测定，因此，试验选择加入量为 40g。

（3）进样时间与清洗比的选择　分别选择 3∶1、2∶1 和 1∶1 的进样和清洗时间比值，试验结果表明，当进样清洗比 2∶1 时，基线基本可以回归原位，因此，选择进样清洗比为 2∶1。

（六）方法学验证

1. 精密度试验

取烤烟、白肋烟、香料烟、烟草薄片 4 类样品，对样品进行前处理和测定，单次重复测定 6 次，并计算含量，得到单次重复测定的相对标准偏差，具体结果见表 4-31，4 类样品测定的 RSD%<5%，方法的精密度良好。

表 4-31　连续流动法测定硫酸根的精密度

样品	含量/%						RSD/%
	1	2	3	4	5	6	
烤烟	1.163	1.136	1.152	1.137	1.166	1.145	1.11
白肋烟	0.985	0.982	1.023	1.052	1.065	1.022	3.31
香料烟	1.788	1.723	1.765	1.798	1.755	1.741	1.60
烟草薄片	0.696	0.687	0.658	0.666	0.674	0.681	2.06

2. 回收率试验

加标回收率做了样品的低、中、高三个加标水平的试验。每个加标水平平行称取 6 份样品，对样品进行前处理和测定，并计算含量，结果见表 4-32，回收率在 95.8%~102.5%，说明本方法准确性较好。

表 4-32　连续流动法测定硫酸根的回收率

样品	项目	低	中	高
烤烟	原含量/（μg/mL）	106.789	106.789	106.789
	加标量（μg/mL）	30	50	100
	回收率	97.6	101.2	98.9
	平均回收率/%		99.2	
白肋烟	原含量/（μg/mL）	180.764	180.764	180.764
	加标量/（μg/mL）	30	50	100
	回收率/%	98.7	95.6	97.3
	平均回收率/%		97.2	
香料烟	原含量/（μg/mL）	160.609	160.609	160.609
	加标量/（μg/mL）	30	50	100
	回收率/%	96.5	98.2	101.7
	平均回收率/%		98.8	
烟草薄片	原含量/（μg/mL）	66.688	66.688	66.688
	加标量/（μg/mL）	10	30	60
	回收率/%	102.5	100.4	98.8
	平均回收率/%		100.6	

3. 检出限和定量限

（1）连续流动法测定烟草中硫酸根的标准曲线　以待测成分浓度为横坐标（x），以待测成分峰高为纵坐标（y）做标准曲线，数据见表4-33。

表4-33　连续流动法测定硫酸根的标准溶液浓度与标准曲线

级别	浓度/（μg/mL）	标准曲线
1	20	
2	40	
3	60	$y = 0.05252x + 0.032889$
4	80	$R^2 = 0.9999$
5	160	
6	200	

（2）采用空白对检出限和定量限进行测定　由于本研究中所测定成分硫酸根为烟草内源性物质，无法得到和基质极为类似的空白样品，因此，试验采用萃取液——水，作为空白，对检出限和定量限进行评估。

按照相同仪器分析条件对水进行测定，重复测定10次，计算检测结果的标准偏差s为0.0683，10次测定平均值为0.1233。根据GB/T 27417—2017《合格评定　化学分析方法确认和验证指南》（5.4.2.2中的b），采用空白标准偏差法评估检出限。

$$检出限 LOD = 空白平均值 + 3s \approx 0.33 μg/mL$$

根据GB/T 27417—2017标准中5.4.3.2，定量限可采用3倍的LOD来表示，则该测定方法定量限为0.98μg/mL。

四、连续流动法——磷酸根离子的测定

（一）方法原理

用水萃取烟草样品，萃取液中的磷酸盐在酸性条件下与钼酸盐反应后，经抗坏血酸还原，生成一种蓝色化合物，该反应用酒石酸锑钾作催化剂，反应产物最大吸收波长为660nm，用比色计测定。

$$2H_3PO_4 + 24(NH_4)_3MoO_4 + 21H_2SO_4 \longrightarrow 2(NH_4)_3PO_4 \cdot 12MoO_3 + 21(NH_4)_2SO_4 + 21H_2O$$

（二）材料和仪器

1. 试剂和材料

浓硫酸（98%）（GR）、钼酸铵、酒石酸钾锑（AR），购自天津北方天医

化学试剂厂；抗坏血酸（纯度>99%），购自上海麦克林生化科技有限公司；十二烷基磺酸钠（纯度>98%），购自上海阿拉丁生化科技股份有限公司；CNWBOND Coconut Charcoal 椰子壳活性炭 SPE 小柱（2g，6mL），购自上海安谱公司；Agilent Bond Elut C_{18} 固相萃取小柱（小粒径 40μm），Agilent Bond Elut C_{18} 固相萃取小柱（大粒径 120μm）（500mg，6mL），购自安捷伦科技有限公司；1000μg/mL 磷酸根离子标准溶液［GBW（E）083220］，购自国家标准物质中心；烤烟、白肋烟、香料烟、烟草薄片 4 类样品由国家烟草质量监督检验中心提供。

其中，连续流动分析所用试剂配制方法如下。

（1）活化水　每升水加入 0.3g 十二烷基磺酸钠。

（2）钼酸铵溶液　称取 1.8g 钼酸铵，溶于 700mL 水中，然后边搅拌边加入 22.3mL 硫酸、0.05g 酒石酸钾锑、0.3g 十二烷基磺酸钠，溶解后转入 1000mL 容量瓶中，用水定容至刻度，混匀后储存于塑料瓶中。

配制好的溶液应无色、澄清透明；若溶液呈蓝色，应重新配制。

（3）抗坏血酸溶液　称取 15.0g 抗坏血酸，溶于 600mL 水中，稀释至 1000mL，混匀后储存于棕色瓶中，即配即用。

（4）硫酸溶液　量取 22.5mL 浓硫酸，缓慢加入 600mL 水中，冷却至室温后，再加入 0.3g 十二烷基磺酸钠，稀释至 1000mL。

（5）标准工作溶液　用水将标准储备液稀释至浓度为 15，25，50，80，100，120μg/mL，-4℃条件下保存，有效期 2 周。

2. 仪器设备

BRAN+LUEBBE AA3 连续流动分析仪（配 660nm 滤光片，光程 10mm），BRAN+LUEBBE 12in 透析槽，C 型透析膜，德国布朗卢比公司；HY-8 振荡器，江苏金坛医疗仪器厂；KQ700-DE 超声波萃取器，昆山市超声仪器有限公司；TDL 60C 台式低速离心机，上海安亭科学仪器厂；HP8453 型紫外-可见分光光度计，美国 HP 公司；精密 pH 计，上海雷磁仪器厂；BSA2245-CW 电子天平（感量 0.0001g），德国赛多利斯公司；Milli-Q 超纯水装置，美国 Millipore 公司。

（三）分析步骤

1. 样品水分含量的测定

依据 ISO 6488：2004《烟草及烟草制品　水分的测定　卡尔·费休法》

进行样品水分含量的测定。

2. 前处理与分析

（1）C$_{18}$固相萃取小柱的活化，分别采用 10mL 水，10mL 乙醇，10mL 水，缓慢通过 C$_{18}$固相萃取小柱，对其进行活化。

（2）准确称取 0.125g 样品，精确至 0.0001g，至 50mL 具塞三角烧瓶中，采用定量加液器（体积范围 5~50mL）加入 25mL（白肋烟 50mL）去离子水，室温下超声萃取 30min，后取适量至 15mL 离心管中，室温下 4000r/min，离心 5min，取上清液，过 C$_{18}$固相萃取小柱（40μm）（活化后的），弃去前 3~5mL，收集后续滤液，使用连续流动分析仪测定，测定管路见图 4-23。

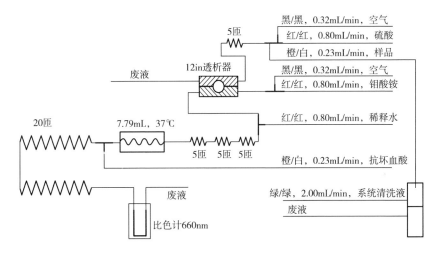

图 4-23　烟草中磷酸根的测定——连续流动法管路图

（四）结果计算

a 表示以干基试样计的磷酸根的含量，单位为%，由下式计算：

$$a = \frac{c \times v}{m \times (1-w) \times 1000000} \times 100$$

式中　c——萃取液磷酸根的仪器观测值，μg/mL；

　　　v——萃取液的体积，mL；

　　　m——试样的质量，g；

　　　w——试样水分含量，%。

(五) 方法优化

1. 前处理条件的优化

萃取方式和萃取时间选择条件均与离子色谱相同，样品净化条件的选择如下。

根据 GB 11893—1989《水质　总磷的测定　钼酸铵分光光度法》及其他一些文献，砷化物和硫化物及铬的存在会干扰测定，烟草萃取液中此类成分含量低于 2mg/L，一般认为不影响测定。但是烟草水萃取液有大量的单宁类物质、水溶性色素以及铁离子等，此类物质都是具有一定颜色的吸光物质。虽然连续流动管路中一般都会添加透析槽来去除上述物质，但如果进样时间较长，更换透析膜频率也会较高。试验选择在烟草水萃取后，对萃取液采用固相萃取小柱净化，试验选择了 Agilent Bond Elut C$_{18}$（120μm）、Agilent Bond Elut C$_{18}$（40μm）、CNWBOND Coconut Charcoal SPE 小柱对萃取后的样品进行净化。椰子壳活性炭净化后的溶液，颜色最浅，去除色素等干扰物的效果最好；小粒径（40μm）C$_{18}$ 柱净化的效果其次；大粒径（120μm）C$_{18}$ 柱净化的效果最差。

但是根据试验结果，椰子壳活性炭净化后的溶液中，磷酸根含量较不净化的明显降低，这说明椰子壳活性炭对磷酸根具有吸附作用。试验结果同时表明，经过小粒径（40μm）C$_{18}$ 柱净化后，多次测定的 RSD 较小（<4%）。试验最终选取小粒径 C$_{18}$ 柱（40μm）对萃取液进行净化后测定。

2. 仪器条件的选择

（1）选择适宜的 pH　这个反应是在酸性环境中进行的。为了选择合适的 pH 条件，按照磷酸根与钼酸氨，以及还原剂抗坏血酸浓度配比，配制不同 pH 的反应溶液：取 2.3mL 25μg/mL 的磷酸根溶液，8mL 钼酸氨溶液，2.3mL 抗坏血酸溶液，稀释到 40mL 左右，调 pH 分别达到 0.53，0.89，1.02，1.12，1.25，1.34，2 后用水定容至 50mL；以不加标准溶液的空白为参比，测定定容后溶液在 660nm 波长内的吸光度。

由试验结果（图 4-24）可知：pH 对显色反应的影响较大，pH 在 0.5~1.34，灵敏度较好，并在 pH 0.89~1.34 出现一个平台，说明在此 pH 范围内均可获得良好反应。在 pH 1.10，吸光度可以达到极大值，因此本方法的测定 pH 条件选择为 1.1。并根据此 pH 条件调整连续流动管路。

（2）钼酸铵浓度优化　钼酸铵是测定中重要的反应试剂，试验对钼酸铵

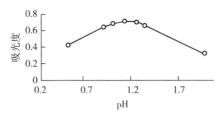

图 4-24　pH 对测定结果的影响

的浓度进行了选择优化。取 2.3mL 25μg/mL 的磷酸根溶液，2.3mL 15mg/mL 的抗坏血酸溶液，改变钼酸铵的浓度（$0.73\times10^{-4}\sim8.09\times10^{-4}$ mol/L）测吸光度，采用硫酸溶液调 pH 达到 1.1 后，用少量去离子水将溶液定容至 50mL。以不加标准溶液的空白为参比，测定其在 660nm 波长的吸光度。

结果表明（图 4-25），钼酸铵用量在（$1.46\sim4.56$）$\times10^{-4}$ mol/L 吸光度都超过 0.3，均可以满足测定的需要，其中钼酸铵用量为 2.33×10^{-4} mol/L 时，存在着极大值，故本法选择钼酸铵的浓度为 2.33×10^{-4} mol/L。

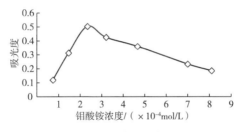

图 4-25　钼酸铵浓度选择

（3）抗坏血酸浓度的优化　这个反应中，抗坏血酸是充当还原剂的作用，用抗坏血酸作为磷钼杂多酸的还原剂具有稳定性好、易配制、易保存等优点。试验对抗坏血酸浓度进行了优化选择。取 2.3mL 25μg/mL 的磷酸根溶液，8.0mL 1.8mg/mL 钼酸铵溶液，加入不同浓度的抗坏血酸溶液（$3.92\sim42.6$mmol/L），采用硫酸溶液调 pH 达到 1.1 后，用少量去离子水将溶液定容至 50mL。以不加样品标准溶液的空白为参比，测定其在 660nm 波长的吸光度。由图 4-26 可知，当抗坏血酸浓度为 34.1mmol/L 时，吸光度最大，试验最终选择的抗坏血酸浓度为 34.1mmol/L。

（六）方法学验证

1. 精密度试验

取烤烟、白肋烟、香料烟、烟草薄片 4 类样品，对样品进行前处理和测

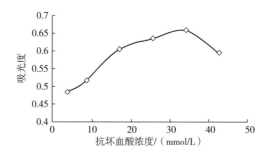

图4-26 抗坏血酸浓度的选择

定，单次重复测定6次，并进行计算，得到单次重复测定的相对标准偏差。具体结果见表4-34，4类样品测定的RSD<5%，方法的精密度良好。

表4-34 连续流动法测定磷酸根的精密度

| 样品 | 含量/% | | | | | | RSD/% |
	1	2	3	4	5	6	
烤烟	0.888	0.872	0.896	0.901	0.887	0.897	1.17
白肋烟	0.439	0.446	0.435	0.457	0.462	0.455	2.39
香料烟	0.599	0.601	0.625	0.633	0.624	0.635	2.54
烟草薄片	0.356	0.369	0.358	0.347	0.372	0.356	2.58

2. 回收率试验

加标回收率做了样品的低、中、高三个加标水平的试验。每个加标水平平行称取6份样品，对样品进行前处理和测定，并进行计算，由表4-35可知，回收率在96.8%~103.8%，说明方法准确性较好。

表4-35 连续流动法测定磷酸根的回收率

样品	项目	低	中	高
烤烟	原含量/（μg/mL）	84.621	84.621	84.621
	加标量/（μg/mL）	20	40	60
	回收率/%	98.5	99.2	97.7
	平均回收率/%		98.5	
白肋烟	原含量/（μg/mL）	40.606	40.606	40.606
	加标量/（μg/mL）	10	20	30
	回收率/%	101.2	102.7	98.8
	平均回收率/%		100.9	

续表

样品	项目	低	中	高
香料烟	原含量/（μg/mL）	56.691	56.691	56.691
	加标量/（μg/mL）	20	30	50
	回收率/%	99.7	96.8	102.3
	平均回收率/%		99.6	
烟草薄片	原含量/（μg/mL）	31.462	31.462	31.462
	加标量/（μg/mL）	10	20	30
	回收率/%	103.8	100.2	98.9
	平均回收率/%		101.0	

3. 检出限和定量限

（1）连续流动法测定烟草中磷酸根的标准曲线，以待测成分浓度为横坐标（x），以待测成分峰高为纵坐标（y）做标准曲线，数据见表4-36。

表4-36　连续流动法测定磷酸根的标准溶液浓度与标准曲线

级别	浓度/（μg/mL）	标准曲线
1	15	
2	25	
3	50	$y = 0.14136x - 0.007591$
4	80	$R^2 = 0.9999$
5	100	
6	120	

（2）采用空白对检出限和定量限进行测定，由于本研究中所测定成分磷酸根为烟草内源性物质，无法得到和基质极为类似的空白样品，因此，试验采用萃取液——水，作为空白，对检出限和定量限进行评估。

按照同样仪器分析条件对水进行测定，重复测定10次，计算检测结果的标准偏差 s 为0.002368，10次测定平均值为0.01423。根据 GB/T 27417—2017，采用空白标准偏差法评估检出限。

$$检出限 LOD = 空白平均值 + 3s = 0.02 μg/mL$$

根据 GB/T 27417—2017，定量限可采用3倍的 LOD 来表示，则该测定方法定量限为0.06μg/mL。

五、连续流动法——硝酸根离子的测定

(一) 方法原理

1. 亚硝酸盐

用水萃取试样，萃取液中的亚硝酸盐与对氨基苯磺酰胺反应生成重氮化合物，在酸性条件下，重氮化合物与 N-（1-萘基）-乙二胺二盐酸发生偶合反应生成一种紫红色配合物，其最大吸收波长为520nm，用比色计测定，此步骤得到亚硝酸盐含量。

2. 硝酸根与亚硝酸根总量

用水萃取试样，萃取液中的硝酸盐在碱性条件下与硫酸肼-硫酸铜溶液反应生成亚硝酸盐，亚硝酸盐与对氨基苯磺酰胺反应生成重氮化合物，在酸性条件下，重氮化合物与 N-（1-萘基）-乙二胺二盐酸发生偶合反应生成一种紫红色配合物，其最大吸收波长为520nm，用比色计测定，此步骤得到的为硝酸盐和亚硝酸盐总含量。

3. 通过减法得到硝酸根量

采用测得的硝酸盐和亚硝酸盐总量减去亚硝酸盐含量即为硝酸盐含量。

(二) 材料和仪器

1. 试剂和材料

氢氧化钠、硫酸铜（$CuSO_4 \cdot 5H_2O$）、磷酸（85%，AR），均为分析纯以上级别，购自天津北方天医化学试剂厂；硫酸肼（$N_2H_6SO_4$）（纯度>99%），对氨基苯磺酰胺（$C_6H_8N_2SO_2$）（纯度>99%），购自美国 Sigma-Aldrich 公司；N-（1-萘基）-乙二胺二盐酸（$C_{12}H_{14}N_2 \cdot 2HCl$）（纯度>98%），购自美国百灵威科技公司；Brij 35（30%水溶液），购自美国 Accurate Chemical & Scientific Corporation 公司；CNWBOND Coconut Charcoal 椰子壳活性炭 SPE 小柱（2g，6mL），购自上海安谱公司；Agilent Bond Elut C_{18} 固相萃取小柱（小粒径40μm），Agilent Bond Elut C_{18} 固相萃取小柱（大粒径120μm）(500mg，6mL)，购自安捷伦科技有限公司；水中亚硝酸根成分分析标准物质1000μg/mL［GBW（E）081223］，水中硝酸根成分分析标准物质1000μg/mL［GBW（E）083214］，购自国家标准物质中心；白肋烟、香料烟、烟草薄片3类样品由国家烟草质量监督检验中心提供。

其中，连续流动分析所用试剂配制方法如下。

（1）氢氧化钠溶液（0.2mol/L） 称取8.0g氢氧化钠，溶于800mL水中，加入1mLBrij35溶液后稀释至1000mL。

（2）硫酸铜溶液 称取1.20g硫酸铜（$CuSO_4 \cdot 5H_2O$），溶于100mL水中。

（3）硫酸肼–硫酸铜溶液 称取0.6g硫酸肼（$N_2H_6SO_4$），溶于800mL水中，加入1.5mL硫酸铜溶液，稀释至1000mL，储存于棕色瓶中，此溶液应每月配制一次。

（4）对氨基苯磺酰胺溶液 移取25mL浓磷酸，加入175mL水中，然后加入2.5g对氨基苯磺酰胺（$C_6H_8N_2SO_2$），0.125g N–（1-萘基）–乙二胺二盐酸（$C_{12}H_{14}N_2 \cdot 2HCl$），搅拌溶解，用水定容至250mL，过滤。溶液储存于棕色瓶中，即配即用。

配好的溶液应呈无色，若为粉红色说明有NO_2干扰，应重新配置。

（5）亚硝酸根和硝酸根标准工作溶液 其中，亚硝酸根浓度为5，15，20，25，30，40，50μg/mL，硝酸根浓度为4，8，20，40，60，80，100μg/mL，两种溶液分别配制，均在-4℃条件下保存，有效期2周。

2. 仪器设备

BRAN+LUEBBE AA3连续流动分析仪（配520nm滤光片，光程10mm），BRAN+LUEBBE 6in透析槽，C型透析膜，德国布朗卢比公司；HY-8振荡器，江苏金坛医疗仪器厂；KQ700-DE超声波萃取器，昆山市超声仪器有限公司；TDL 60C台式低速离心机，上海安亭科学仪器厂；BSA2245-CW电子天平（感量0.0001g），德国赛多利斯公司；Milli-Q超纯水装置，美国Millipore公司。

（三）分析步骤

1. 样品水分含量的测定

依据ISO 6488：2004《烟草及烟草制品 水分的测定 卡尔·费休法》进行样品水分含量的测定。

2. 前处理与分析

（1）亚硝酸根

①椰子壳活性炭固相萃取小柱的活化，采用10mL水，缓慢通过固相萃取小柱，对其进行活化。

②准确称取5g样品，精确至0.0001g，至150mL具塞三角烧瓶中，采用定量加液器（加液范围5~50mL）加入50mL去离子水，室温下超声萃取30min，后取适量至15mL离心管中，室温下4000r/min，离心5min，取上清

液，缓慢过椰子壳活性炭固相萃取小柱（活化后的）净化，弃去前 3~5mL，收集后续滤液，使用连续流动分析仪中测定，测定管路见图 4-27。

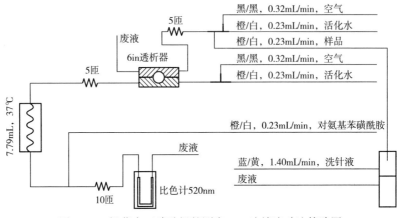

图 4-27　烟草中亚硝酸根的测定——连续流动法管路图

（2）硝酸根

①椰子壳活性炭固相萃取小柱的活化，采用 10mL 水，缓慢通过固相萃取小柱，对其进行活化。

②准确称取 0.125g 样品，精确至 0.0001g，至 50mL 具塞三角烧瓶中，采用定量加液器（加液范围 5~50mL）加入 25mL 去离子水，室温下超声萃取30min，后取适量至 15mL 离心管中，室温下 4000r/min，离心 5min，取上清液，缓慢过椰子壳活性炭固相萃取小柱（活化后的）净化，弃去前 3~5mL，收集后续滤液，使用连续流动分析仪测定，测定管路见图 4-28。

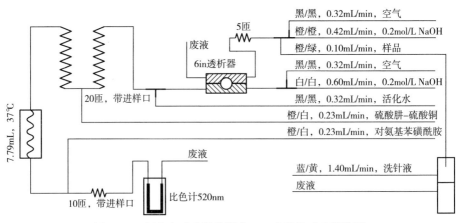

图 4-28　烟草中硝酸根的测定——连续流动法管路图

（四）结果计算

a 表示以干基试样计的硝酸根/亚硝酸根的含量，单位为%，由下式计算：

$$a = \frac{c \times v}{m \times (1 - w) \times 1000000} \times 100$$

式中　c——萃取液硝酸根（亚硝酸根）的仪器观测值，$\mu g/mL$；

　　　v——萃取液的体积，mL；

　　　m——试样的质量，g；

　　　w——试样水分含量，%。

（五）方法优化

1. 前处理的优化

萃取方式和萃取时间选择条件均与离子色谱相同，样品净化条件的选择考虑如下。

烟草萃取液中的色素等物质会对此反应的测定产生一定的干扰[9,10]。另外，根据 GB 5009.33—2016《食品安全国家标准　食品中亚硝酸盐与硝酸盐的测定》，很多食品在进行硝酸盐或亚硝酸盐测定之前，都经过了蛋白质的去除过程[11,12]。烟草蛋白质含量虽然也较高，但是只有在一定浓度的酸性溶液中，蛋白质才会溶出，直接用水提取的情况下，烟草萃取液中蛋白质含量很低，远不及乳粉、鱼肉等食品。因此，试验主要考察对比了色素等干扰物的去除。试验选择在烟草水萃取后，对萃取液采用固相萃取小柱净化，选择了Agilent Bond Elut C_{18}（120μm）、Agilent Bond Elut C_{18}（40μm）、CNWBOND Coconut Charcoal SPE 小柱对萃取后的样品进行净化。根据离子色谱中净化条件的选择可知，椰子壳活性炭净化后的溶液，颜色最浅，去除色素等干扰物的效果最好；小粒径（40μm）HLB 柱净化的效果其次；大粒径（120μm）HLB 柱净化的效果最差。

试验结果表明，椰子壳活性炭对硝酸根（亚硝酸根）没有吸附作用，且多次测定的 RSD 较小（<4%）。试验最终选取椰子壳活性炭对萃取液进行净化后测定。

2. 仪器条件的选择

（1）硫酸肼浓度的选择　很多文献，包括 GB 5009.33—2016 中光度法测定亚硝酸盐（硝酸盐）时，都是采用镉柱将硝酸盐还原为亚硝酸盐后测定[13,14]。由于镉柱填装，活化步骤都需要很多试剂，且对操作人员技术要求较高，因此推广起来较为困难。本研究采用试剂直接还原的方法来还原硝酸盐。采用的试剂是硫酸肼硫酸铜溶液。硫酸肼浓度必须在一个合适的值，浓度过高，会导致硝酸根离子还原得到的亚硝酸根离子被进一步还原为氮；浓度过低，会导致硝酸根离子还原不完全。

①配制 100μg/mL 的亚硝酸根和硝酸根标准溶液。

②取 0.75mL 7.68mg/mL 的硫酸铜溶液，用水定容至 500mL，得到 5.76μg/mL 的硫酸铜溶液。

③配制 10 份 25mL 的硫酸肼溶液，浓度分别为 0.2，0.4，0.6，0.8，1.0，1.2，1.4，1.6，1.8，2.0g/L。

④将图 4-28 中的硫酸铜-硫酸肼管路连到进样针上，活化水的管路放入硫酸铜溶液中，样品管路放入 100μg/mL 亚硝酸根标准工作溶液中，硫酸肼溶液按浓度由小到大的顺序倒入样品杯中。

⑤走试剂，当反应颜色到达流动池时，调节记录仪相应至满刻度 90% 开始进样。记录由于亚硝酸根离子被还原为氮使溶液颜色变浅的硫酸肼浓度（$c_1 = 1.0$g/L）。

⑥将亚硝酸根标准工作溶液换为硝酸根，重新走一遍，记录硝酸根盐响应最大时硫酸肼浓度（$c_2 = 0.4$g/L）。

⑦c_1 和 c_2 之间的浓度则为最终选择的硫酸肼浓度，本试验中最终选择的硫酸肼浓度为 0.6g/L。

（2）进样速率的选择　进样速率高的话，分析效率高，但是基线极限不容易回到原位，进样速率低的话，分析效率较低。分别按照 1h 进样 30，40，50，60 杯来测定，发现每小时进 50 杯时，基线已经不太容易回到原位，因此，进样速率选择为每小时 40 杯。

（六）方法学验证

1. 精密度试验

取白肋烟、香料烟、烟草薄片 3 类样品，对样品进行前处理和测定，单次重复测定 6 次，并进行计算，得到单次重复测定的相对标准偏差。具体结果见表 4-37 和表 4-38，4 类样品测定的 RSD<5%，方法的精密度良好。由于烟草中亚硝酸根离子含量很低，一般为硝酸根含量的 1%，甚至更低，因此除了白肋烟，其余烟草样品均未检出亚硝酸根含量。

表4-37 连续流动法测定的精密度（硝酸根）

样品	含量/%						RSD/%
	1	2	3	4	5	6	
白肋烟	2.665	2.674	2.746	2.738	2.788	2.689	1.78
香料烟	0.071	0.068	0.075	0.072	0.068	0.074	4.13
烟草薄片	0.367	0.371	0.352	0.361	0.372	0.366	2.03

表4-38 连续流动法测定的精密度（亚硝酸根）

样品	含量/%						RSD/%
	1	2	3	4	5	6	
白肋烟	0.0195	0.0199	0.0215	0.0208	0.0205	0.0207	3.44

2. 回收率试验

加标回收率做了样品的低、中、高三个加标水平的试验。每个加标水平平行称取6份样品，对样品进行前处理和测定，并进行计算，结果见表4-39和表4-40，回收率在96.7%～102.3%，说明方法准确性较好。

表4-39 连续流动法测定硝酸根的回收率

样品	项目	低	中	高
白肋烟	原含量/（μg/mL)	122.912	122.912	122.912
	加标量/（μg/mL)	30	50	100
	回收率/%	96.7	99.8	98.2
	平均回收率/%		98.2	
香料烟	原含量/（μg/mL)	6.715	6.715	6.715
	加标量/（μg/mL)	2	4	6
	回收率/%	97.9	101.2	99.2
	平均回收率/%		99.4	
烟草薄片	原含量/（μg/mL)	35.528	35.528	35.528
	加标量/（μg/mL)	10	20	30
	回收率/%	102.3	99.1	100.5
	平均回收率/%		100.6	

表 4-40　连续流动法测定亚硝酸根的回收率

样品	项目	低	中	高
	原含量/（μg/mL）	10.521	10.521	10.521
白肋烟	加标量/（μg/mL）	2	5	10
	回收率/%	98.8	99.6	100.3
	平均回收率/%		99.6	

3. 检出限和定量限

（1）连续流动法测定烟草中硝酸根和亚硝酸根的标准曲线，以待测成分浓度为横坐标（x，浓度，μg/mL），以待测成分峰高为纵坐标（y）做标准曲线，数据见表 4-41。

表 4-41　亚硝酸根和硝酸根的标准溶液浓度与标准曲线

级别	亚硝酸根		硝酸根	
	浓度/（μg/mL）	标准曲线	浓度/（μg/mL）	标准曲线
1	5		4	
2	15		8	
3	20		20	
4	25	$y=0.2532x-0.003109$ $R^2=0.9998$	40	$y=0.2856x-0.002887$ $R^2=0.9998$
5	30		60	
6	40		80	
7	50		100	

（2）采用空白试验对检出限和定量限进行测定，本研究中所测定成分硝酸根和亚硝酸根为烟草内源性物质，无法得到和基质极为类似的空白样品，因此，试验采用萃取液——水，作为空白样品对检出限和定量限进行评估。

按照同样仪器分析条件对空白样品进行测定，重复测定 10 次，计算检测结果的标准偏差 s 与 10 次测定的平均值。根据 GB/T 27417—2017，采用空白标准偏差法评估检出限（LoD）。

$$LOD = 空白平均值 + 3s$$

根据 GB/T 27417—2017 标准中 5.4.3.2，定量限可采用 3 倍的 LOD 来表示，具体结果见表 4-42。

表 4-42　亚硝酸根和硝酸根的检出限和定量限　　　　单位：µg/mL

成分	相对偏差	平均值	检出限	定量限
亚硝酸根	0.001210	0.00922	0.01	0.04
硝酸根	0.000869	0.00838	0.01	0.03

六、水分的测定

烟草样品水分含量的测定也有很多方法，例如（截至 2023 年 4 月，现行有效）：

YC/T 345—2010《烟草及烟草制品　水分的测定　气相色谱法》

YC/T 31—1996《烟草及烟草制品　试样的制备和水分测定　烘箱法》

还有采用核磁共振对水分进行测定的方法，即《烟草及烟草制品　水分的测定　核磁法》，目前正在制定过程中。

卡尔·费休法也是一个较为经典的方法，是根据 ISO 6488：2004 转化而来。

在烟草行业内，常规分析测定较为常用的为 YC/T 31—1996 中的烘箱法，因为其操作简单，整个测定过程不用化学试剂。但是，目前存在的问题是，要想将烘箱法做好并不容易。首先，对于许多实验室来讲，烘箱只是作为一个试验辅助性工具（烘干器皿即可），无论是烘箱的摆放环境还是烘箱本身的性能稳定性要求均较低，而烟草及烟草制品水分的测定，要求烘箱不同位置的温度较为均衡，这种烘箱不仅经过了计量，还要求具有通过计量规范的检定证书。比如在 YC/T 31—1996 中，要求各个样品盒摆放空间不能小于 $275cm^2$，就是为了使样品受热均匀，达到较好的平行性。如果烘箱各个位置点温度不均，则很难得到较好的测定结果。

YC/T 345—2010 采用的是气相色谱法，这种方法也是卷烟烟气气相中水分分析的常用方法，但是操作时间过长（萃取过程需要 3h），对于固体样品水分测定使用较少。

水分测定的卡尔·费休法在整个测试过程只使用一种溶剂甲醇（卡尔·费休试剂，一般市售可得），且卡尔·费休滴定仪在许多实验室中一般都经过准确计量，具有测试不确定度数据，对于烟末样品来讲，萃取时间操作较短（30min），其实更易实现数据的稳定性和重复性。

本研究采用卡尔·费休法进行样品水分含量的测定，具体操作步骤如下。

1. 材料和试剂

甲醇（色谱纯），德国 Merck 公司；卡尔·费休试剂（不含吡啶），德国 Merck 公司；烤烟、白肋烟、香料烟、烟草薄片 4 类样品由国家烟草质量监督检验中心提供。

2. 仪器设备

C30 卡尔·费休水分仪，瑞士 METTLER TOLEDO 公司；定量加液器（体积范围 5~50mL），美国 Eppendorf 公司；HY-8 振荡器，江苏金坛医疗仪器厂；250mL 锥形瓶，10mL 移液管。

3. 样品处理与测定

（1）准确称取 2g 样品，精确到 0.0001g，至 250mL 锥形瓶中，采用定量加液器（加液体积 5~50mL）向锥形瓶中加入 100mL 甲醇，采用橡胶塞加塞密封，在振荡器上振荡萃取 30min，振动频率为 155r/min。振荡结束后，在室温下静置 30min。

（2）采用 10mL 移液管移取样品萃取液 10mL，至卡尔·费休滴定仪的滴定瓶中，进行滴定，记录所消耗的水分质量 a_1。

（3）空白的测定，采用 10mL 移液管移取 10mL 甲醇至滴定瓶中，采用卡尔·费休滴定仪滴定至终点，记录其所消耗的水分质量 a_0。此步骤重复测定，两次测定所消耗的质量差值 ≤0.05mg 时，计算其平均值，否则重复测定。

4. 结果计算

水分测定由下式计算：

$$\omega = \frac{(a_1 - a_0) \times V_1}{m \times V_2 \times 1000} \times 100$$

式中　a_1——所移取的萃取液中水分含量，mg；

　　　a_0——空白中的水分含量，mg（此处为两次测定的平均值）；

　　　V_1——样品萃取液的总体积，mL（此处为 100mL）；

　　　V_2——所移取的萃取液的体积，mL（此处为 10mL）；

　　　m——样品的称取质量，g。

5. 方法的标准偏差和相对标准偏差

每个样品做两平行测定，取平均值 ω（此处为质量分数）。要求两次平行测定的标准偏差 ≤0.1%，相对标准偏差 ≤2%。

6. 样品测定结果

样品测定结果见表 4-43。

表 4-43　各样品水分含量平行样测定结果

样品	水分测定结果/%		标准偏差/%	相对平均标准偏差/%
	1	2		
烤烟 G	8.86	8.90	0.028	0.32
烤烟 D	4.22	4.18	0.028	0.67
白肋烟	7.78	7.82	0.028	0.36
香料烟	7.09	7.14	0.035	0.50
烟草薄片	3.52	3.57	0.035	1.00

七、最小取样量

每一种标准物质的最小取样量都与很多因素有关。首先要保证在取样量条件下，测定结果均匀性良好。最小取样量其实是与样品的均匀性关系较为密切的一个指标，也是对标准物质使用的一个保护性规定。很多物质由于生产加工的原因，可能均匀性并不能在所有的取样量条件下都适宜，因此，设定最小取样量是保证样品合理使用的一个关键参数。

另外取样量的大小还受到测试分析方法本身的一些限制，如仪器的最佳响应范围。取样的目的是测定，测定结果如果不位于仪器的最佳响应范围内，那么结果的有效性也会受到质疑。因此，最小取样量的选择，还需要与测定的方法和所使用的仪器结合起来，综合考虑。

最小取样量试验，首先要保证使测定结果均处于仪器的最佳响应范围内，保障测试结果的有效性。烟草中氯、硫酸根、硝酸根、磷酸根四种离子在不同样品中含量水平均有差异，本研究选择了 0.125g 和 0.25g 两种取样条件，考察在不同取样条件下均匀性差异。

试验结果表明，在所选择的最小取样条件下，测定结果均匀性良好。

白肋烟中无机阴离子成分分析标准物质使用时的最小取样量为 0.125g。

烤烟（包括烤烟 G 和烤烟 D）无机阴离子成分分析标准物质使用时的最小取样量为 0.25g。

香料烟中无机阴离子成分分析标准物质使用时的最小取样量为 0.25g。

烟草薄片中无机阴离子成分分析标准物质使用时的最小取样量为 0.25g。

八、方法比对验证

方法的建立，一方面是通过方法本身的方法学验证，考察方法自身的准确性和稳定性；另一方面，则是采用一定的样品，通过与其他方法进行测定结果比对，对方法进行进一步的验证。

目前，烟草行业中，关于烟草中无机阴离子的测定，推荐方法有以下几个（截至 2023 年 4 月）：

YC/T 153—2001《烟草及烟草制品　氯含量的测定　电位滴定法》

YC/T 162—2011《烟草及烟草制品　氯的测定　连续流动法》

YC/T 269—2008《烟草及烟草制品　硫酸盐的测定　连续流动法》

YC/T 343—2010《烟草及烟草制品　磷酸盐的测定　连续流动法》

YC/T 296—2009《烟草及烟草制品　硝酸盐的测定　连续流动法》

YC/T 248—2008《烟草及烟草制品　无机阴离子的测定　离子色谱法》

此外，还有与烟草相关的 ISO 标准分析方法：ISO 15517—2003《烟草硝酸根的测定——连续流动法》。

本研究对所建立的方法与一些标准中的方法进行了比对。

（1）烟草及烟草制品中氯的测定——连续流动法与 YC/T 162—2011 中方法的比对。

（2）烟草及烟草制品中硫酸根的测定——连续流动法与 YC/T 269—2008 中方法的比对。

（3）烟草及烟草制品中磷酸根的测定——连续流动法与 YC/T 343—2010 中方法的比对。

（4）烟草及烟草制品中硝酸根的测定——连续流动法与 ISO 15517—2003（烟草硝酸盐含量的测定——连续流动分析法 *Tobacco Determination of nitrate content——Continuous Flow analysis method*）方法的比对。

表 4-44 列出了本研究所建立的连续流动法与标准中同类型方法的测定结果比对，采用配对 t 检验，置信区间为 95%，t（0.05，2，4）= 2.78，t（0.05，2，2）= 4.30。

表 4-44　连续流动法与同类型方法的测定结果比对　　　　单位：%

样品	氯		硝酸根		硫酸根		磷酸根	
	连续流动法（氯的测定）	YC/T 162—2011 法	连续流动法（硝酸根的测定）	ISO 15517—2003 法	连续流动法（硫酸根的测定）	YC/T 269—2008 法	连续流动法（磷酸根的测定）	YC/T 343—2010 法
烤烟 G	0.87	0.88	—	—	1.15	1.18	0.92	0.87

续表

样品	氯		硝酸根		硫酸根		磷酸根	
	连续流动法（氯的测定）	YC/T 162—2011法	连续流动法（硝酸根的测定）	ISO 15517—2003法	连续流动法（硫酸根的测定）	YC/T 269—2008法	连续流动法（磷酸根的测定）	YC/T 343—2010法
烤烟D	0.27	0.27	—	—	1.16	1.12	0.35	0.4
白肋烟	2.05	2.01	2.75	2.68	1.38	1.36	0.43	0.48
香料烟	1.45	1.48	0.075	0.071	1.76	1.82	0.63	0.58
烟草薄片	0.92	0.85	0.36	0.39	0.68	0.74	0.39	0.36
t	0.78<2.78		0.41<4.30		0.35<2.78		0.26<2.78	

由表 4-44 可知，所建立的连续流动法与现存同类型测定方法，对不同的样品测定结果不存在显著性差异。

（5）采用连续流动法与离子色谱法进行测定结果比对。

表 4-45 列出了所建立的连续流动法与离子色谱法的测定结果比对，采用配对 t 检验，置信区间为 95%，t (0.05, 2, 4) = 2.78，t (0.05, 2, 2) = 4.30。

表 4-45　连续流动法与离子色谱法进行测定结果比对　　　　　　单位：%

样品	氯		硝酸根		硫酸根		磷酸根	
	离子色谱	连续流动	离子色谱	连续流动	离子色谱	连续流动	离子色谱	连续流动
烤烟G	0.86	0.89	—	—	1.14	1.18	0.87	0.85
烤烟D	0.27	0.27	—	—	1.17	1.13	0.37	0.39
白肋烟	2.06	2.02	2.69	2.74	1.36	1.33	0.44	0.47
香料烟	1.46	1.42	0.072	0.078	1.83	1.77	0.65	0.62
烟草薄片	0.93	0.91	0.34	0.35	0.67	0.72	0.35	0.36
t	1.06<2.78		1.09<4.30		0.36<2.78		0.95<2.78	

由表 4-45 可知，所建立的连续流动法与离子色谱法，对不同的样品的测定结果不存在显著性差异。

第六节　均匀性检验

标准物质的评估，是标准物质研制中的重要环节，主要内容包括标准物质的均匀性、稳定性（短期稳定性和长期稳定性）、不确定度评定等内容。在这个环节中，要完成标准物质量值的确定度和不确定度的确定，从而对标准物质赋值。从均匀性和稳定性研究所得到的结论中，给出标准物质的正确使用方法。这些内容和结论同时也要体现在标准物质的证书和标签上。

对于均匀性和稳定性评价，JJF 1343—2022 给出多个评价模型，这主要是根据不同样品定值过程自身的特点和测定的相关数据来选择的。

从这一节开始，将标准物质的评估过程穿插到白肋烟评估过程中，作为理论基础，而具体样品的检验过程与结果则为实践实例，烤烟、香料烟、烟草薄片的评估过程与白肋烟较为类似，相关内容都会在本章中涉及。

一、白肋烟均匀性检验

（一）样品的抽取

样品进行抽取前，需要分装好。分装之前一个较为推荐的处理是样品的均匀性简单筛查。如果均匀性筛查不合格的话，不能急于分装，建议查找导致均匀性不好的原因，并进行改正。一般来讲，外部添加的成分，均匀性不太好达标，此时，一方面在样品制作工艺过程中要加强一些加料环节的处理；另一方面，对于制备好的样品，混匀时间至少为 1~2h，这一点主要针对粉末状样品。当然，根据样品类型不同，上述两个方面需要选择性地侧重。比如说，对于纸张中一些含量成分样品，没有磨碎处理这一方式，那么在加料中需要特殊处理，这一点在样品制备初期需要考虑进去。对于此类样品而言，均匀性检验一定要严格而慎重。必要的情况下，可以多选取一些点，或者每个单元多做一些平行样测定。而对于一些内源性成分含量的样品，均匀性比较容易达到要求，在工艺制作上则没有相关规定。

在本研究的标准物质制备过程中，已经对其氯、硫酸根、磷酸根和硝酸根进行了均匀性初筛，结果良好。

分装后的样品进行均匀性检验时，首先要对样品进行抽取。样品一次性抽取的数量与样品该制作批次的总单元数相关，样品的抽取方式也具有一定的规则。

如果不涉及特殊制作的样品，一般来讲，样品的单元数>100 较为常见，表 4-46 为该制定批单元数>100 时，不同数量的样品批抽取方案。

表 4-46　单元抽取方案

总体单元数（N）	抽取单元数	总体单元数（N）	抽取单元数
$100 < N \leqslant 200$	$\geqslant 11$	$100 < N \leqslant 200$	30
$200 < N \leqslant 500$	$\geqslant 15$	$100 < N \leqslant 200$	$\geqslant 10$
$500 < N \leqslant 1000$	$\geqslant 25$	$100 < N \leqslant 200$	$\geqslant 15$

从表 4-46 中可知，当批量单元数 $100 < N \leqslant 200$ 时，抽取的单元数 $\geqslant 11$。该批制作的样品白肋烟分装 195 瓶，采用的抽取方法为分段抽取。即在样品分装完成后，即时抽取，分别在样品编号的初始、中间和终点阶段（即小、中、大号，见图 4-29）分别随机抽取 4 瓶样品，共 12 瓶样品，进行均匀性检验，每瓶制备 3 个平行试样，并对每个试样进行编号。

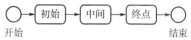

图 4-29　样品抽取过程

抽样过程也可以借助于一些工具，如 JJF 1343—2022 附录中的随机数表。随机数表的使用方法如下。

（1）确定行和列名　研究人员根据自己的需要或意愿，在表上任选一行数字（如无特殊要求，也可以闭眼拿笔尖去任意选择，这一点具有一定的随机性），由该行数字决定起点行的数。如选择 25 行，即从上往下第 25 行为起点行。若选择的数大于 50，则用该数减去 50，将所得余数为起点行。若选择 0 或 00 行，则以第 50 行为起点行。列号和行号的选择方法相同。

（2）选取单元号　行名和列名选定后，以所选择的起始行数和起始列数的交叉点处的数为起始点，然后，按一定顺序方向（如自左向右或自右向左，从上往下或由下而上，这一点可以自定）进行依次选取。

遇到大于总体的号或重复的号，应该舍去不要，直至选到所抽取的样本数满额为止。用上述方法所选取到的号则是被随机抽中的样本。

也可以 Excel 软件中随机生成函数进行单元号选择，具体操作步骤：将鼠标放至 Excel 中的单元格中，选择"RANDBETWEEN"函数，将最小单元号 1 写为底部（Bottom），最大单元数 n 写为顶部（Top），点击确定，则生成 $1 \sim n$ 的一个随机数，下拉本单元格，可以得到若干个随机数，根据使用需求，选择随机数生成函数给出的单元号组成待测样本。

总的来讲，样品抽取要兼顾随机性和总体性。当然，抽取单元数越多考察的结果越全面，但是也需要结合实际测定情况进行选择。一般来讲，抽取单元数大于 30 个也是没有必要的。只要抽取方案合理，抽取的数量达到计量学统计要求，都是可行的。

（二）测量程序的选择和数据的检验

1. 测量程序的选择

一般要求用于均匀性研究测量程序的标准偏差应小于每个特性值的（预期）不确定度。理想情况是：测量程序的重复性标准偏差小于（预期）标准不确定度的 1/3。

如果上述要求不能满足的话，应适当增加每个单元重复测量次数，因为研究表明，单纯增加单元数量的效果没有增加每个单元测量重复性次数的效果好。

对于烟草中无机阴离子成分分析标准物质采用的测定方案，主导实验室选择了适用范围较为广泛的离子色谱法来进行样品均匀性检验。（具体步骤见本章第五节分析方法。）

2. 均匀性评估方式

单元间均匀性评估设计模式有以下几种。

（1）单因素方差分析法　单因素方差分析法模型如下。

$$x_{ij} = \mu + \delta_i + \varepsilon_{ij}$$

式中　x_{ij}——第 i 个单元的第 j 个观测值；

　　μ——（真）均值；

　　δ_i——单元 i 测定结果与 μ 的偏差；

　　ε_{ij}——第 i 个单元的第 j 个观测值的随机误差，即残差。

根据下式计算单元间均方和单元内均方（残差）：

$$M_{between} = \frac{\sum_{i=1}^{a} n_i (x_i - \bar{x})^2}{a - 1}$$

$$M_{within} \frac{\sum_{i=1}^{a} \sum_{j=1}^{n_i} (x_{ij} - \bar{x}_i)^2}{\sum_{i=1}^{a} n_i - a}$$

$M_{between}$ 代表的是单元间均方差，M_{within} 代表的是单元内均方差，其中 $\bar{x}_i$ 为每个单元测定的平均值；$\bar{x}$ 为总平均值。

F 检验就是对比组间方差和组内方差是否有显著性差异，或者是看两组数据是否等精度，即是否具有方差齐性。

这个模式下的统计量 $F = \dfrac{M_{between}}{M_{within}}$，根据自由度（$\gamma_1$ 和 γ_2）以及给定的置信水平 α，可由 F 分布临界值查表得到相对应的数据 F_α，若 $F < F_\alpha$，则认为组间数据无差异。

可由组间均方和组内均方以及 n 计算单元间标准偏差 s_{bb}，并作为单元间不均匀性引入的不确定度分量：

$$s_{bb}^2 = \max\left(\frac{M_{between} - M_{within}}{n}\right)$$

其中，当所测得的数据中没有需要剔除的数据的时候，n 就是每个单元重复测定的次数。

这里需要注意的是，S_{bb} 为单元间标准偏差，除以总平均值，得到相对标准偏差。

与此同时，应该计算组内标准偏差 $S_r = \sqrt{M_{within}}$，如果 $S_r \gg S_{bb}$，则认为其不能对较低的单元间不均匀性提供足够的证据，此时，需要采用下式计算单元间均匀性引入的不确定度：

$$U_{bb} = \sqrt[4]{\frac{2}{V_{M_{within}}}} \sqrt{\frac{M_{within}}{n}}$$

该表达式可以看作单元间标准偏差的标准不确定度的估计值，建议采用单元间和单元内标准偏差的较大值来作为不均匀性引入的不确定度。

单因素方差分析法是较为常用的一种分析方法，计算过程较为简单。

（2）随机区组法，即无重复性双因素方差分析法 这种分析方法的特点是：按照随机区组设计的原则来分析两个因素对试验结果的影响作用。其中一个因素称为处理因素，一般作为列因素，另一个因素称为区组因素或者配伍组因素，一般作为行因素。两个因素互相独立，且无交互影响，即无重复性，故为无重复性双因素方差分析法。双因素方差分析使用的样本例数较少，分析效率高，是一种经常使用的分析方法。

但是，双因素方差分析的设计对选择受试对象及试验条件等方面要求较为严格，应用该设计方法时要十分注意。

该设计方法中，总变异（$SS_总$）可以分为三个部分，如下式所示：

$$SS_总 = SS_{处理} + SS_{区间} + SS_{误差}$$

式中　$SS_总$——由处理因素、区组因素和随机误差的综合作用形成；总变异是不考虑将数据按照任何方向分组的；

SS$_{处理}$——由各处理组之间的变异所致，可由处理因素的作用所致；是将数据按照纵向（列）分为各个组，考察各个组之间的误差；

SS$_{区间}$——由区组因素的作用所致；是将数据按照横向（行）分为各个组，区组变异是指每一区组的样本均数各不相同，它与总均数也不相同；

SS$_{误差}$——由个体差异和测量误差等随机因素所致。

（3）平衡嵌套设计　平衡嵌套设计又被称为巢式设计（Nested design），或者系统分组设计（Hierarchal classification）。这种设计在所分的大组内，又可以分为各个亚组。根据测定所涉及的因素不同，嵌套设计可以分为二组或者多组。

下面举例说明：如将全部所涉及的 k 个因素按照主次排列，分别称为1级，2级，……，直至 k 级。再将总离差平方和及自由度进行分解，在这个过程中，其计算思路可以和一般的方差分析相同。有所不同的是分解法有明显的区别，其侧重于主要因素，第 i 级因素的显著与否，是分别采用第 i 级与第 $i+1$ 级因素的均方为分子和分母来构造 F 统计量，通过与一定置信水平下的 F 检验结果进行比较而判定的。

平衡嵌套设计从概念和计算方法上来讲，比较适用于样品本身、样品制作或者是测定中不可忽略的影响因素较多的情况下使用。

此外，还有一些其他的检验方法。值得一提的是，现在很多检验方法都可以通过 SPSS 等方差分析软件直接计算，还有一些专门为统计计算开发的网站，标准物质研制者可以利用各种工具，将原始数据输入后，快速得到统计学计算结果。但是，无论软件计算和工具计算有多便捷，整个计算过程的来龙去脉，以及每一个统计学结果的数值变化背后的意义，还是需要充分掌握，不然工具也只是一个工具，无法发挥出其深层次的含义。

（三）白肋烟中无机阴离子成分分析标准物质均匀性检验

氯离子、硫酸根、硝酸根和磷酸根这几种无机阴离子都是烟草内源性成分，样品在制备过程中经过研磨、过筛、混匀后，可以直接采用仪器测定，这期间涉及的测定要素都较为简单，这个操作过程所涉及的人员、设备、物料等因素较为稳定可控，且随外界影响和波动有限。因此，采用单因素方差分析法对均匀性进行检验。

采用 F 检验法，即方差齐性分析进行检验，白肋烟无机阴离子均匀性检验测试结果见表4-47到表4-50，方差分析及统计结果见表4-51。由表4-51

可以看出，对于本标准样品的 4 种成分，F 检验结果小于 $F_{0.05}$（11，24），表明样品之间在 $\alpha = 0.05$ 水平下不存在显著性差异，分装后的标准物质均匀性良好。

此批样品经过均匀性初筛和分装后进行均匀性检验，基本完成均匀性评估的整个过程。

同时，计算由样品不均匀性引起的标准不确定度（S_H），按照下式计算：

$$S_H = \sqrt{\frac{1}{n}(S_{瓶间}^2 - S_{瓶内}^2)}$$

其中 $n = 3$；得到 S_H 的值以后，将其除以均匀性检验的总平均值，得到由样品不均匀性引起的相对标准不确定度 S_{rH}，见表 4-52。

表 4-47　白肋烟氯离子均匀性结果　　　　单位：%（质量分数）

样品编号	重复性测定结果			平均值	总平均值
	1	2	3		
1	2.054	2.037	2.038	2.043	
2	2.054	2.074	2.050	2.059	
3	2.044	2.074	2.086	2.068	
4	2.074	2.054	2.063	2.064	
5	2.044	2.044	2.076	2.055	
6	2.077	2.051	2.035	2.054	
7	2.082	2.097	2.062	2.081	2.058
8	2.061	2.046	2.090	2.066	
9	2.054	2.088	2.049	2.063	
10	2.009	2.054	2.024	2.029	
11	2.054	2.081	2.049	2.062	
12	2.076	2.044	2.038	2.053	

方差分析

方差来源	平方和（Q）	均方（S^2）	自由度（v）	F 检验结果	$F_{0.05(11,24)}$
瓶间	0.00557	0.000507	11	1.48	2.25
瓶内	0.00819	0.000341	24		
S_H		0.0074			
S_{rH}		0.36			

表 4-48　白肋烟硫酸根离子均匀性结果　　　　单位：%（质量分数）

样品编号	重复性测定结果			平均值	总平均值
	1	2	3		
1	1.359	1.362	1.361	1.361	
2	1.324	1.356	1.349	1.343	
3	1.347	1.363	1.351	1.354	
4	1.354	1.345	1.333	1.344	
5	1.323	1.352	1.349	1.341	
6	1.364	1.333	1.341	1.346	1.344
7	1.345	1.329	1.343	1.339	
8	1.323	1.334	1.348	1.335	
9	1.335	1.335	1.327	1.332	
10	1.351	1.332	1.330	1.338	
11	1.364	1.349	1.351	1.355	
12	1.331	1.343	1.362	1.345	

方差分析

方差来源	平方和（Q）	均方（S^2）	自由度（v）	F 检验结果	$F_{0.05(11,24)}$
瓶间	0.00234	0.000212	11	1.52	2.25
瓶内	0.00335	0.000140	24		
S_H		0.0049			
S_{rH}		0.37%			

表 4-49　白肋烟磷酸根离子均匀性结果　　　　单位：%（质量分数）

样品编号	重复性测定结果			平均值	总平均值
	1	2	3		
1	0.447	0.456	0.424	0.442	
2	0.450	0.423	0.465	0.446	
3	0.454	0.447	0.464	0.455	
4	0.459	0.452	0.475	0.462	
5	0.455	0.465	0.450	0.457	
6	0.466	0.466	0.466	0.466	0.458
7	0.469	0.449	0.466	0.461	
8	0.450	0.462	0.457	0.456	
9	0.443	0.471	0.459	0.458	
10	0.467	0.464	0.479	0.470	
11	0.460	0.467	0.476	0.468	
12	0.457	0.476	0.450	0.461	

续表

样品编号	重复性测定结果			平均值	总平均值
	1	2	3		
方差分析					
方差来源	平方和（Q）	均方（S^2）	自由度（v）	F 检验结果	$F_{0.05(11,24)}$
瓶间	0.00221	0.000201	11	1.66	2.25
瓶内	0.00335	0.000140	24		
S_H		0.0045			
S_{rH}		0.99			

表 4-50 白肋烟硝酸根离子均匀性结果 单位：%（质量分数）

样品编号	重复性测定结果			平均值	总平均值
	1	2	3		
1	2.706	2.690	2.726	2.707	
2	2.735	2.787	2.704	2.742	
3	2.710	2.721	2.752	2.728	
4	2.775	2.784	2.781	2.780	
5	2.770	2.747	2.726	2.747	
6	2.712	2.687	2.728	2.709	2.734
7	2.692	2.762	2.748	2.734	
8	2.691	2.712	2.721	2.708	
9	2.750	2.729	2.729	2.736	
10	2.712	2.780	2.759	2.750	
11	2.789	2.760	2.687	2.745	
12	2.726	2.718	2.705	2.716	
方差分析					
方差来源	平方和（Q）	均方（S^2）	自由度（v）	F 检验结果	$F_{0.05(11,24)}$
瓶间	0.01532	0.001393	11	1.47	2.25
瓶内	0.01866	0.000778	24		
S_H		0.0143			
S_{rH}		0.52			

表 4-51 白肋烟均匀性检验方差分析及检验结果

成分	平均值/%	$S^2_{瓶间}$	$S^2_{瓶内}$	F 检验结果	$F_{0.05}$ （11, 24）	S_H/%
氯	2.058	0.000507	0.000341	1.48	2.25	0.0074
硫酸根	1.344	0.000212	0.000140	1.52	2.25	0.0049
磷酸根	0.458	0.000234	0.000141	1.66	2.25	0.0045
硝酸根	2.734	0.001390	0.000778	1.79	2.25	0.0143

表 4-52 白肋烟不均匀性引入的相对标准不确定度

成分	S_{rH}/%	成分	S_{rH}/%
氯	0.36	磷酸根	0.99
硫酸根	0.37	硝酸根	0.52

二、烤烟均匀性检验

（一）样品的抽取

在标准物质制备过程中，已经对烤烟中的氯、硫酸根、磷酸根进行了均匀性初筛，结果良好，具体见本章第四节中的"三、均匀性初筛"。

根据 JJF 1343—2022，当批量单元数 $100<N\leqslant200$ 时，抽取的单元数 $\geqslant11$。该批制作的样品烤烟 G 和烤烟 D 分别为 191 瓶和 187 瓶，所以在样品分装的初始、中间和终点阶段分别随机抽取 4 瓶样品，共 12 瓶样品，进行均匀性检验，每瓶制备 3 个平行试样，并对每个试样进行编号。检测方法为本章第五节中的离子色谱法。

（二）均匀性检验

均匀性检验结果采用 F 检验法即方差齐性分析进行统计分析，均匀性检验测试结果见表 4-53~表 4-58，方差分析及统计结果见表 4-59 和表 4-60。由表 4-59 和表 4-60 可以看出，对于本标准物质的 3 种成分，F 检验结果小于 $F_{0.05}$ （11, 24），表明样品之间在 $\alpha=0.05$ 水平下不存在显著性差异，分装后的标准物质均匀性良好。

同时计算由样品不均匀性引起的标准不确定度，按照下式计算：

$$S_H = \sqrt{\frac{1}{n}(S^2_{瓶间} - S^2_{瓶内})}$$

其中 $n=3$；得到 S_H 的值以后，将其除以均匀性检验的总平均值，得到由样品不均匀性引起的相对标准不确定度 S_{rH}，见表 4-61。

表 4-53　烤烟 G 氯离子均匀性结果　　　　　　　单位：%（质量分数）

样品编号	重复性测定结果			平均值	总平均值
	1	2	3		
1	0.876	0.873	0.856	0.869	
2	0.866	0.864	0.846	0.859	
3	0.868	0.867	0.874	0.870	
4	0.856	0.858	0.869	0.861	
5	0.859	0.856	0.859	0.858	
6	0.881	0.862	0.871	0.871	0.866
7	0.883	0.874	0.853	0.870	
8	0.863	0.839	0.865	0.856	
9	0.868	0.864	0.875	0.869	
10	0.888	0.867	0.892	0.883	
11	0.859	0.860	0.864	0.861	
12	0.880	0.856	0.860	0.866	

方差分析

方差来源	平方和（Q）	均方（S^2）	自由度（v）	F 检验结果	$F_{0.05}$（11，24）
瓶间	0.00187	0.000170	11	1.69	2.25
瓶内	0.00242	0.000101	24		
S_H		0.0048			
S_{rH}		0.55			

表 4-54　烤烟 G 硫酸根离子均匀性结果　　　　　　单位：%（质量分数）

样品编号	重复性测定结果			平均值	总平均值
	1	2	3		
1	1.144	1.136	1.131	1.137	
2	1.152	1.144	1.143	1.146	
3	1.146	1.141	1.139	1.142	
4	1.117	1.142	1.146	1.135	
5	1.126	1.137	1.157	1.140	
6	1.166	1.138	1.150	1.151	1.148
7	1.165	1.166	1.134	1.155	
8	1.159	1.138	1.145	1.147	
9	1.158	1.185	1.157	1.167	
10	1.176	1.144	1.174	1.165	
11	1.146	1.156	1.157	1.153	
12	1.160	1.135	1.136	1.144	

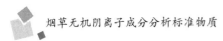

续表

样品编号	重复性测定结果			平均值	总平均值
	1	2	3		
方差分析					
方差来源	平方和（Q）	均方（S^2）	自由度（v）	F 检验结果	$F_{0.05}$（11，24）
瓶间	0.00335	0.000305	11	1.80	2.25
瓶内	0.00407	0.000170	24		
S_H		0.0067			
S_{rH}		0.58			

表 4-55　烤烟 G 磷酸根离子均匀性结果　　　　单位：%（质量分数）

样品编号	重复性测定结果			平均值	总平均值
	1	2	3		
1	0.890	0.904	0.892	0.895	
2	0.921	0.905	0.911	0.912	
3	0.895	0.878	0.889	0.887	
4	0.867	0.883	0.879	0.876	
5	0.890	0.898	0.894	0.894	
6	0.887	0.897	0.897	0.894	0.893
7	0.894	0.915	0.878	0.896	
8	0.914	0.880	0.878	0.891	
9	0.888	0.903	0.913	0.902	
10	0.901	0.888	0.905	0.898	
11	0.868	0.893	0.899	0.887	
12	0.901	0.884	0.881	0.889	
方差分析					
方差来源	平方和（Q）	均方（S^2）	自由度（v）	F 检验结果	$F_{0.05}$（11，24）
瓶间	0.00257	0.000234	11	1.66	2.25
瓶内	0.00338	0.000141	24		
S_H		0.0056			
S_{rH}		0.62			

表 4-56　烤烟 D 氯离子均匀性结果　　　　　单位：%（质量分数）

样品编号	重复性测定结果			平均值	总平均值
	1	2	3		
1	0.267	0.298	0.287	0.284	
2	0.272	0.269	0.273	0.271	
3	0.268	0.270	0.265	0.268	
4	0.266	0.266	0.275	0.269	
5	0.267	0.273	0.266	0.269	
6	0.268	0.268	0.285	0.273	
7	0.267	0.267	0.264	0.266	0.270
8	0.271	0.269	0.267	0.269	
9	0.270	0.268	0.272	0.270	
10	0.249	0.273	0.262	0.261	
11	0.268	0.266	0.282	0.272	
12	0.257	0.267	0.277	0.267	

方差分析

方差来源	平方和（Q）	均方（S^2）	自由度（v）	F 检验结果	$F_{0.05}$（11，24）
瓶间	0.000976	0.0000887	11	1.47	2.25
瓶内	0.001447	0.0000603	24		
S_H		0.0031			
S_{rH}		1.10			

表 4-57　烤烟 D 硫酸根离子均匀性结果　　　　　单位：%（质量分数）

样品编号	重复性测定结果			平均值	总平均值
	1	2	3		
1	1.144	1.126	1.166	1.145	
2	1.135	1.131	1.130	1.132	
3	1.126	1.137	1.144	1.135	
4	1.127	1.131	1.150	1.136	
5	1.133	1.148	1.113	1.131	
6	1.151	1.137	1.185	1.158	
7	1.131	1.153	1.153	1.145	1.142
8	1.161	1.135	1.171	1.156	
9	1.133	1.132	1.131	1.132	
10	1.125	1.142	1.130	1.132	
11	1.171	1.148	1.159	1.159	
12	1.141	1.131	1.151	1.141	

续表

样品编号	重复性测定结果			平均值	总平均值
	1	2	3		
方差分析					
方差来源	平方和（Q）	均方（S^2）	自由度（v）	F检验结果	$F_{0.05}$（11，24）
瓶间	0.00377	0.000343	11	1.74	2.25
瓶内	0.00474	0.000198	24		
S_H		0.0069			
S_{rH}		0.61			

表4-58　烤烟 D 磷酸根离子均匀性结果　　　　单位：%（质量分数）

样品编号	重复性测定结果			平均值	总平均值
	1	2	3		
1	0.363	0.359	0.375	0.366	
2	0.365	0.368	0.353	0.362	
3	0.359	0.368	0.364	0.364	
4	0.390	0.365	0.370	0.375	
5	0.364	0.371	0.354	0.363	
6	0.367	0.366	0.372	0.368	0.369
7	0.374	0.395	0.388	0.386	
8	0.362	0.371	0.369	0.367	
9	0.376	0.379	0.375	0.376	
10	0.350	0.379	0.373	0.367	
11	0.373	0.371	0.383	0.376	
12	0.360	0.350	0.380	0.363	
方差分析					
方差来源	平方和（Q）	均方（S^2）	自由度（v）	F检验结果	$F_{0.05}$（11，24）
瓶间	0.00171	0.000156	0.00171	1.75	2.25
瓶内	0.00214	0.000089	0.00214		
S_H		0.0047			
S_{rH}		1.30			

表4-59 烤烟 G 均匀性检验结果

成分	平均值/%	$S_{瓶间}^2$	$S_{瓶内}^2$	F 检验结果	$F_{0.05}$ (11, 24)	$S_H/\%$
氯	0.866	0.000170	0.000101	1.69	2.25	0.0048
硫酸根	1.148	0.000305	0.000170	1.80	2.25	0.0067
磷酸根	0.893	0.000234	0.000141	1.66	2.25	0.0056

表4-60 烤烟 D 均匀性检验结果

成分	平均值/%	$S_{瓶间}^2$	$S_{瓶内}^2$	F 检验结果	$F_{0.05}$ (11, 24)	$S_H/\%$
氯	0.27	0.0000887	0.0000603	1.47	2.25	0.0031
硫酸根	1.142	0.000343	0.000198	1.74	2.25	0.0067
磷酸根	0.369	0.000156	0.000089	1.75	2.25	0.0056

表4-61 两种烤烟不均匀性引入的相对标准不确定度

成分	$S_{rH}/\%$	
	烤烟 G	烤烟 D
氯	0.55	1.10
硫酸根	0.58	0.61
磷酸根	0.62	1.30

三、香料烟均匀性检验

(一) 样品抽取

在标准物质制备过程中,已经对香料烟中的氯、硫酸根、磷酸根、硝酸根进行了均匀性初筛,结果良好,具体见本章第四节中的"三、均匀性初筛"。

根据 JJF 1343—2022,当批量单元数 $100 < N \leqslant 200$ 时,抽取的单元数 $\geqslant 11$。该批制作的香料烟样品共分装 188 瓶,在样品分装的初始、中间和终点阶段分别随机抽取 4 瓶样品,共 12 瓶样品,进行均匀性检验,每瓶制备 3 个平行试样,并对每个试样进行编号。检测方法为本章第五节中的离子色谱法。

(二) 均匀性检验

均匀性检验结果采用 F 检验法即方差齐性分析进行统计分析,均匀性检验测试结果见表 4-62 到表 4-65,方差分析及统计结果见表 4-66。由

表4-66可以看出,对于本标准样品的3种成分 F 检验结果小于 $F_{0.05}$(11,24),表明样品之间在 $\alpha=0.05$ 水平下不存在显著性差异,分装后的标准物质均匀性良好。

同时计算由样品不均匀性引起的标准不确定度,按照下式计算:

$$S_H = \sqrt{\frac{1}{n}(S_{瓶间}^2 - S_{瓶内}^2)}$$

其中 $n=3$;得到 S_H 的值以后,将其除以均匀性检验的总平均值,得到由样品不均匀性引起的相对标准不确定度 S_{rH},见表4-67。

表4-62　香料烟氯离子均匀性结果　　　　　单位:%(质量分数)

样品编号	重复性测定结果			平均值	总平均值
	1	2	3		
1	1.464	1.432	1.443	1.446	
2	1.450	1.458	1.449	1.452	
3	1.444	1.439	1.474	1.453	
4	1.437	1.471	1.457	1.455	
5	1.450	1.445	1.435	1.443	
6	1.451	1.449	1.456	1.452	1.446
7	1.427	1.425	1.441	1.431	
8	1.438	1.436	1.448	1.441	
9	1.416	1.442	1.446	1.435	
10	1.440	1.438	1.435	1.438	
11	1.466	1.436	1.450	1.451	
12	1.446	1.458	1.447	1.451	

方差分析

方差来源	平方和(Q)	均方(S^2)	自由度(v)	F 检验结果	$F_{0.05}$(11,24)
瓶间	0.002054	0.000187	11	1.35	2.25
瓶内	0.003321	0.000138	24		
S_H		0.0040			
S_{rH}		0.28			

表 4-63　香料烟硫酸根离子均匀性结果　　　　　单位：%（质量分数）

样品编号	重复性测定结果			平均值	总平均值
	1	2	3		
1	1.773	1.830	1.771	1.791	
2	1.799	1.793	1.787	1.793	
3	1.777	1.780	1.785	1.781	
4	1.807	1.805	1.795	1.802	
5	1.793	1.792	1.757	1.781	
6	1.820	1.775	1.765	1.787	
7	1.780	1.806	1.780	1.789	1.795
8	1.805	1.800	1.820	1.808	
9	1.809	1.791	1.798	1.799	
10	1.810	1.832	1.833	1.825	
11	1.787	1.796	1.796	1.793	
12	1.783	1.786	1.797	1.789	

方差分析

方差来源	平方和（Q）	均方（S^2）	自由度（v）	F 检验结果	$F_{0.05}$ (11, 24)
瓶间	0.005225	0.000475	11		
瓶内	0.006255	0.000261	24	1.82	2.25
S_H		0.0085			
S_{rH}		0.47			

表 4-64　香料烟磷酸根离子均匀性结果　　　　　单位：%（质量分数）

样品编号	重复性测定结果			平均值	总平均值
	1	2	3		
1	0.630	0.630	0.613	0.624	
2	0.605	0.614	0.602	0.607	
3	0.605	0.622	0.615	0.614	
4	0.601	0.632	0.607	0.613	
5	0.592	0.612	0.643	0.616	
6	0.598	0.608	0.608	0.605	
7	0.632	0.607	0.611	0.617	0.621
8	0.642	0.633	0.592	0.622	
9	0.632	0.624	0.628	0.628	
10	0.632	0.643	0.634	0.636	
11	0.646	0.622	0.632	0.633	
12	0.622	0.658	0.632	0.637	

续表

样品编号	重复性测定结果			平均值	总平均值
	1	2	3		
方差分析					
方差来源	平方和（Q）	均方（S^2）	自由度（v）	F 检验结果	$F_{0.05}$（11，24）
瓶间	0.003971	0.000361	11	1.67	2.25
瓶内	0.005192	0.000216	24		
S_H		0.0069			
S_{rH}		1.12			

表 4-65　香料烟硝酸根离子均匀性结果　　　　单位：%（质量分数）

样品编号	重复性测定结果			平均值	总平均值
	1	2	3		
1	0.069	0.079	0.073	0.074	
2	0.071	0.076	0.073	0.073	
3	0.075	0.071	0.070	0.072	
4	0.077	0.073	0.069	0.073	
5	0.071	0.068	0.073	0.071	
6	0.078	0.071	0.074	0.074	0.073
7	0.078	0.074	0.079	0.077	
8	0.071	0.070	0.074	0.072	
9	0.070	0.078	0.073	0.074	
10	0.070	0.073	0.072	0.072	
11	0.067	0.068	0.070	0.068	
12	0.071	0.077	0.072	0.073	
方差分析					
方差来源	平方和（Q）	均方（S^2）	自由度（v）	F 检验结果	$F_{0.05}$（11，24）
瓶间	0.000147	0.000013	11	1.77	2.25
瓶内	0.000234	0.000010	24		
S_H		0.0011			
S_{rH}		1.51			

表 4-66　香料烟均匀性检验方差分析及检验结果

成分	平均值/%	$S_{瓶间}^2$	$S_{瓶内}^2$	F 检验结果	$F_{0.05}$（11，24）	S_H/%
氯	1.446	0.000187	0.000138	1.35	2.25	0.0040
硫酸根	1.795	0.000475	0.000261	1.82	2.25	0.0085
磷酸根	0.621	0.000361	0.000216	1.67	2.25	0.0069
硝酸根	0.073	0.000013	0.000010	1.77	2.25	0.0011

表 4-67　香料烟不均匀性引入的相对标准不确定度

成分	S_{rH}/%	成分	S_{rH}/%
氯	0.28	磷酸根	1.12
硫酸根	0.47	硝酸根	1.51

四、烟草薄片均匀性检验

（一）样品抽取

在标准物质制备过程中，已经对烟草薄片中的氯离子、硫酸根离子、磷酸根离子、硝酸根离子进行了均匀性初筛，结果良好，具体见本章第四节中的"三、均匀性初筛"。

该批制作的样品薄片分装 179 瓶，在样品分装的初始、中间和终点阶段分别随机抽取 4 瓶样品，共 12 瓶样品，进行均匀性检验，每瓶制备 3 个平行试样，并对每个试样进行编号。检测方法为本章第五节中的离子色谱法。

（二）均匀性检验

均匀性检验结果采用 F 检验法即方差齐性分析进行统计分析，均匀性检验测试结果见表 4-68 到表 4-71，方差分析及统计结果见表 4-72。由表 4-72 可以看出，对于本标准样品的 3 种成分 F 检验结果小于 $F_{0.05}$（11，24），表明样品之间在 $\alpha=0.05$ 水平下不存在显著性差异，分装后的标准物质均匀性良好。

同时计算由样品不均匀性引起的标准不确定度，按照下式计算：

$$S_H = \sqrt{\frac{1}{n}(S_{瓶间}^2 - S_{瓶内}^2)}$$

其中 $n=3$；得到 S_H 的值以后，将其除以均匀性检验的总平均值，得到由样品不均匀性引起的相对标准不确定度 S_{rH}，见表 4-73。

表 4-68　烟草薄片氯离子均匀性结果　　　　　单位：%（质量分数）

样品编号	重复性测定结果			平均值	总平均值
	1	2	3		
1	0.910	0.954	0.920	0.928	
2	0.953	0.956	0.955	0.955	
3	0.960	0.930	0.900	0.930	
4	0.947	0.955	0.952	0.951	
5	0.951	0.920	0.900	0.924	
6	0.930	0.910	0.953	0.931	0.943
7	0.955	0.955	0.951	0.954	
8	0.943	0.945	0.952	0.947	
9	0.952	0.949	0.954	0.952	
10	0.947	0.947	0.954	0.949	
11	0.946	0.943	0.947	0.945	
12	0.950	0.952	0.949	0.950	

方差分析

方差来源	平方和（Q）	均方（S^2）	自由度（v）	F 检验结果	$F_{0.05(11,24)}$
瓶间	0.004721	0.000429	11	1.94	2.25
瓶内	0.005301	0.000221	24		
S_H		0.0083			
S_{rH}		0.88			

表 4-69　烟草薄片硫酸根离子均匀性结果　　　　　单位：%（质量分数）

样品编号	重复性测定结果			平均值	总平均值
	1	2	3		
1	0.678	0.679	0.679	0.679	
2	0.675	0.680	0.679	0.678	
3	0.679	0.676	0.678	0.678	
4	0.674	0.678	0.678	0.677	
5	0.678	0.705	0.687	0.690	
6	0.687	0.682	0.682	0.684	0.689
7	0.690	0.693	0.725	0.703	
8	0.690	0.709	0.710	0.703	
9	0.685	0.724	0.690	0.699	
10	0.680	0.693	0.729	0.701	
11	0.675	0.712	0.684	0.690	
12	0.680	0.690	0.700	0.690	

续表

样品编号	重复性测定结果			平均值	总平均值
	1	2	3		
方差分析					
方差来源	平方和（Q）	均方（S^2）	自由度（v）	F计算结果	$F_{0.05}$（5，12）
瓶间	0.003412	0.000310	11	1.63	2.25
瓶内	0.004572	0.000191	24		
S_H		0.0063			
S_{rH}		0.92			

表 4-70　烟草薄片磷酸根离子均匀性结果　　　　单位：%（质量分数）

样品编号	重复性测定结果			平均值	总平均值
	1	2	3		
1	0.370	0.377	0.376	0.374	
2	0.378	0.374	0.371	0.375	
3	0.375	0.376	0.377	0.376	
4	0.373	0.377	0.375	0.375	
5	0.383	0.395	0.387	0.388	
6	0.382	0.380	0.386	0.383	
7	0.379	0.383	0.381	0.381	0.382
8	0.350	0.381	0.400	0.377	
9	0.387	0.385	0.384	0.386	
10	0.386	0.388	0.389	0.388	
11	0.391	0.387	0.390	0.389	
12	0.400	0.392	0.370	0.387	
方差分析					
方差来源	平方和（Q）	均方（S^2）	自由度（v）	F计算结果	$F_{0.05}$（5，12）
瓶间	0.001163	0.000106	11	1.31	2.25
瓶内	0.001934	0.000081	24		
S_H		0.0029			
S_{rH}		0.76			

表 4-71　烟草薄片硝酸根离子均匀性结果　　　　单位: %（质量分数）

样品编号	重复性测定结果			平均值	总平均值
	1	2	3		
1	0.374	0.350	0.374	0.366	
2	0.357	0.353	0.350	0.353	
3	0.340	0.373	0.350	0.354	
4	0.351	0.355	0.364	0.357	
5	0.373	0.362	0.364	0.366	
6	0.351	0.373	0.344	0.356	0.360
7	0.356	0.358	0.353	0.356	
8	0.375	0.363	0.373	0.370	
9	0.375	0.374	0.377	0.375	
10	0.353	0.375	0.345	0.357	
11	0.361	0.361	0.361	0.361	
12	0.340	0.350	0.361	0.350	

方差分析

方差来源	平方和（Q）	均方（S^2）	自由度（v）	F 计算结果	$F_{0.05}$（5, 12）
瓶间	0.001947	0.000177	11		
瓶内	0.002407	0.000100	24	1.77	2.25
S_H		0.0051			
S_{rH}		1.40			

表 4-72　烟草薄片均匀性检验方差分析及检验结果

成分	平均值/%	$S^2_{瓶间}$	$S^2_{瓶内}$	F 检验结果	$F_{0.05}$（11, 24）	S_H/%
氯	0.943	0.000429	0.000221	1.94	2.25	0.0083
硫酸根	0.689	0.000310	0.000191	1.63	2.25	0.0063
磷酸根	0.382	0.000106	0.000081	1.31	2.25	0.0029
硝酸根	0.360	0.000177	0.000100	1.77	2.25	0.0051

表 4-73　烟草薄片不均匀性引入的相对标准不确定度

成分	S_{rH}/%	成分	S_{rH}/%
氯	0.88	磷酸根	0.76
硫酸根	0.92	硝酸根	1.40

第七节　稳定性检验

一、标准物质的稳定性概述

在前文中已经讲到过，标准物质的稳定性是用来描述标准物质特性量值随时间变化的特性，是指标准物质长时间储存或者短时间运输时，在外界环境条件的影响下，物理化学性质和特性量值保持不变的能力。稳定性评估一般是在均匀性评估之后进行的。

关于稳定性评估，其较为规范化的定义为：在规定的时间间隔和环境条件下，标准物质的特性量值保持在规定范围内的性质。这个规定的时间间隔可以是半个月或者一个月，就是短期；也可以是半年或者一年，就是长期。从这个解释中可以看出，标准物质研制中，既需要对短期稳定性进行考察，也需要对长期稳定性进行考察。

短期稳定性，又称为运输稳定性，需要研究运输及转移过程中对环境的要求。具体是对分装后标准样品进行高温、高湿、光照等试验，并设置一定的时间节点，对经历过上述条件的样品进行检测，以考察标准样品的含量成分随时间的变化趋势。短期稳定性还应该考虑到因样品运输造成的所有额外的影响，这里面包含的因素较多，但是在考察过程中，建议采用比预期运输条件更为极端的条件，去开展短期稳定性评估。

长期稳定性则是在样品规定的储存条件下，在一个相当长的时间内，考察样品性质、量值稳定的时间间隔。国家一级标准物质长期稳定性要求为12个月以上，国家二级标准物质长期稳定性要求为6个月以上。长期稳定性的考察方法与短期稳定性有相同点，也有不同点。相同点是都是对样品展开一定时间间隔的测试，测试方法也可以相同。不同点除了考察的时间总间隔不同之外，对于整个考察期的阶段点的选择也有一定差异。对于长期稳定性和短期稳定性考察，需要制定不同稳定性考察的监测计划。每个考察期的阶段点个数基本上没有特别的限制，当然，这也与考察期总长度有关，但是，考察点数不能过少。否则，在对数据进行统计学计算时，数据结论的说服力不够，显得考察过程过于简单。对于稳定性先验信息较少的样品，观测间隔点可以采用先密后疏的原则。

除了长期稳定性研究和短期稳定性研究之外，还有实时稳定性研究和加速稳定性研究。这两种考察方式应该都不属于经典的稳定性研究范例，都是为了某些特殊的用途，如加速稳定性，就是为了能够缩短标准物质研发和供应时间，采用的是比经典的短期或者长期稳定性研究的更为极端的条件，开展多组试验，以诱导出比预期储存条件更快速的变化。

对于长期稳定性研究中的总时间间隔来讲，规定的期限越长，表明标准物质的稳定性越好。这个期限被称为标准物质的有效期。这一点需要体现在标准物质证书中，一般在证书封面就要体现出来，具体参照 JJF 1186—2018《标准物质证书和标签要求计量技术规范》。在证书中需要给出有效期明确时间节点，初始日期一般需要研制者谨慎制定。便于引导用户对标准物质合理使用。而短期稳定性在证书中不需要给出具体日期，只说明所研究测试的时间间隔，以及在这个时间间隔中研究测试的结果与结论。

此外，标准物质研制者应该对研制的标准物质制定监测计划，定期开展量值监测，这其实也是较易忽略的一点。就是说，标准物质的研制，不是一蹴而就的，对于一些特殊类型的标准物质，虽然按照稳定性考察，经过了一定时间内的监测，但是任何方案都不是十全十美的，很多不可预测的因素仍需要考虑进去，如果所研制的标准物质在某些性质方面还存在一些不稳定性，其定期的监测，有助于研制者更好地掌握所研制的标准物质各种性状的变化趋势。如果在监测过程中发现量值变化，应及时通知标准物质使用单位。

二、稳定性研究样品的选择

选择稳定性研究样品也可以利用均匀性研究中的样品抽取工具，如随机数表和 Excel 中的随机数生成器，具体使用方法见本章第五节。

三、稳定性研究模型设计

在标准物质稳定性研究中，较为常用的一种模型就是线性近似模型。尽管该模型计算过程可以借助运算工具直接得到统计学结果，但是，对于标准物质研制者，应确切理解本模型基本原理，及各计算参数的含义。

线性近似模型是一个二维模型，包括 x 和 y 两个变量，可以在生物学、经济学、工程和管理等众多领域应用中找到它的身影。具体在标准物质的稳定性研究上，x 代表的是测试的时间点，其单位为天/周或月，y 代表的是在这个时间点上该样品多次重复测定的平均值。这个重复的次数要根据之前均匀性检验结果进行调整，当所制得的批均匀性所带来的不确定度较高时，应适当提高样品重复测定的次数。

线性近似模型实际上就是对 x 和 y 两个变量进行直线拟合，假设在一个变量以一定趋势变化时（对于 x 来讲，时间的增加就是一种不可逆的趋势），考察另外一个变量的变化是否在直线拟合条件下也存在同样的趋势。直线只是一个趋势的外观呈现。如果和 0 相比，这个趋势（对于直线拟合来讲，就是直线的斜率）通过统计学检验是显著的，那么我们就认为所考察的 y 变量存在一定的变化趋势，稳定性不能得到满足。如果这个趋势是不显著的，那么就是通过了稳定性检验。这里最终用到的统计学参数为 t，可通过查表得到。

这个线性拟合模型如下式：

$$y = b_0 + b_1 x + \varepsilon$$

式中　b_0——拟合直线的截距；

　　　b_1——斜率；

　　　ε——误差项，一般假设其满足平均值是 0 的正态分布。

将具体的 x 和 y 变量值分别代入上式，采用线性最小二乘法计算得到斜率和截距的真值的估计值，以及相应的标准偏差 $s(b_0)$ 和 $s(b_1)$。

其中，斜率和截距计算公式如下：

$$b_1 = \frac{\sum_{i=1}^{n}(x_i - \bar{x})(y_i - \bar{y})}{\sum_{i=1}^{n}(x_i - \bar{x})(x_i - \bar{x})}$$

$$b_0 = \bar{y} - \bar{x}b_1$$

式中　$\bar{x}$——所有时间点的平均值；

　　　$\bar{y}$——所有观测值的平均值。

直线上每个点的标准差为：

$$s = \sqrt{\frac{\sum_{i=1}^{n}(y_i - b_0 - x_i b_1)^2}{n - 2}}$$

斜率的标准偏差为：

$$s(b_1) = \frac{s}{\sqrt{\sum_{i=1}^{n}(x_i - \bar{x})^2}}$$

与此同时，也可以得到截距的标准偏差：

$$s(b_0) = s(b_1)\sqrt{\dfrac{\sum\limits_{i=1}^{n} x_i}{n}}$$

以上统计学结果计算之后，可以计算残差 ε，对时间绘图，找到异常值；然后，检查残差是否符合正态分布；前面提到，ε 一般都假设符合正态分布。但是对其进行正态分布考察是一个较为稳妥的方式。最后，如果上述步骤都确认无误，采用经分布函数所得的 t 值对结果进行判断，具体是考察斜率与斜率的标准偏差之比作为计算得到的统计值，并与查表得到的 t 值进行比较，如果计算值大于检验值。则存在显著性差异，如果计算值小于检验值，则直线斜率不显著，稳定性通过。

四、白肋烟稳定性检验

（一）短期稳定性

白肋烟无机阴离子标准样品包装形式为真空密闭包装，夏季一般都是加冰运输，因此，温度是影响短期稳定性的主要因素。在这个试验中，短期稳定性考察，仅限于高温对该物质特性的影响。试验考察了该标准物质在高于常温的 60℃条件下，第 0，7，14 天氯、硫酸根、磷酸根和硝酸根含量的变化情况。

取 6 瓶样品，其中 2 瓶直接测试，另外 4 瓶置于温度设置为 60℃的烘箱中，第 7 天从烘箱中取出 2 瓶进行测试，第 14 天将最后的 2 瓶取出测试。每次测试每瓶样品重复测定 2 次，检测方法为本章第五节中离子色谱法，测定结果见表 4-74。

表 4-74　白肋烟短期稳定性测试数据

测试时间	时间（x）/d	氯（y）/%	硫酸根（y）/%	磷酸根（y）/%	硝酸根（y）/%
2021.4.16	0	2.046	1.331	0.449	2.698
2021.4.23	7	2.071	1.355	0.458	2.769
2021.4.30	14	2.044	1.332	0.447	2.711

采用直线拟合方式对短期稳定性进行检验，以测试时间（天）为 x，测量结果为 y，通过直线拟合得到拟合直线的斜率 b_1 和截距 b_0，计算直线各个点的标准差和斜率的标准偏差 $s(b_1)$。

通过比较斜率的绝对值 $|b_1|$ 和 $s(b_1) \cdot t$ 来判断稳定性，如果 $|b_1| <$

$s(b_1) \cdot t$，则认为所拟合的直线斜率不显著，这一期间测定结果稳定性良好。

自由度为 $(n-2) = 1$，置信水平 $p = 0.95$（95%置信水平），$t_{(0.05,1)} = 12.71$。样品检验统计结果见表4-75，得到拟合直线的斜率不显著，说明样品在短期稳定性良好，样品密闭真空包装的形式和夏季加冰运输的条件，能够保证样品运输及转移过程中对环境的一般要求。

表4-75　白肋烟短期稳定性检验统计结果

成分	均值/%	直线拟合方程	$|b_1|$	$s(b_1)$	比较	结论
氯	2.054	$y = 2.055 - 0.000143x$	0.000143	0.002144	$|b_1| < s(b_1) \cdot t$	斜率不显著
硫酸根	1.339	$y = 1.339 + 0.000071x$	0.000071	0.001938	$|b_1| < s(b_1) \cdot t$	斜率不显著
磷酸根	0.451	$y = 0.452 - 0.000143x$	0.000143	0.000825	$|b_1| < s(b_1) \cdot t$	斜率不显著
硝酸根	2.726	$y = 2.720 + 0.000929x$	0.005320	0.003835	$|b_1| < s(b_1) \cdot t$	斜率不显著

短期稳定性考察时间为14d，则短期稳定性引起的标准不确定度 (s_t) 以下式计算：

$$s_t = s(b_1) \cdot t$$

其中，$t = 14$，这个值除以均值，即为相对标准不确定度 s_{rt}。

白肋烟不同成分短期稳定性所贡献的不确定度见表4-76。

表4-76　白肋烟短期稳定性不确定度

成分	$s_t/\%$	$s_{rt}/\%$
氯	0.0300	1.46
硫酸根	0.0271	2.03
磷酸根	0.0115	2.56
硝酸根	0.0745	2.73

为了避免在标准样品的使用过程中一些不确定性因素被引入，造成标准样品量值变化，一般标准样品的包装规格，建议满足一次性使用即可。对于一些本身性状不太稳定的物质，反复开盖等操作必然会导致其中某些性质的变化，而对于缺乏先验经验的一些物质，则存在不确定性。因此，保险起见，样品开封后使用时间、使用方式及环境要求均需要经过试验验证，证实某些操作不会导致量值的变化；还有一些样品，在测试过程中就会受到温度或者放置时间的影响。比如烟气中氨的测定，进样器中等待的样品过多时，排在序列较后端的样品就有可能受到温度和时间的影响，含量发生改变，此时，

需要调整进样器温控器，确定最适宜的温度条件，或者是规定一次性进样时间和进样量，保证所有样品在规定的时间内完成测定。所有这些内容也可以认为是与标准物质稳定性相关的使用说明，在标准物质证书中都需要体现。

烟草中无机阴离子在水溶液中较为稳定，使用离子色谱法测定时，单个样品的测试时间不超过50min，使用连续流动法测定时，单个样品测试时间不超过30min，其他一些检测方法，如离子选择性电极、滴定法等，测试时间也在1h以内。这一点和一些需要酶的方法等测定的对象有所不同。但是，一般不建议样品萃取液超过24h测定。测试温度也需要有一定的控制，因为烟草水萃液本身也是富含有机质的溶液，温度升高会促进一些有机质或微生物的快速生长，给测定带来潜在的不确定性，当然，如果需要搞清楚这些不确定性的具体情况以及其对于测定或者是量值的影响，需要通过更进一步的试验验证。有一个原则是，经过试验验证后的趋势和注意事项，都需要在标准物质证书中说明，对使用者提供合理的警示与引导。

在这个研究中，除了14d的短期稳定性考察，主要考察了白肋烟在开封后24h内含量的变化。取2瓶样品，分别在2个条件内进行前处理，每个样品平行测定两次，取总平均值。

条件1：低温（-20℃）条件下取出，开封后立刻进行前处理，同时做水分测定，剩余样品盖上盖子，放置于室温（25℃）。

条件2：距离第一次开封22h，此时样品恢复至室温，打开样品瓶盖子，进行前处理，同时做水分测定。

测定结果见表4-77。

表4-77　白肋烟两种条件下短期稳定性测定结果　　　　单位：%

条件	氯	硫酸根	硝酸根	磷酸根	水分
1	2.06	1.35	2.76	0.43	7.84
2	2.07	1.34	2.75	0.44	7.85

由表4-77可知，样品从低温保存环境下取出后，直接前处理和在24h内完成前处理，测定结果没有较大波动。水分在24h的考察时间内也比较稳定。因此，样品从低温保存环境下取出后不需要放置至室温，即可直接使用。

（二）长期稳定性

从2020年9月开始，采用离子色谱法，在同一实验室，同一分析人员，同样的分析环境条件下，对白肋烟标准样品中的氯、硫酸根、磷酸根和硝酸根离子进行了稳定性检测。采用先密后疏的原则，分别于第0，1，2，5，8，12个月进行测定。每次随机抽取一瓶样品，每个样品平行测定两次，取平均值，检测方法与短期稳定性相同，为本章第五节中的离子色谱法，测定结果见表4-78。

表4-78　白肋烟长期稳定性数据

测定时间	时间 (x) /月	氯 (y) /%	硫酸根 (y) /%	磷酸根 (y) /%	硝酸根 (y) /%
2020.9	0	2.034	1.325	0.441	2.683
2020.10	1	2.043	1.355	0.465	2.762
2020.11	2	2.037	1.352	0.453	2.681
2021.2	5	2.077	1.332	0.443	2.778
2021.5	8	2.081	1.322	0.459	2.712
2021.9	12	2.032	1.368	0.446	2.765

按照稳定性检验的原则，对表4-78中所得到的数据进行检验。与短期稳定性不同，长期稳定性检验自由度为 $(n-2)=4$，置信水平 $p=0.95$（95%置信水平），$t_{(0.05,4)}=2.78$，检验结果见表4-79。

表4-79　白肋烟长期稳定性检验统计结果

成分	均值/%	直线拟合方程	$\mid b_1 \mid$	$s(b_1)$	$s(b_1) \cdot t$	比较	结论
氯	2.051	$y=2.046+0.001075x$	0.001075	0.002418	0.006722	$\mid b_1 \mid < s(b_1) \cdot t$	斜率不显著
硫酸根	1.337	$y=1.337+0.001171x$	0.001171	0.001850	0.005143	$\mid b_1 \mid < s(b_1) \cdot t$	斜率不显著
磷酸根	0.451	$y=0.452-0.000211x$	0.000211	0.000962	0.002674	$\mid b_1 \mid < s(b_1) \cdot t$	斜率不显著
硝酸根	2.730	$y=2.710+0.004910x$	0.004149	0.003875	0.010772	$\mid b_1 \mid < s(b_1) \cdot t$	斜率不显著

由表4-79可知，白肋烟样品的氯、硫酸根、磷酸根和硝酸根长期测定直线拟合的斜率不显著，说明在推荐保存条件下该样品长期稳定性良好。

根据标准物质计划寿命设置证书有效期为12个月，长期稳定性引起的标准不确定度以下式计算：

$$s_t = s(b_1) \cdot t$$

其中，$t=12$，这个值除以均值，即为相对标准不确定度 s_{rt}。

白肋烟不同成分长期稳定性所贡献的不确定度见表4-80。

表4-80　白肋烟长期稳定性不确定度

成分	烤烟 G		成分	烤烟 G	
	$s_t/\%$	$s_{rt}/\%$		$s_t/\%$	$s_{rt}/\%$
氯	0.0290	1.41	磷酸根	0.0115	2.56
硫酸根	0.0222	1.65	硝酸根	0.0465	1.70

则，稳定性引入的不确定度为 u_r，具体见表4-81。

表4-81　白肋烟稳定性引入的不确定度

成分	$u_r/\%$	成分	$u_r/\%$
氯	2.03	磷酸根	3.62
硫酸根	2.62	硝酸根	3.22

五、烤烟稳定性检验

（一）短期稳定性

烤烟无机阴离子标准样品包装形式为真空密闭包装，夏季一般都是加冰运输，因此，温度是影响短期稳定性的主要因素。在这个试验中，短期稳定性考察，仅限于高温对该物质特性的影响。试验考察了该标准物质在高于常温的60℃条件下，第0，7，14天氯、硫酸根、磷酸根含量的变化情况。

取6瓶样品，其中2瓶直接测试，另外4瓶置于温度设置为60℃的烘箱中，第7天从烘箱中取出2瓶进行测试，第14天将最后的2瓶取出测试。每次测试每瓶样品重复测定2次，检测方法为本章第五节的离子色谱法，测定结果见表4-82和表4-83。

表4-82　烤烟 G 短期稳定性测试数据

测试时间	时间（x）/d	氯（y）/%	硫酸根（y）/%	磷酸根（y）/%
2021.4.16	0	0.866	1.145	0.883
2021.4.23	7	0.875	1.161	0.895
2021.4.30	14	0.867	1.146	0.891

表 4-83 烤烟 D 短期稳定性测试数据

测试时间	时间 (x) /d	氯 (y) /%	硫酸根 (y) /%	磷酸根 (y) /%
2021. 4. 16	0	0. 265	1. 133	0. 377
2021. 4. 23	7	0. 275	1. 152	0. 385
2021. 4. 30	14	0. 270	1. 141	0. 374

采用直线拟合方式对短期稳定性进行检验，以测试时间（天）为 x，测量结果为 y，通过直线拟合得到拟合直线的斜率 b_1 和截距 b_0，采用直线拟合方式对短期稳定性进行检验，并得到 $s(b_1)$。

通过比较斜率的绝对值 $|b_1|$ 和 $s(b_1) \cdot t$ 大小来判断稳定性，如果 $|b_1| < s(b_1) \cdot t$，则认为所拟合的直线斜率不显著，这一期间测定结果稳定性良好。

自由度为 $(n-2) = 1$，置信水平 $p = 0.95$（95%置信水平），$t_{(0.05,1)} = 12.71$。两个样品检验结果见表 4-84 和表 4-85。得到拟合直线的斜率不显著，这说明样品在短期稳定性良好，样品密闭真空包装的形式和夏季加冰运输的条件，能够保证样品运输及转移过程中对环境的一般要求。

表 4-84 烤烟 G 短期稳定性检验统计结果

成分	均值/%	直线拟合方程	$|b_1|$	$s(b_1)$	$s(b_1) \cdot t$	比较	结论
氯	0. 869	$y = 0.869 + 0.000071x$	0. 000071	0. 000701	0. 00891	$|b_1| < s(b_1) \cdot t$	斜率不显著
硫酸根	1. 151	$y = 1.150 + 0.000071x$	0. 000071	0. 001278	0. 01624	$|b_1| < s(b_1) \cdot t$	斜率不显著
磷酸根	0. 890	$y = 0.886 + 0.000571x$	0. 000571	0. 000660	0. 00837	$|b_1| < s(b_1) \cdot t$	斜率不显著

表 4-85 烤烟 D 短期稳定性检验统计结果

成分	均值/%	直线拟合方程	$|b_1|$	$s(b_1)$	$s(b_1) \cdot t$	比较	结论
氯	0. 270	$y = 0.267 + 0.000357x$	0. 000357	0. 000619	0. 00787	$|b_1| < s(b_1) \cdot t$	斜率不显著
硫酸根	1. 142	$y = 1.138 + 0.000571x$	0. 000571	0. 001237	0. 01572	$|b_1| < s(b_1) \cdot t$	斜率不显著
磷酸根	0. 379	$y = 0.380 - 0.000214x$	0. 000214	0. 000784	0. 00996	$|b_1| < s(b_1) \cdot t$	斜率不显著

稳定性引起的标准不确定度以下式计算:

$$s_t = s\ (b_1)\ \cdot t$$

其中, $t = 14$, 这个值除以均值, 即为相对标准不确定度 s_{rt}, 见表4-86。

表4-86 两种烤烟短期稳定性引起的不确定度

成分	烤烟 G		烤烟 D	
	$s_t/\%$	$s_{rt}/\%$	$s_t/\%$	$s_{rt}/\%$
氯	0.0098	1.13	0.0087	3.21
硫酸根	0.0179	1.56	0.0173	1.52
磷酸根	0.0092	1.04	0.0110	2.90

除了14d的短期稳定性考察, 本研究还考察了该标准物质在开封后24h内含量的变化。取2瓶样品, 分别在2个条件内进行前处理, 每个样品平行测定两次, 取总平均值。

条件1: 低温 (-20℃) 条件下取出, 开封后立刻进行前处理, 同时做水分测定, 剩余样品盖上盖子, 放置于室温 (25℃)。

条件2: 距离第一次开封22h, 此时样品恢复至室温, 打开样品瓶盖子, 进行前处理, 同时做水分测定。

测定结果见表4-87。

表4-87 两种条件下两种烤烟的测定结果　　　　单位: %

样品	条件	氯	硫酸根	磷酸根	水分
烤烟 G	条件1	0.89	1.16	0.91	9.14
	条件2	0.88	1.15	0.90	9.12
烤烟 D	条件1	0.27	1.13	0.36	4.83
	条件2	0.27	1.14	0.37	4.79

由表4-87可知, 样品从低温保存环境下取出后, 直接前处理和在24h内完成前处理, 测定结果没有较大波动。水分在24h的考察时间内也比较稳定。因此, 样品从低温保存环境下取出后不需要放置至室温, 即可直接使用。

(二) 长期稳定性

项目组从2020年9月开始, 采用本章第五节中的离子色谱法, 在同一实验室, 同一分析人员, 同样的分析环境条件下, 对烤烟 G 和烤烟 D 标准样品中的氯、硫酸根、磷酸根离子进行了稳定性检测。采用先密后疏的原则，分别于第 0，1，2，5，8，12 个月进行测定。每次随机抽取一瓶样品，每个样品平行测定两次，取平均值。检测方法同短期稳定性相同，为本章第五节中的离子色谱法，测定结果见表 4-88 和表 4-89。

表 4-88　烤烟 G 长期稳定性数据

测定时间	时间 (x) /月	氯 (y) /%	硫酸根 (y) /%	磷酸根 (y) /%
2020.9	0	0.865	1.143	0.888
2020.10	1	0.872	1.162	0.901
2020.11	2	0.852	1.157	0.883
2021.2	5	0.877	1.158	0.898
2021.5	8	0.859	1.135	0.908
2021.9	12	0.863	1.168	0.886

表 4-89　烤烟 D 长期稳定性数据

测定时间	时间 (x) /月	氯 (y) /%	硫酸根 (y) /%	磷酸根 (y) /%
2020.9	0	0.265	1.132	0.362
2020.10	1	0.272	1.145	0.365
2020.11	2	0.275	1.152	0.371
2021.2	5	0.278	1.157	0.374
2021.5	8	0.276	1.131	0.369
2021.9	12	0.270	1.156	0.373

按照稳定性检验的原则，对表 4-88 和表 4-89 中所得到的数据进行检验。与短期稳定性不同，长期稳定性检验，自由度为 ($n-2$) = 4，置信水平 $p = 0.95$（95% 置信水平），$t_{(0.05,4)} = 2.78$，检验结果见表 4-90 和表 4-91。

表 4-90　烤烟 G 长期稳定性检验统计结果

成分	均值/%	直线拟合方程	$\lvert b_1 \rvert$	$s(b_1)$	$s(b_1) \cdot t$	比较	结论
氯	0.865	$y = 0.866 - 0.000202x$	0.000202	0.000908	0.00252	$\lvert b_1 \rvert < s(b_1) \cdot t$	斜率不显著
硫酸根	1.154	$y = 1.151 + 0.000509x$	0.000509	0.001294	0.00360	$\lvert b_1 \rvert < s(b_1) \cdot t$	斜率不显著
磷酸根	0.894	$y = 0.893 + 0.000196x$	0.000196	0.001019	0.00283	$\lvert b_1 \rvert < s(b_1) \cdot t$	斜率不显著

表4-91 烤烟 D 长期稳定性检验统计结果

成分	均值/%	直线拟合方程	$\lvert b_1 \rvert$	$s(b_1)$	$s(b_1) \cdot t$	比较	结论
氯	0.272	$y = 0.272 + 0.000236x$	0.000236	0.000594	0.00165	$\lvert b_1 \rvert < s(b_1) \cdot t$	斜率不显著
硫酸根	1.146	$y = 1.142 + 0.000745x$	0.000745	0.001303	0.00362	$\lvert b_1 \rvert < s(b_1) \cdot t$	斜率不显著
磷酸根	0.369	$y = 0.366 + 0.000680x$	0.000680	0.000427	0.00119	$\lvert b_1 \rvert < s(b_1) \cdot t$	斜率不显著

由表4-90和表4-91可知，烤烟 G 和烤烟 D 的氯、硫酸根、磷酸根长期测定直线拟合的斜率不显著，说明在推荐保存条件下该样品长期稳定性良好。

根据标准物质计划寿命设置证书有效期为12个月，长期稳定性引起的标准不确定度以下式计算：

$$s_t = s(b_1) \cdot t$$

其中，$t = 12$，这个值除以均值，即为相对标准不确定度 s_{rt}。

烤烟 G 和烤烟 D 不同成分长期稳定性所贡献的不确定度见表4-92。

表 4-92 烤烟 G 和烤烟 D 长期稳定性不确定度

成分	烤烟 G		烤烟 D	
	$s_t/\%$	$s_{rt}/\%$	$s_t/\%$	$s_{rt}/\%$
氯	0.0189	1.25	0.0071	2.61
硫酸根	0.0155	1.35	0.0156	1.36
磷酸根	0.0122	1.37	0.0051	1.39

按照不确定度合成法则，则由不稳定性引入的不确定度为 u_r，具体见表4-93。

表 4-93 两种烤烟稳定性引入的不确定度

成分	烤烟 G $u_r/\%$	烤烟 D $u_r/\%$
氯	1.69	4.14
硫酸根	2.06	2.04
磷酸根	1.72	3.22

六、香料烟稳定性检验

(一) 短期稳定性

香料烟无机阴离子标准样品包装形式为真空密闭包装，夏季一般都是加冰运输，因此，温度是影响短期稳定性的主要因素。在这个试验中，短期稳定性考察，仅限于高温对该物质特性的影响。试验考察了该标准物质在高于常温的 60℃ 条件下，第 0，7，14 天氯、硫酸根、磷酸根和硝酸根含量的变化情况。

取 6 瓶样品，其中 2 瓶直接测试，另外 4 瓶置于温度设置为 60℃ 的烘箱中，第 7 天从烘箱中取出 2 瓶进行测试，第 14 天将最后的 2 瓶取出测试。每次测试每瓶样品重复测定 2 次，检测方法为第五节中的离子色谱法，测定结果见表 4-94。

表 4-94　香料烟短期稳定性测试数据

测试时间	时间 (x) /d	氯 (y) /%	硫酸根 (y) /%	磷酸根 (y) /%	硝酸根 (y) /%
2021. 4. 16	0	1. 431	1. 772	0. 612	0. 072
2021. 4. 23	7	1. 454	1. 816	0. 626	0. 075
2021. 4. 30	14	1. 438	1. 782	0. 621	0. 072

采用直线拟合方式对短期稳定性进行检验，以测试时间（天）为 x，测量结果为 y，通过直线拟合得到拟合直线的斜率 b_1 和截距 b_0，计算直线各个点的标准差和斜率的标准偏差。

如果 $|b_1| < s(b_1) \cdot t$，则认为所拟合的直线斜率不显著，这一期间测定结果稳定性良好。

自由度为 $(n-2) = 1$，置信水平 $p = 0.95$（95% 置信水平），$t_{(0.05,1)} = 12.71$。样品检验结果见表 4-95，得到拟合直线的斜率不显著，这说明样品在短期稳定性良好，样品密闭真空包装的形式和夏季加冰运输的条件，能够保证样品运输及转移过程中对环境的一般要求。

表 4-95　香料烟短期稳定性检验统计结果

成分	均值/%	直线拟合方程	$|b_1|$	$s(b_1)$	比较	结论
氯	1. 441	$y = 1.437 + 0.000500x$	0. 000500	0. 001608	$|b_1| < s(b_1) \cdot t$	斜率不显著

续表

成分	均值/%	直线拟合方程	$\mid b_1 \mid$	$s\ (b_1)$	比较	结论
硫酸根	1.790	$y=1.785+0.000714x$	0.000714	0.003217	$\mid b_1 \mid <s\ (b_1)\ \cdot t$	斜率不显著
磷酸根	0.620	$y=0.615+0.000643x$	0.000643	0.000783	$\mid b_1 \mid <s\ (b_1)\ \cdot t$	斜率不显著
硝酸根	0.073	$y=0.073+0.000034x$	0.000034	0.000240	$\mid b_1 \mid <s\ (b_1)\ \cdot t$	斜率不显著

短期稳定性考察时间为 14d，则短期稳定性引起的标准不确定度以下式计算：

$$s_t = s(b_1)\ \cdot t$$

其中，$t=14$，这个值除以均值，即为相对标准不确定度 s_{rt}。

香料烟不同成分短期稳定性所贡献的不确定度见表 4-96。

表 4-96　香料烟短期稳定性不确定度

成分	$s_t/\%$	$s_{rt}/\%$
氯	0.0225	1.56
硫酸根	0.0386	2.16
磷酸根	0.0110	1.77
硝酸根	0.0034	4.61

除了 14d 的短期稳定性考察，本研究还考察了该标准物质在开封后 24h 内含量的变化。取 2 瓶样品，分别在 2 个条件内进行前处理，每个样品平行测定两次，取总平均值。

条件 1：低温（-20℃）条件下取出，开封后立刻进行前处理，同时做水分测定，剩余样品盖上盖子，放置于室温（25℃）。

条件 2：距离第一次开封 22h，此时样品恢复至室温，打开样品瓶盖子，进行前处理，同时做水分测定。

测定结果见表 4-97。

表 4-97　香料烟两种条件下测定结果　　　　　　　　　单位：%

条件	氯	硫酸根	硝酸根	磷酸根	水分
1	1.42	1.78	0.072	0.63	6.76
2	1.43	1.79	0.070	0.62	6.78

由表 4-97 可知，样品从低温保存环境下取出后，直接前处理和在 24h 内完成前处理，测定结果没有较大波动。水分在 24h 的考察时间内也比较稳定。因此，样品从低温保存环境下取出后不需要放置至室温，即可直接使用。

（二）长期稳定性

从 2020 年 9 月开始，采用本章第五节中的离子色谱法，在同一实验室，同一分析人员，同样的分析环境条件下，对香料烟标准样品中的氯、硫酸根、磷酸根、硝酸根离子进行了稳定性检测。采用先密后疏的原则，分别于第 0，1，2，5，8，12 个月进行测定，每次随机抽取一瓶样品，每个样品平行测定两次，取平均值，检测方法同短期稳定性相同，测定结果见表 4-98。

表 4-98　香料烟长期稳定性数据

测定时间	时间（x）/月	氯（y）/%	硫酸根（y）/%	磷酸根（y）/%	硝酸根（y）/%
2020.9	0	1.436	1.765	0.641	0.072
2020.10	1	1.429	1.789	0.627	0.070
2020.11	2	1.462	1.815	0.619	0.075
2021.2	5	1.472	1.767	0.628	0.078
2021.5	8	1.426	1.789	0.633	0.073
2021.9	12	1.455	1.822	0.651	0.073

按照稳定性检验的原则，对表 4-98 中所得到的数据进行检验。与短期稳定性不同，长期稳定性检验，自由度为（$n-2$）= 4，置信水平 $p = 0.95$（95% 置信水平），$t_{(0.05,4)} = 2.78$，检验结果见表 4-99。

表 4-99　香料烟长期稳定性检验统计结果

成分	均值/%	直线拟合方程	$\vert b_1 \vert$	$s（b_1）$	$s（b_1）\cdot t$	比较	结论
氯	1.447	$y = 1.443 + 0.000693x$	0.000693	0.001921	0.00534	$\vert b_1 \vert < s（b_1）\cdot t$	斜率不显著
硫酸根	1.791	$y = 1.779 + 0.002584x$	0.002584	0.002317	0.00644	$\vert b_1 \vert < s（b_1）\cdot t$	斜率不显著
磷酸根	0.633	$y = 0.627 + 0.001419x$	0.001419	0.001180	0.00328	$\vert b_1 \vert < s（b_1）\cdot t$	斜率不显著
硝酸根	0.073	$y = 0.073 + 0.000131x$	0.000131	0.000251	0.00070	$\vert b_1 \vert < s（b_1）\cdot t$	斜率不显著

由表4-99可知，香料烟样品的氯、硫酸根、磷酸根和硝酸根长期测定直线拟合的斜率不显著，说明在推荐保存条件下该样品长期稳定性良好。

根据标准物质计划寿命设置证书有效期为12个月，长期稳定性引起的标准不确定度以下式计算：

$$s_t = s(b_1) \cdot t$$

其中，$t = 12$，这个值除以均值，即为相对标准不确定度s_{rt}。

香料烟不同成分长期稳定性所贡献的不确定度见表4-100。

表4-100 香料烟长期稳定性不确定度

成分	烤烟 G	
	$s_t/\%$	$s_{rt}/\%$
氯	0.0231	1.59
硫酸根	0.0278	1.55
磷酸根	0.0142	2.24
硝酸根	0.0030	4.11

则，稳定性引入的不确定度为u_r，具体见表4-101。

表4-101 香料烟稳定性引入的不确定度

成分	$u_r/\%$	成分	$u_r/\%$
氯	2.23	磷酸根	2.85
硫酸根	2.66	硝酸根	6.18

七、烟草薄片稳定性检验

(一) 短期稳定性

烟草薄片无机阴离子标准样品包装形式为真空密闭包装，夏季一般都是加冰运输，因此，温度是影响短期稳定性的主要因素。在这个试验中，短期稳定性考察，仅限于高温对该物质特性的影响。试验考察了该标准物质在高于常温的60℃条件下，第0，7，14天氯、硫酸根、磷酸根和硝酸根含量的变化情况。

取6瓶样品，其中2瓶直接测试，另外4瓶置于温度设置为60℃的烘箱中，第7天从烘箱中取出2瓶进行测试，第14天将最后的2瓶取出测试。每次测试每瓶样品重复测定2次，检测方法为本章第五节中的离子色谱法，测定结果见表4-102。

表4-102 烟草薄片短期稳定性测试数据

测试时间	时间（x）/d	氯（y）/%	硫酸根（y）/%	磷酸根（y）/%	硝酸根（y）/%
2021.4.16	0	0.943	0.702	0.368	0.363
2021.4.23	7	0.932	0.687	0.378	0.371
2021.4.30	14	0.941	0.697	0.373	0.362

采用直线拟合方式对短期稳定性进行检验，以测试时间（天）为 x，测量结果为 y，通过直线拟合得到拟合直线的斜率 b_1 和截距 b_0，计算直线各个点的标准差 s 和斜率的标准偏差 $s(b_1)$。

通过比较斜率的绝对值 $|b_1|$ 和 $s(b_1) \cdot t$ 大小来判断稳定性，如果 $|b_1| < s(b_1) \cdot t$，则认为所拟合的直线斜率不显著，这一期间测定结果稳定性良好。

自由度为（$n-2$）= 1，置信水平 $p = 0.95$（95%置信水平），$t_{(0.05,1)} = 12.71$。样品检验结果见表4-103，得到拟合直线的斜率不显著，这说明样品在短期稳定性良好，样品密闭真空包装的形式和夏季加冰运输的条件，能够保证样品运输及转移过程中对环境的一般要求。

表4-103 烟草薄片短期稳定性检验统计结果

成分	均值/%	直线拟合方程	$\|b_1\|$	$s(b_1)$	比较	结论
氯	0.939	$y = 0.940 - 0.000143x$	0.000143	0.000825	$\|b_1\| < s(b_1) \cdot t$	斜率不显著
硫酸根	0.695	$y = 0.698 - 0.000357x$	0.000357	0.001031	$\|b_1\| < s(b_1) \cdot t$	斜率不显著
磷酸根	0.373	$y = 0.370 + 0.000357x$	0.000357	0.000619	$\|b_1\| < s(b_1) \cdot t$	斜率不显著
硝酸根	0.365	$y = 0.366 - 0.000071x$	0.000071	0.007010	$\|b_1\| < s(b_1) \cdot t$	斜率不显著

短期稳定性考察时间为14d，则短期稳定性引起的标准不确定度以下式计算：

$$s_t = s(b_1) \cdot t$$

其中，$t = 14$，这个值除以均值，即为相对标准不确定度 s_{rt}。

烟草薄片不同成分短期稳定性所贡献的不确定度见表4-104。

表 4-104　烟草薄片短期稳定性不确定度

成分	s_t/%	s_{rt}/%
氯	0.0115	1.23
硫酸根	0.0144	2.08
磷酸根	0.0087	2.32
硝酸根	0.0098	2.69

除了 14d 的短期稳定性考察，本研究还考察了该标准物质在开封后 24h 内含量的变化。取 2 瓶样品，分别在 2 个条件内进行前处理，每个样品平行测定两次，取总平均值。

条件 1：低温（-20℃）条件下取出，开封后立刻进行前处理，同时做水分测定，剩余样品盖上盖子，放置于室温（25℃）。

条件 2：距离第一次开封 22h，此时样品恢复至室温，打开样品瓶盖子，进行前处理，同时做水分测定。

测定结果见表 4-105。

表 4-105　烟草薄片两种条件下测定结果　　　　　单位：%

条件	氯	硫酸根	硝酸根	磷酸根	水分
1	0.92	0.71	0.39	0.35	3.48
2	0.92	0.69	0.38	0.36	3.51

由表 4-105 可知，样品从低温保存环境下取出后，直接前处理和在 24h 内完成前处理，测定结果没有较大波动。水分在 24h 的考察时间内也比较稳定。因此，样品从低温保存环境下取出后不需要放置至室温，即可直接使用。

（二）长期稳定性

从 2020 年 9 月开始，采用本章第五节中的离子色谱法，在同一实验室，同一分析人员，同样的分析环境条件下，对烟草薄片标准样品中的氯、硫酸根、磷酸根和硝酸根离子进行了稳定性检测。采用先密后疏的原则，分别于第 0，1，2，5，8，12 个月进行测定。每次随机抽取一瓶样品，每个样品平行测定两次，取平均值。检测方法同短期稳定性相同，为本章第五节中的离子色谱法，测定结果见表 4-106。

· 206 ·

表4-106　烟草薄片长期稳定性数据

测定时间	时间 (x) /月	氯 (y) /%	硫酸根 (y) /%	磷酸根 (y) /%	硝酸根 (y) /%
2020. 9	0	0.945	0.677	0.371	0.361
2020. 10	1	0.961	0.681	0.362	0.358
2020. 11	2	0.933	0.694	0.373	0.352
2021. 2	5	0.941	0.712	0.385	0.372
2021. 5	8	0.925	0.695	0.362	0.366
2021. 9	12	0.946	0.698	0.381	0.361

　　按照稳定性检验的原则，对表4-106中所得到的数据进行检验。与短期稳定性不同，长期稳定性检验，自由度为 ($n-2$) = 4，置信水平 $p = 0.95$（95%置信水平），$t_{(0.05,4)}$ = 2.78，检验结果见表4-107。

表4-107　烟草薄片长期稳定性检验统计结果

成分	均值/%	直线拟和方程	$\|b_1\|$	$s(b_1)$	$s(b_1) \cdot t$	比较	结论
氯	0.942	$y=0.946-0.000814x$	0.000841	0.000994	0.002763	$\|b_1\| < s(b_1) \cdot t$	斜率不显著
硫酸根	0.693	$y=0.686+0.001543x$	0.001543	0.001183	0.003289	$\|b_1\| < s(b_1) \cdot t$	斜率不显著
磷酸根	0.372	$y=0.369+0.000705x$	0.000705	0.000890	0.002474	$\|b_1\| < s(b_1) \cdot t$	斜率不显著
硝酸根	0.362	$y=0.359+0.000516x$	0.000516	0.000688	0.001913	$\|b_1\| < s(b_1) \cdot t$	斜率不显著

　　由表4-107可知，烟草薄片样品的氯、硫酸根、磷酸根和硝酸根离子长期测定直线拟合的斜率不显著，说明在推荐保存条件下该样品长期稳定性良好。

　　根据标准物质计划寿命设置证书有效期为12个月，长期稳定性引起的标准不确定度以下式计算：

$$s_t = s(b_1) \cdot t$$

其中，$t = 12$，这个值除以均值，即为相对标准不确定度 s_{rt}。

　　烟草薄片不同成分长期稳定性所贡献的不确定度见表4-108。

表 4-108　烟草薄片长期稳定性不确定度

成分	烤烟 G	
	$s_t/\%$	$s_{rt}/\%$
氯	0.0119	1.27
硫酸根	0.0142	2.05
磷酸根	0.0107	2.87
硝酸根	0.0083	2.28

则，稳定性引入的不确定度为 $u_r = \sqrt{u^2_{短期} + u^2_{r长期}}$，具体见表 4-109。

表 4-109　烟草薄片稳定性引入的不确定度

成分	$u_r/\%$	成分	$u_r/\%$
氯	1.77	磷酸根	3.69
硫酸根	2.92	硝酸根	3.53

第八节　定值依据

一、标准物质研制中的定值原则

标准物质研制工作中非常重要的一个环节就是定值。这项工作应该根据一定的参照准则，根据具体试验条件进行选取。

从前文可知，在我国标准物质研制的历史中，较早使用的标准物质生产和定值指导程序为 ISO Guide34 和 ISO Guide35 即《标准物质生产者能力的一般要求》（*General Requirements for the competence of reference material produces*）和《标准物质均匀度和稳定性的表征和评价指南》　（*Reference materials—Guidance for Characterization and assessment of homogeneity and stability*），都是国外制定的。

2012 年，JJF 1342—2012《标准物质研制（生产）机构通用要求》和 JJF 1343—2012《标准物质定值的通用原则及统计学原理》正式颁布，成为此后 10 年内，标准物质研制的国内指导版本。而与之相关联的标准物质证书与标签的制定指导，以及标准物质的溯源性指导也先后发布。这些内容将在第五章中详述。

随着市场发展的需求，ISO Guide35 也在不断修订。2020 年，国家市场监督管理总局、全国标准物质计量技术委员会对 JJF 1343—2012 进行修订，发布其新版的征求意见稿。经过前期内部的宣讲和意见征求工作，历经两年，JJF 1343—2022《标准物质的定值及均匀性、稳定性评估》于 2022 年正式发布，这一版本相对于 2012 版，在标准物质的定值方面有了很多新的规定。

在标准物质的定值中，一般来讲，常见的有以下几种方式。

（1）单一实验室采用原级或权威机构认定参考测量程序。

在这种定值条件下，所采用的方法需要是 SI 基本量进行测定的直接方法，用该方法定值时，应有证据证明该方法具有国家最高计量学品质，能够确保测量的有效性。

这种定值模式看似简单，实际上对于测量对象和测量方法的要求是最高的。并且，通常建议采用另外一种经过验证的方法对该测量方法测试结果进行核对。也就是说，定值所使用的方法要求为基准方法或相当级别的方法，还需要找到适宜的核对方法进行比较。能够满足这种要求条件进行定值研究的标准物质是有限的。

（2）一家或多家有能力的实验室采用两种或两种以上可证明准确度的方法，对不由操作的定义的被测量定值。

在这个定值方式中，需要有一家主导实验室，多个实验室参与，采用多种分析方法，实现样品的定值。

这里要求不仅仅是主导实验室具有一定的权威性，也要求各参与实验室具备相当的检测力量，如经过 CNAS 认证，在相关测试能力上具有与主导实验室可以匹配的能力和经验；在整个测量过程中人员所使用的器具、试剂、仪器都应满足统计学要求。

如果采用多个测量方法，主导实验室以外的实验室一般可以自行选择试验分析方法（当然，这个选择的范围也是有限的，一般来讲只能选择主导实验室试验方案中提供推荐的方法），但是必须保证对所选用的测量方法熟练操作，仪器设备、人员试剂均达到测定要求。这一点，不仅参加实验室需要核对，主导实验室也应该严格控制，比如使用监控样，在试验前期、试验过程中进行质量控制。

在一般计量学和统计学控制水平上，一般要求参与定值的实验室数量为 6~8 家。当统计学和计量学技术上无效的数据不可忽略时，需要参与的实验室或者独立数组的个数为 10~15 个。因为此时剔除的数据也较多，这个数组量实际上是为了保证计量统计能够有效开展。当采用一种方法时，独立定值组数一般不少于 9 组。当采用多种方法进行定值时，一般不少于 6 个，6 个独立实验室、3 种测量方法是一个较为稳妥的方式。

根据标准物质评审最新要求，无论一级还是二级标准物质，采用联合定值的方案时，若所采用的定值方法不是基准方法，对于只有一种方法的方案，至少应该有 8 家实验室参与定值，对于有多种方法的定值方案，至少应该有 6 家实验室提供 6 组独立数据。

对于每一组独立数据，一般来讲，至少给出 2 个独立单元，每个独立单元至少重复测定 2 次，也就是说，每组独立数据需要给出 4~6 次独立重复数据。

（3）由具有能力的实验室组成网络，对由操作定义的被测量定值。

在这种定值模式下，独立定值组数一般不少于 9 个，每种方法需要至少 6 个独立测试数据。

（4）一家实验室采用一种测量程序，特性值由一个标准物质传递到另一个高度匹配的标准候选物。

在前文已经提到过，这种定值方式一般适用于二级标准物质的研制。

（5）基于标准物质制备中使用的配制原料的质量或体积进行定值。

纯度标准物质属于这种定值方式。根据最新规定，对于有机溶液标准物质，对于所用溶质是非有证标准物质，需要严格按照有机纯度定值规范对原料进行纯度定值，仅采用一种方法核验产品纯度值的方式是不可接受的。

最后规定所选择的定值方法在溯源性和不确定度水平上满足标准物质预期用途和目标不确定度的要求。

在采用多家实验室联合定值［即方式（2）和方式（3）］时，主导实验室在制定试验方案和作业指导书的过程中，需要注意将定值过程（图 4-30）与能力验证或者实验室比对区分开来。因为定值过程与其他两种测试行为都有本质上的区别。根本的区别在于目的不同。定值过程需要主导实验室完全了解并掌握参与实验室测定的每个步骤，必要时采用一定的质控样品（可以是有证标准物质，也可以是为了某种需要，制定的在一定范围内使用的监控样品）对定值过程进行测试监控，这种监控活动可以在定值过程开始时进行（用于实验室测试能力的筛选），也可以在定值过程中进行（保证测试质量），所有这些措施都是为了保证参与实验室的定值行为具有与主导实验室和其他实验室一致的溯源性。而能力验证和实验室比对一般情况下无此类强制要求。

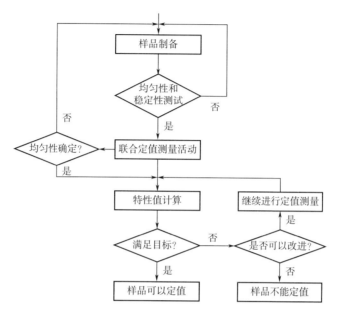

图 4-30　联合定值过程

当然，定值过程也与能力验证等质量活动具有一些共同点，并且两者可以结合起来考察，但是这些内容不在本书讨论范围，因此不再详述。

在这 5 种定值方式中，有一个名词，即"由操作定义的被测量"。关于此概念的提出最早是美国的物理学家布里奇曼（P. W. Bridgman）。1923 年，他提出：一个概念的真正定义不能用属性，而只能用实际操作来给出。

应用到计量测定领域，可以解读为采用测定方法的一整套有序操作来对测定内容进行定义，长度、时间、质量，都可以采用测量它们的操作方法来界定。而这种定义下的测量结果，只能与相同程序下得到的结果进行比较。这种测量程序本身要对被测量进行定义，很多时候不需要对测量步骤进行选择和优化。

ISO 17034 中的 3.7 中对由程序定义的被测量（Operational defined measured）是这样解释的：由被广泛接受的、文件化的测量程序定义的被测量，只有使用同样测量程序得到的结果才具有可比性。

与之对应，不受操作定义的被测量，则说明被测量独立于程序定义，如物质的浓度、成分的含量等。这些研究对象，可以通过不同的测量程序进行测量，测量程序步骤本身也存在着选择、优化的过程。这也是两者之间的差异。

在定值过程中，一直提到的词还有"独立数据"。这不仅仅要求各测试数组具有独立性，还要求数组中各数据具有独立性。这主要是需要将测量影响量随机化，满足对测量结果进行统计学处理的基本要求。如尽量安排不同人员并使用不同仪器、独立制备标准溶液并进行校准、独立进行样品前处理等。

二、烟草无机阴离子成分分析标准物质定值依据

在 JJF 1343—2022 中，提到定值方案的选择，取决于所选用的定值方法和标准物质类型，还要考虑试验具体情况。烟草中无机阴离子成分分析标准物质，是一种基体标准物质。推荐的定值方式为多家实验室，多种测定方法联合定值。

具体采用的方法是由 8 家实验室参与，采用两种不同的方法进行定值，提供的独立数据组数为 9 组。其中主导实验室国家烟草质量监督检验中心分别采用离子色谱法和连续流动法，提供 2 组独立数据，其中一家参与单位提供 1 组连续流动法数据，其余单位均只提供 1 组离子色谱法数据。

每家实验室在提供每组数据的时候，需要提供 6 个独立的重复测定数据。对于每一种成分来讲，多家实验室总共给出的数据个数为 54 个。以这 54 个数据为基础，可以展开一系列的数理统计过程，并最终得到该标准物质此种成分的量值信息以及由定值引入的不确定度，这些内容将在下一节详细介绍。

第九节　定值

一、定值数据的统计学分析

前面提到，标准物质的定值过程有很多种方式。每种定值过程都应当遵从不同的定值依据。标准物质研制者根据研制的具体情况，确定定值方案，最终得到若干独立组数的数据。这些数据可能是出自同一个实验室，也可能是出自不同的实验室。

接下来，需要对这些数据进行统计学分析。统计学分析检验步骤一般按照以下顺序。

（一）异常数据的剔除

剔除异常数据主要应用的统计学模型有拉依达准则、肖维勒准则、格拉布斯准则、狄克逊准则等。

1. 拉依达准则

拉依达准则又称为 3σ 准则，其基本原理是：假设一组检测数据只含有随机误差，对其进行计算处理得到标准偏差，按一定概率确定一个区间，认为凡超过这个区间的误差，就不属于随机误差而是粗大误差，含有该误差的数据应予以剔除。

需要注意的是：这种判别处理原理及方法仅局限于对正态或近似正态分布的样本数据处理，它需要的数据量较大。因此，在使用这个准则之前，需要对数据分布的正态性进行检验。关于数据正态性分布的检验将在后面详述。

下面举例说明拉依达准则的使用。

假设对被测量进行等精度测量，得到 $x_1, x_2, \cdots, x_n$ 独立数据，算出这组数据的算术平均值 $\bar{x}$ 及残差 $v_i = x_i - x (i = 1, 2, \cdots, n)$，并计算出这组数据的标准差 σ，若测量值 x_i 的残差 v_i（$1 \leq i \leq n$）满足下式：

$$|v_i| = |x_i - x| < 3\sigma$$

则认为 x_i 是反常数据，可以保留，反之，则需要剔除此数据。

2. 肖维勒准则（Chauvenet criterion）

与拉依达准则不同，肖维勒准则适用于小样本和线性分析，一般样本数小于 50 个。分析之前，也是假设所有数据服从正态分布。通过计算得到这组数据的均值，在一定的概率水平上，在正态分布图上划定一个范围，规定测定值应处于这个范围内，如果不处于这个范围内，则认为是异常值，需要剔除，举例如下。

对被测量进行测定，得到 $x_1, x_2, \cdots, x_n$ 独立数据，算出这组数据的算术平均值 $\bar{x}$ 及残差 $v_i = x_i - x (i = 1, 2, \cdots, n)$，找出最大残差 $|v_i|_{max}$，并计算出这组数据的标准差 σ，若：

$$|v_i|_{max} < w_n \times \sigma$$

则认为所有数据没有剔除值，如果有产生最大残差的数据不符合上式，则需要剔除，其他数据以此类推。这个式子中的 w_n，根据数据数 n 查表得到。

肖维勒准则在一定程度上相对拉依达准则有一定的改进，但是也存在着很多应用上的局限性。

3. 格拉布斯准则（Grubbs）

格拉布斯准则与拉依达准则和肖维勒准则有一定的相似性，也是计算所有数据的残差，通过与一个计算值进行比较，得到结论，举例如下。

对被测量进行测定，得到 $x_1, x_2, \cdots, x_n$ 独立数据，算出这组数据的算术平均值 $\bar{x}$ 及残差 $v_i = x_i - x (i = 1, 2, \cdots, n)$，找出最大残差 $|v_i|_{max}$，并计算出这组数据的标准差 σ，若：

$$|v_i|_{max} < \lambda_{(\alpha, n)} \times \sigma$$

则认为所有数据没有剔除值；如果产生最大残差的数据不符合上式，则需要剔除，其他数据依此类推。这个式子中的 $\lambda_{(\alpha, n)}$ 也是通过查表得到的，根据数据数 n 和置信区间 α 进行查找。常用置信区间 α 为 99% 或者 95%。

4. 狄克逊准则

狄克逊（Dixon）检验，也称为 Q 检验，也可以用于识别和剔除异常值。狄克逊检验也是需要假设样本服从正态分布，根据 Robert Dean 和 Wilfrid Dixon 以及其他人的说法，这个测试应该在数据集中谨慎使用，并且不要超过一次。狄克逊准则的公式按照数据数 n 分为四种情况，4 种情况的计算公式均不相同，实践中应根据实际情况选择性使用，具体计算方式主要如下。

首先将测定值按照从小到大的顺序排列：

$$x_1 < x_2 < \cdots < x_{n-1} < x_n$$

在 n 为 3~7 的情况下：

$$r' = \frac{x_2 - x_1}{x_n - x_1} \quad r = \frac{x_n - x_{n-1}}{x_n - x_1}$$

在 n 为 8~10 的情况下：

$$r' = \frac{x_2 - x_1}{x_{n-1} - x_1} \quad r = \frac{x_n - x_{n-1}}{x_n - x_2}$$

在 n 为 11~13 的情况下：

$$r' = \frac{x_3 - x_1}{x_{n-1} - x_1} \quad r = \frac{x_n - x_{n-2}}{x_n - x_2}$$

在 $n \geqslant 14$ 的情况下：

$$r' = \frac{x_3 - x_1}{x_{n-2} - x_1} \quad r = \frac{x_n - x_{n-2}}{x_n - x_3}$$

在各个条件下的统计量计算出来后，确定置信水平，查表得到 $f_{(\alpha,n)}$，若 r、r' 均小于 $f_{(\alpha,n)}$，则所有测定结果无异常值；若 $r>r'$，且 $r>f_{(\alpha,n)}$，则判定 $x_{(1)}DK$ 为异常值，应被剔除；若 $r'<r$，且 $r_n>f_{(\alpha,n)}$，则判定 $x_{(n)}$ 为异常值，应被剔除。总而言之，是选择每种条件下两个参数中较大者与 $f_{(\alpha,n)}$ 进行比较。

（二）数据的正态分布检验

正态分布（Normal distribution），也称"常态分布"，又称作高斯分布（Gaussian distribution），是统计学判定中一种重要的拟合优度假设检验。它由棣莫弗在求二项分布的渐近公式中得到，高斯在研究测量误差时从另一个角度导出了它，拉普拉斯和高斯研究了它的性质。正态分布是一个在数学、物理及工程等领域都非常重要的概率分布。

典型的正态曲线呈钟形，两头低，中间高，左右对称，因此人们又经常称之为钟形曲线（高斯钟形曲线）。

众所周知，数据分布的两个重要特征就是集中趋势和离散程度，尤其是均值和标准差。对于正态分布，只要知道了均值和标准差，就可以确定其分布；但对于未知的分布，要想全面了解数据分布的特点，不仅要掌握数据的集中趋势和离散程度，还需要知道数据分布的曲线是否对称、偏斜的程度以及分布的扁平程度等，统称为分布的形态。对于一组数据，判定其是否符合正态分布，统计学中有以下几种检验方法。

1. 偏态系数与峰态系数法

"偏态"（Skewness）一词是由统计学家皮尔逊（K. Pearson）于 1895 年首次提出的，它是对数据分布对称性的测度判定，看分布是偏左还是偏右。"峰态"（Kurtosis）一词是由也是由皮尔逊首次提出的，不过年份略晚一点，为 1905 年。它是对数据分布平峰或尖峰程度的测度，也就是看分布图所表示出来的峰形是太尖还是太平。关于分布峰形的这些特征，从图上可以很明显地看出。

偏态系数与峰态系数都是综合起来考虑的，这种方法适用于数据量在 8~5000，但是数据量太小的情况下应用较少，一般要用于 $n>200$ 的样本条件下。

下面举例说明计算方法。

对被测量进行测定，得到 $x_1,x_2,\cdots,x_n$ 独立数据,将这些数据按照从小到大的顺序排列，并算出这组数据的算术平均值 $\bar{x}$,还需要计算统计量 m_2，m_3,m_4：

$$m_2 = \frac{\sum_{i=1}^{n}(x_i - \bar{x})^2}{n}$$

$$m_3 = \frac{\sum_{i=1}^{n}(x_i - \bar{x})^3}{n}$$

$$m_4 = \frac{\sum_{i=1}^{n}(x_i - \bar{x})^4}{n}$$

计算检验量 $A = |m_3|/m_2^{1.5}$，此处的 A 称为偏态系数；$B = m_4/m_2^2$，此处的 B 称为峰态系数。

若该组数据服从正态分布，则其偏态系数 A 和峰态系数 B 则分别小于相应的临界值 A_1 和落入区间 $B_1 - B_1'$ 中，若不服从上述条件，则认为该组数据不符合正态分布。这两个检验值都可以根据选定的置信区间和测量次数，查表得到。

2. 夏皮罗·威尔克（Shapiro-Wilk）检验法

夏皮罗·威尔克检验法是在 1965 年由夏皮罗和威尔克发表在 *Biometrika* 上的文章 *Analysis of Variance Test for Normality（Complete Sample）* 中提出的，又称 W 检验法。这种检验方法适用于小样本，一般来讲 $n \le 50$ 才适用。1972 年，夏皮罗和弗朗西（Francia）又发表了关于 $50 \le n \le 100$ 的系数表，不过这个系数表是近似计算得到的。

下面具体介绍其应用方法。

对被测量进行测定，得到 $x_1, x_2, \cdots, x_n$ 独立数据，将这些数据按照从小到大的顺序排列，并算出这组数据的算术平均值 $\bar{x}$。

夏皮罗-威尔克检验法的统计量：

$$W_{\text{计算}} = \frac{\left[\sum_{k=1}^{K} a_k(x_{n-k+1} - x_k)\right]^2}{\sum_{k=1}^{n}(x_k - \bar{x})^2}$$

式中 K 值，在 n 是偶数时为 $n/2$；n 是奇数时为 $(n-1)/2$；式中系数 a_k 是与 n 及 K 有关的查表值。查夏皮罗·威尔克（Shapiro-Wilk）临界值为 $W(n, \alpha)$，如 $W_{\text{计算}} > W(n, \alpha)$ 则测量数据呈正态分布，否则不成立。

3. 达格斯·提诺检验法（D'Agostino 法）（D 检验）

当样本量 $n > 50$ 时，较为常用的一种检验方法为达格斯·提诺法（D'Agostino

法），又称为 D 检验。这个检验法则是 1971 年提出的，具体计算方法如下。

对被测量进行测定，得到 $x_1, x_2, \cdots, x_n$ 独立数据，将这些数据按照从小到大的顺序排列，并算出这组数据的算术平均值。

达格斯·提诺法的检验统计量：

$$Y = \sqrt{n} \left. \left[\frac{\sum \left[\left(\frac{n+1}{2} - K \right) (X_{n+1-K} - X_k) \right]}{n^2 \sqrt{m_2}} - 0.28209479 \right] \right/ 0.02998598$$

其中

$$m_2 = \sum_{i=1}^{n} (x_i - \bar{x})/n$$

此函数是对 K 进行求和，先将所得到的数据按照从小到大进行排序，K 为排序后数值的序号，如果测定次数 n 是偶数（此处为 54），就是对数值序号从 1 开始，到 $n/2$ 的 K 进行求和（此处为 1 ~ 27），如果测定次数 n 是奇数，就是对数值序号从 1 开始，到 $(n-1)/2$ 的 K 进行求和。这里需要根据测定次数 n 来对 k 进行不同的界定。这里的 m_2 和偏态峰态检验的 m_2 是相同的。

该统计量的判断是，当包含概率为 95% 时，Y 值应落入区间 a ~ a，当包含概率为 99% 时，Y 值应落入 b ~ b（a ~ a 与 b ~ b 为达格斯·提诺检验表中数值范围）。如果所计算得到的 Y 值不能够落在上述区间范围内，则认为该样本分布不满足正态分布。

以偏态系数和峰态系数判断与正态分布偏离时，这种检验是定向的，且偏态检验要求 $8 \leqslant n \leqslant 5000$，峰态检验要求 $7 \leqslant n \leqslant 1000$。而夏皮罗·威尔克检验法及达格斯·提诺检验法是在对分布与正态偏离的形式没有任何事先了解的情况下进行的，此两种检验称为公用型检验。

（三）各组数据的平均值异常检验

各组数据的平均值异常检验是将所有独立组的数据的均值作为一个样本，用统计学准则进行异常数据的剔除。这一步骤中所用到的统计学准则与异常数据剔除中所使用的准则相同，只是数据样本发生了变化。此时，可以根据数据数 n，以及选定的置信水平选择使用异常数据剔除中介绍的各个准则。

（四）各独立数组的等精度检验

各独立数组的等精度检验基本上可以算作定值统计数据的最后一个步骤，

主要是检查各独立数组之间是否等精度。这个步骤中用到的统计学检验方法有科克伦（Cochrane）检验、Bartlett 检验、Levene 检验等。

1. 科克伦（Cochrane）检验

假设，得到 m 组独立数据，这 m 组数据可以来自不同测定方法或者不同实验室，每独立组提供 n 个数据（一般为重复测定次数），先分别计算每独立组中 n 个数据的标准偏差，得到 m 组数据中各组 n 个数据的方差，再计算其中的最大方差与 m 个方差和之比。根据所取显著性水平 α，数据组数 m，重复测定次数 n，查科克伦检验临界值表，得临界值 $C(\alpha, m, n)$，其中 n 取值为多数试验数据最为接近的测量次数。若 $C \leq C(\alpha, m, n)$，表明各组数据平均值间为等精度。若 $C > C(\alpha, m, n)$，表明被检验的最大方差为离群值，离群方差说明该组数据的精度比其他组数据差，计算定值结果时可按不等精度情况处理。

2. Bartlett 检验

Bartlett 检验的核心思想是求取不同组之间的卡方统计量，然后根据卡方统计量的值来判断组间方差是否相等。该方法极度依赖于数据是正态分布，如果数据非正态分布，则测的出来的结果偏差很大。

3. Levene 检验

Levene 检验是将每个值先转换为该值与其组内均值的偏离程度，然后用转换后的偏离程度去做方差分析，即组间方差/组内方差。

在这里，关于组内均值有多种计算方式：有平均数、中位数、截取平均数（去掉最大值和最小值后求平均）。

经过上述 4 步检验后的数据，还可以根据标准物质的具体使用需求和试验要求，进行组间数据的一致性检验。

（五）标准物质的赋值

标准物质的赋值方式有以下几种，标准物质研制者可以根据具体情况选用。

（1）对于 m 组，每组 n 个数据，当测定数据服从正态分布，且各组数据等精度时，可采用各组数据的均值 $\bar{x}$ 的总平均值 $\bar{\bar{x}}$ 为该成分赋值。

此种定值条件下的 A 类不确定度（标准不确定度）由下式计算：

$$u_c(\bar{\bar{x}}) = \sqrt{\frac{\sum\limits_{i=1}^{P}(\bar{x}_i - \bar{\bar{x}})^2}{P \cdot (P-1)}}$$

其中，P 为独立数据的组数。

（2）当测定数据服从正态分布，但各组数据不等精度时，可采用各组加权所得到的总平均值为该成分赋值。采用加权平均值为标准物质赋值，需要提供每组独立数据定值 x_i 的标准不确定度 u_i，才可以得到每组数据的权值 w_i，通过下式计算得到该标准物质的定值：

$$y_{定值} = \frac{\sum\limits_{i=1}^{n} w_i x_i}{\sum\limits_{i=1}^{n} w_i}$$

此种定值条件下的 A 类不确定度（标准不确定度）由下式计算：

$$u = \sqrt{\sum\limits_{i=1}^{n} w_i^2 u^2(x_i)}$$

（3）使用方差分析为标准物质赋值。此时定值还是按照第一种条件下，m 组，每组 n 个数据，计算各组数据平均值的总平均值，以作为在该成分的定值数据。而不确定度分析则需要按照均匀性检验的方法，先将各组数据按照组内和组间进行区分，然后进行单因素方差分析计算，得到组内和组间的平方和和均方，其中组间均方记为 s_1^2，组内均方记为 s_2^2，这种条件下的标准不确定度由下式给出：

$$u = \sqrt{\frac{s_1^2}{m} + \frac{s_r^2}{mn}}$$

$$其中\ s_r^2 = s_2^2$$

$$s_1^2 = \frac{s_1^2 - s_2^2}{n_0}$$

这里的 n_0 为独立数组中数据的个数，一般为重复测定次数。

二、白肋烟定值

根据本章第八节中的定值依据，本研究选择的是两种方法、多家实验室联合定值，独立数组的个数为 9 组。每家实验室每种类型的样品收到 2 瓶，每瓶均要做 3 平行，每种待测成分提供的数据应为 6 个，9 组数据总共为 54 个，见表 4-110～表 4-113。

表 4-110　白肋烟氯的测定数据　　　　　　　单位：%

组号	1	2	3	4	5	6	均值
1	2.102	2.046	1.983	2.028	2.043	2.057	2.043
2	2.029	2.021	2.015	2.109	2.095	2.057	2.054
3*	2.115	2.030	2.012	2.093	2.055	2.046	2.059
4	2.065	2.105	2.087	2.073	2.042	2.082	2.076
5	2.098	2.032	2.038	2.059	2.086	2.035	2.058
6	2.085	2.108	2.095	2.123	2.063	2.057	2.089
7*	1.993	2.035	1.989	2.026	2.078	2.064	2.031
8	1.987	2.064	2.089	2.016	2.102	2.054	2.052
9	1.981	2.026	1.986	2.015	2.098	2.111	2.036
总平均值				2.055			

注：*为连续流动法测定数据。

表 4-111　　白肋烟硫酸根的测定数据　　　　　　单位：%

组号	1	2	3	4	5	6	均值
1	1.345	1.359	1.338	1.321	1.322	1.328	1.336
2	1.351	1.348	1.352	1.329	1.334	1.328	1.340
3*	1.365	1.339	1.352	1.328	1.344	1.337	1.344
4	1.362	1.351	1.325	1.330	1.328	1.343	1.340
5	1.339	1.335	1.358	1.347	1.328	1.351	1.343
6	1.323	1.333	1.352	1.366	1.347	1.328	1.342
7*	1.349	1.328	1.362	1.333	1.326	1.365	1.344
8	1.345	1.326	1.333	1.328	1.341	1.359	1.339
9	1.340	1.347	1.350	1.335	1.322	1.347	1.340
总平均值				1.341			

注：*为连续流动法测定数据。

表 4-112　　白肋烟磷酸根的测定数据　　　　　　单位：%

组号	1	2	3	4	5	6	均值
1	0.454	0.452	0.437	0.454	0.469	0.443	0.451
2	0.441	0.451	0.459	0.464	0.465	0.446	0.454
3*	0.473	0.465	0.453	0.462	0.466	0.456	0.463

续表

组号	1	2	3	4	5	6	均值
4	0.441	0.431	0.457	0.484	0.453	0.469	0.456
5	0.440	0.443	0.454	0.457	0.445	0.454	0.449
6	0.435	0.468	0.458	0.452	0.438	0.472	0.454
7*	0.433	0.431	0.465	0.441	0.452	0.466	0.448
8	0.456	0.467	0.448	0.451	0.472	0.439	0.456
9	0.445	0.454	0.457	0.434	0.435	0.463	0.448
总平均值				0.453			

注：＊为连续流动法测定数据。

表 4-113 白肋烟硝酸根的测定数据 单位：%

组号	1	2	3	4	5	6	均值
1	2.881	2.732	2.740	2.851	2.672	2.821	2.782
2	2.725	2.716	2.686	2.652	2.843	2.769	2.732
3*	2.659	2.750	2.623	2.650	2.704	2.767	2.692
4	2.619	2.679	2.701	2.699	2.647	2.816	2.694
5	2.668	2.737	2.825	2.746	2.681	2.825	2.747
6	2.781	2.903	2.854	2.715	2.759	2.721	2.789
7*	2.752	2.735	2.699	2.821	2.764	2.581	2.725
8	2.622	2.796	2.834	2.589	2.672	2.705	2.703
9	2.719	2.627	2.795	2.549	2.834	2.793	2.720
总平均值				2.731			

注：＊为连续流动法测定数据。

其中，第 1 组和第 7 组数据为国家烟草质量监督检验中心提供，其余数据由北京化工大学分析测试中心、浙江方圆检测集团有限公司、云南中烟工业有限责任公司技术中心（简称云南中烟技术中心）、内蒙古昆明烟草有限责任公司、贵州中烟工业有限责任公司技术中心（简称贵州中烟技术中心）、河南中烟烟草质量监督检测站、广东省烟草质量监督检测站提供。

主要通过以下几个步骤对这 9 组数据进行检验。

（1）第一步 检验所有数据的有效性：格拉布斯（Grubbs）检验。

利用格拉布斯（Grubbs）检验计算每家实验室测定数据的 $|v_p|$ 和 $\lambda_{(\alpha,n)} \cdot s$，当 $|v_p| > \lambda_{(\alpha,n)} \cdot s$ 时，则 x_p 应被剔除。其中 $|v_p|$ 为测定数据残差的绝对值，$\lambda_{(\alpha,n)} \cdot s$ 是与测量次数 n 及给定的显著性水平 a 有关的数值，查表知 $\lambda_{(0.05,54)} = 3.158$。

由表4-114可以看出，对于所有成分的所有检测数据，$|v_p|$均小于$\lambda_{(\alpha,n)} \cdot s$，说明各家实验室内报送数据无异常值。

表4-114 白肋烟的格拉布斯检验 $[\lambda_{(0.05,54)} = 3.158]$

成分	$|v_p|$最大值	标准偏差s	$\lambda_{(0.05,54)} \cdot s$	检验结果
氯	0.074	0.039	0.122	$|v_p| < \lambda_{(0.05,54)} \cdot s$,通过
硫酸根	0.025	0.013	0.041	$|v_p| < \lambda_{(0.05,54)} \cdot s$,通过
磷酸根	0.031	0.012	0.039	$|v_p| < \lambda_{(0.05,54)} \cdot s$,通过
硝酸根	0.182	0.081	0.256	$|v_p| < \lambda_{(0.05,54)} \cdot s$,通过

（2）第二步 检验所有数据是否符合正态分布：将数据按照从小到大顺序排列，以达格斯·提诺法检验统计量，具体检验结果见表4-115。

表4-115 白肋烟的达格斯·提诺法检验结果

成分	Y	达格斯·提诺法临界区间	检验结果
氯	1.054		处于区间内,通过
硫酸根	0.820	$p = 0.95$	处于区间内,通过
磷酸根	0.756	$n = 50$ 时 区间为$-2.74 \sim 1.06$	处于区间内,通过
硝酸根	0.766	$n = 60$ 时 区间为$-2.68 \sim 1.13$	处于区间内,通过

由表4-115可知，各统计值Y均位于$-2.74 \sim 1.06$和$-2.68 \sim 1.13$，说明各组测定数据呈正态分布。

（3）第三步 首先利用格拉布斯准则（Grubbs）检验各成分9个数据测定平均值的$|v_p|$和$\lambda_{(\alpha,n)} \cdot s$，查表知$\lambda_{(0.05,9)} = 2.215$，统计结果见表4-116，可以看出，对于所有成分的9组数据测定平均值，$|v_p|$均小于$\lambda_{(\alpha,n)} \cdot s$，说明各成分的各组数据测定平均值无异常值。

表4-116 白肋烟各组数据平均值的格拉布斯检验结果 $[\lambda_{(0.05,9)} = 2.215]$

成分	$|v_p|$最大值	标准偏差s	$\lambda_{(0.05,9)} \cdot s$	检验结果
氯	0.034	0.018	0.040	$|v_p| < \lambda_{(0.05,54)} \cdot s$,通过
硫酸根	0.005	0.003	0.006	$|v_p| < \lambda_{(0.05,54)} \cdot s$,通过
磷酸根	0.009	0.005	0.010	$|v_p| < \lambda_{(0.05,54)} \cdot s$,通过
硝酸根	0.058	0.035	0.078	$|v_p| < \lambda_{(0.05,54)} \cdot s$,通过

然后利用狄克逊准则计算各成分9组数据测定平均值的狄克逊参数r_1、r_n

的值,公式如下:

$$r_1 = \frac{x_{(2)} - x_{(1)}}{x_{(n-1)} - x_{(1)}} \qquad r_n = \frac{x_{(n)} - x_{(n-1)}}{x_{(n)} - x_{(2)}}$$

查表$f_{(0.05,9)} = 0.564$,若r_1、r_n均小于$f_{(0.05,9)}$,说明9组数据测定平均值无异常值;若$r_1 > r_n$,且$r_1 > f_{(0.05,9)}$,则判定$x_{(1)}$为异常值,应被剔除;若$r_1 < r_n$,且$r_n > f_{(0.05,9)}$,则判定$x_{(n)}$为异常值,应被剔除。

统计结果见表4-117,可以看出,对于所有成分的9组数据测定平均值,r_1、r_n均小于$f_{(0.05,9)}$,说明9组数据测定平均值无异常值。

表4-117　白肋烟各组数据平均值的狄克逊检验结果

成分	r_1	r_n	$f_{(0.05,9)}$	检验结果
氯	0.121	0.245	0.564	$Max(r_1, r_n) < f_{(0.05,9)}$,通过
硫酸根	0.380	0.060	0.564	$Max(r_1, r_n) < f_{(0.05,9)}$,通过
磷酸根	0.015	0.459	0.564	$Max(r_1, r_n) < f_{(0.05,9)}$,通过
硝酸根	0.016	0.074	0.564	$Max(r_1, r_n) < f_{(0.05,9)}$,通过

(4) 第四步　根据科克伦准则,计算统计量如下式:

$$C = \frac{s_{max}^2}{\sum_{i=1}^{9} s_i^2}$$

将C与C(0.05,9,6)$ = 0.3285$进行比较,若$C < C$(0.05,9,6),则证实9组测量数据等精度。在这里,s_{max}^2指的是9组数据中方差最大的一组,$\sum_{i=1}^{9} s_i^2$指的是9组测量数据方差之和,6指的是每组数据测定的重复次数。

统计结果见表4-118,可以看出,对于所有成分的9组数据测定值,均有$C < C$(0.05,9,6),则证实9组测量数据等精度。

表4-118　白肋烟各组数据的科克伦检验结果

成分	方差最大值	方差总和	C	C(0.05,9,6)	检验结果
氯	0.0031	0.0128	0.2428	0.3285	$C < C(0.05,9,6)$,通过
硫酸根	0.0003	0.0017	0.1776	0.3285	$C < C(0.05,9,6)$,通过
磷酸根	0.0004	0.0014	0.2474	0.3285	$C < C(0.05,9,6)$,通过
硝酸根	0.0124	0.0575	0.2155	0.3285	$C < C(0.05,9,6)$,通过

通过上述检验,可得9组、54个数据均不需要剔除,数据符合正态分布,各组数据均值等精度。

因此，取各组数据的总平均值作为定值结果。平均值的标准不确定度按下式计算：

$$u_c(\bar{\bar{x}}) = \sqrt{\frac{\sum_{i=1}^{P}(\bar{x}_i - \bar{\bar{x}})^2}{P \cdot (P-1)}}$$

式中　P——独立数组的个数，此处为 9；

　　　$\bar{x}_i$——每个成分每组数据的平均值；

　　　$\bar{\bar{x}}$——该成分的总平均值。

同时计算其占总平均值的百分比，即求得样品定值引起的 A 类相对标准不确定度 u_{rc} 见表 4–119。

表 4–119　不同成分定值及定值贡献的不确定度（A 类）　　　　单位：%

成分	总平均值	定值引入的标准不确定度 $u_c(\bar{\bar{x}})$	相对标准不确定度 u_{rc}
氯	2.055	0.0061	0.30
硫酸根	1.341	0.0006	0.05
磷酸根	0.453	0.0016	0.34
硝酸根	2.731	0.0118	0.43

三、烤烟定值

根据本章第八节中的定值依据，本研究选择的是两种方法，多家实验室联合定值，独立数组的个数为 9 组。每家实验室每种类型的样品收到 2 瓶，每瓶均要做 3 个平行，每种待测成分提供的数据应为 6 个。9 组数据总共为 54 个，见表 4–120～表 4–125。这 9 组数据的检验步骤与白肋烟相同。

表 4–120　烤烟 G 中氯的测定数据　　　　单位：%

编号	1	2	3	4	5	6	均值
1	0.859	0.867	0.875	0.868	0.843	0.882	0.866
2	0.879	0.852	0.886	0.892	0.863	0.855	0.871
3*	0.857	0.887	0.880	0.881	0.863	0.846	0.869
4	0.902	0.851	0.875	0.867	0.846	0.869	0.868
5	0.874	0.903	0.888	0.865	0.855	0.859	0.874
6	0.878	0.908	0.866	0.871	0.832	0.883	0.873
7*	0.899	0.845	0.859	0.867	0.907	0.865	0.874
8	0.908	0.857	0.874	0.862	0.858	0.901	0.877
9	0.859	0.848	0.885	0.871	0.849	0.861	0.862
总平均值				0.870			

注：*代表连续流动法测定数据。

表 4-121　烤烟 G 中硫酸根的测定数据　　　　单位：%

编号	1	2	3	4	5	6	均值
1	1.157	1.142	1.154	1.154	1.147	1.152	1.151
2	1.152	1.162	1.148	1.145	1.153	1.172	1.155
3 *	1.148	1.141	1.162	1.173	1.156	1.145	1.154
4	1.146	1.151	1.162	1.167	1.139	1.145	1.152
5	1.144	1.145	1.162	1.141	1.161	1.152	1.151
6	1.152	1.161	1.137	1.162	1.155	1.146	1.152
7 *	1.16	1.158	1.141	1.136	1.169	1.158	1.154
8	1.171	1.162	1.152	1.143	1.139	1.155	1.154
9	1.147	1.145	1.162	1.144	1.152	1.148	1.150
总平均值				1.152			

注：＊代表连续流动法测定数据。

表 4-122　烤烟 G 中磷酸根的测定数据　　　　单位：%

编号	1	2	3	4	5	6	均值
1	0.889	0.914	0.904	0.909	0.892	0.875	0.897
2	0.900	0.913	0.897	0.917	0.882	0.928	0.906
3 *	0.903	0.877	0.887	0.880	0.881	0.863	0.882
4	0.915	0.909	0.883	0.912	0.909	0.915	0.907
5	0.895	0.908	0.906	0.886	0.875	0.880	0.892
6	0.905	0.892	0.889	0.902	0.894	0.893	0.896
7 *	0.883	0.886	0.895	0.898	0.912	0.896	0.895
8	0.912	0.896	0.885	0.873	0.915	0.879	0.893
9	0.892	0.885	0.896	0.890	0.892	0.890	0.891
总平均值				0.895			

注：＊代表连续流动法测定数据。

表 4-123　烤烟 D 中氯的测定数据　　　　单位：%

编号	1	2	3	4	5	6	均值
1	0.258	0.270	0.267	0.268	0.278	0.266	0.268
2	0.271	0.280	0.276	0.281	0.277	0.280	0.278
3 *	0.271	0.272	0.27	0.276	0.273	0.256	0.270

续表

编号	1	2	3	4	5	6	均值
4	0.286	0.285	0.271	0.274	0.264	0.285	0.278
5	0.256	0.259	0.285	0.275	0.289	0.265	0.272
6	0.273	0.272	0.269	0.270	0.273	0.272	0.272
7*	0.269	0.273	0.284	0.285	0.268	0.277	0.276
8	0.288	0.265	0.258	0.267	0.274	0.251	0.267
9	0.285	0.282	0.278	0.272	0.279	0.274	0.278
总平均值				0.273			

注：*代表连续流动法测定数据。

表 4-124 烤烟 D 中硫酸根的测定数据　　　　　　单位：%

编号	1	2	3	4	5	6	均值
1	1.148	1.137	1.149	1.152	1.138	1.141	1.144
2	1.133	1.139	1.154	1.148	1.151	1.160	1.147
3*	1.132	1.141	1.145	1.155	1.143	1.136	1.142
4	1.139	1.145	1.136	1.148	1.151	1.162	1.147
5	1.143	1.143	1.139	1.149	1.156	1.142	1.145
6	1.151	1.146	1.133	1.162	1.138	1.139	1.145
7*	1.136	1.132	1.152	1.143	1.141	1.139	1.141
8	1.135	1.144	1.138	1.155	1.152	1.144	1.145
9	1.138	1.139	1.135	1.146	1.144	1.138	1.140
总平均值				1.144			

注：*代表连续流动法测定数据。

表 4-125 烤烟 D 中磷酸根的测定数据　　　　　　单位：%

编号	1	2	3	4	5	6	均值
1	0.362	0.359	0.381	0.375	0.352	0.368	0.366
2	0.371	0.357	0.372	0.356	0.348	0.384	0.365
3*	0.390	0.377	0.399	0.362	0.393	0.389	0.385
4	0.368	0.380	0.382	0.389	0.369	0.392	0.380
5	0.399	0.386	0.383	0.381	0.388	0.387	0.388
6	0.379	0.374	0.377	0.365	0.363	0.382	0.373

续表

编号	1	2	3	4	5	6	均值
7[*]	0.374	0.378	0.369	0.365	0.369	0.372	0.371
8	0.382	0.371	0.365	0.391	0.362	0.383	0.376
9	0.375	0.376	0.378	0.375	0.374	0.379	0.376
总平均值				0.376			

注：*代表连续流动法测定数据。

其中，第 1 组和第 7 组数据均为国家烟草质量监督检验中心提供，其余数据由北京化工大学分析测试中心、浙江方圆检测集团有限公司、云南中烟技术中心、内蒙古昆明烟草有限责任公司、贵州中烟技术中心、河南中烟烟草质量监督检测站、广东省烟草质量监督检测站提供。

（1）第一步　利用格拉布斯（Grubbs）检验计算每家实验室测定数据的 $|v_p|$ 和 $\lambda_{(\alpha,n)} \cdot s$，当 $|v_p| > \lambda_{(\alpha,n)} \cdot s$ 时，则 x_p 应被剔除。其中 $|v_p|$ 为测定数据残差的绝对值，$\lambda(\alpha,n) \cdot s$ 是与测量次数 n 及给定的显著性水平 a 有关的数值，查表知 $\lambda_{(0.05,54)} = 3.158$。

由表 4-126 可以看出，对于所有成分的所有检测数据，$|v_p|$ 均小于 $\lambda_{(\alpha,n)} \cdot s$，说明各家实验室内报送数据无异常值。

表 4-126　两个烤烟样品测定值的格拉布斯检验结果 [$\lambda_{(0.05,54)} = 3.158$]

样品类型	成分	$|v_p|$ 最大值	标准偏差 s	$\lambda_{(0.05,54)} \cdot s$	检验结果
烤烟 G	氯	0.038	0.018	0.058	$|v_p| < \lambda_{(0.05,54)} \cdot s$，通过
	硫酸根	0.021	0.009	0.030	$|v_p| < \lambda_{(0.05,54)} \cdot s$，通过
	磷酸根	0.033	0.014	0.044	$|v_p| < \lambda_{(0.05,54)} \cdot s$，通过
烤烟 D	氯	0.022	0.009	0.028	$|v_p| < \lambda_{(0.05,54)} \cdot s$，通过
	硫酸根	0.018	0.008	0.024	$|v_p| < \lambda_{(0.05,54)} \cdot s$，通过
	磷酸根	0.028	0.012	0.036	$|v_p| < \lambda_{(0.05,54)} \cdot s$，通过

（2）第二步　将数据按照从小到大顺序排列。以达格斯·提诺法检验统计量，计算方法在白肋烟正态分布检验中已经列出，此处只阐述检验结果和判定结论。

本检验取包含概率为 95%，$n = 50$ 时，$a \sim a$ 范围为 $-2.74 \sim 1.06$，当 $n = 60$ 时，$a \sim a$ 范围为 $-2.68 \sim 1.13$，具体检验结果见表 4-127。

表 4-127 两个烤烟样品测定值的达格斯·提诺检验法结果

样品类型	成分	Y	达格斯·提诺法临界区间	检验结果
烤烟 G	氯	-0.044		处于区间内，通过
	硫酸根	0.398	$p = 0.95$	处于区间内，通过
	磷酸根	0.591	$n = 50$ 时 区间为 $-2.74 \sim 1.06$	处于区间内，通过
烤烟 D	氯	-0.429	$n = 60$ 时 区间为 $-2.68 \sim 1.13$	处于区间内，通过
	硫酸根	-0.082		处于区间内，通过
	磷酸根	-0.075		处于区间内，通过

由表 4-127 可知，各统计值 Y 均位于 $-2.74 \sim 1.06$ 和 $-2.68 \sim 1.13$，说明各组测定数据呈正态分布。

（3）第三步　在数据服从正态分布的情况下，将每个实验室所测数据的平均值视为单次测量值构成一组新的测量数据，用格拉布斯法或狄克逊准则从统计上剔除可疑值。

首先利用格拉布斯（Grubbs）检验计算各成分 9 组数据测定平均值的 $|v_p|$ 和 $\lambda_{(\alpha,n)} \cdot s$，查表知 $\lambda_{(0.05,9)} = 2.215$，统计结果见表 4-128，可以看出，对于所有成分的 9 组数据测定平均值，$|v_p|$ 均小于 $\lambda_{(\alpha,n)} \cdot s$，说明各成分的各组数据测定平均值无异常值。

表 4-128 两个烤烟样品各组数据平均值的格拉布斯检验结果 $[\lambda_{(0.05,9)} = 2.215]$

样品类型	成分	$|v_p|$最大值	标准偏差 s	$\lambda_{(0.05,9)} \cdot s$	检验结果
烤烟 G	氯	0.008	0.005	0.010	$|v_p| < \lambda_{(0.05,54)} \cdot s$，通过
	硫酸根	0.003	0.002	0.004	$|v_p| < \lambda_{(0.05,54)} \cdot s$，通过
	磷酸根	0.013	0.008	0.017	$|v_p| < \lambda_{(0.05,54)} \cdot s$，通过
烤烟 D	氯	0.006	0.004	0.010	$|v_p| < \lambda_{(0.05,54)} \cdot s$，通过
	硫酸根	0.004	0.003	0.006	$|v_p| < \lambda_{(0.05,54)} \cdot s$，通过
	磷酸根	0.012	0.008	0.017	$|v_p| < \lambda_{(0.05,54)} \cdot s$，通过

然后利用狄克逊准则计算各成分 9 组数据测定平均值的 r_1、r_n 值，公式如下：

$$r_1 = \frac{x_{(2)} - x_{(1)}}{x_{(n-1)} - x_{(1)}} \qquad r_n = \frac{x_{(n)} - x_{(n-1)}}{x_{(n)} - x_{(2)}}$$

查表得 $f_{(0.05,9)} = 0.564$，若 r_1、r_n 均小于 $f_{(0.05,9)}$，说明 9 组数据测定平均

值无异常值；若 $r_1 > r_n$，且 $r_1 > f_{(0.05, 9)}$，则判定 $x_{(1)}$ 为异常值，应被剔除；若 $r_1 < r_n$，且 $r_n > f_{(0.05, 9)}$，则判定 $x_{(n)}$ 为异常值，应被剔除。

统计结果见表 4-129，可以看出，对于所有成分的 9 组数据测定平均值，r_1、r_n 均小于 $f_{(0.05, 9)}$，说明 9 组数据测定平均值无异常值。

表 4-129 两种烤烟样品各组数据平均值的狄克逊检验结果

样品类型	成分	r_1	r_n	$f_{(0.05, 9)}$	检验结果
烤烟 G	氯	0.282	0.242	0.564	Max（r_1，r_n）$< f_{(0.05, 9)}$，通过
	硫酸根	0.259	0.259	0.564	Max（r_1，r_n）$< f_{(0.05, 9)}$，通过
	磷酸根	0.369	0.067	0.564	Max（r_1，r_n）$< f_{(0.05, 9)}$，通过
烤烟 D	氯	0.051	0.058	0.564	Max（r_1，r_n）$< f_{(0.05, 9)}$，通过
	硫酸根	0.073	0.086	0.564	Max（r_1，r_n）$< f_{(0.05, 9)}$，通过
	磷酸根	0.071	0.118	0.564	Max（r_1，r_n）$< f_{(0.05, 9)}$，通过

（4）第四步 利用科克伦准则检查各组数据之间是否等精度。当数据是等精度时，计算出总平均值和标准偏差。

根据科克伦准则，计算统计量 $C = \dfrac{s_{max}^2}{\sum\limits_{i=1}^{9} s_i^2}$，将其与 $C(0.05, 9, 6) = 0.3285$ 进行比较，若 $C < C(0.05, 9, 6)$，则证实 9 组测量数据等精度。在这里，s_{max}^2 指的是 9 组数据中方差最大的一组，$\sum\limits_{i=1}^{9} s_i^2$ 指的是 9 组测量数据方差之和，6 指的是每组数据测定的重复次数。

统计结果见表 4-130，可以看出，对于所有成分的 9 组数据测定值，均有 $C < C(0.05, 9, 6)$，则证实 9 组测量数据等精度。

表 4-130 两种烤烟样品各组数据的科克伦检验结果

样品类型	成分	方差最大值	方差总和	C	$C(0.05, 9, 6)$	检验结果
烤烟 G	氯	0.0006	0.0033	0.1835	0.3285	$C < C(0.05, 9, 6)$，通过
	硫酸根	0.0002	0.0009	0.1743	0.3285	$C < C(0.05, 9, 6)$，通过
	磷酸根	0.0003	0.0014	0.2093	0.3285	$C < C(0.05, 9, 6)$，通过
烤烟 D	氯	0.0002	0.0006	0.3034	0.3285	$C < C(0.05, 9, 6)$，通过
	硫酸根	0.0001	0.0006	0.1992	0.3285	$C < C(0.05, 9, 6)$，通过
	磷酸根	0.0002	0.0008	0.2216	0.3285	$C < C(0.05, 9, 6)$，通过

通过上述检验，可得 9 组，54 个数据均不需要剔除，数据符合正态分布，各组数据均值等精度。

因此，取各组数据的总平均值作为定值结果。平均值的标准不确定度按下式计算：

$$u_c(\bar{x}) = \sqrt{\frac{\sum\limits_{i=1}^{P}(\bar{x}_i - \bar{\bar{x}})^2}{P \cdot (P-1)}}$$

式中　P——独立数组的个数，此处为 9；

　　　$\bar{x}_i$——每个成分每组数据的平均值；

　　　$\bar{\bar{x}}$——该成分的总平均值。

同时计算其占总平均值的百分比，即求得样品定值引起的 A 类相对标准不确定度 u_{rc}，见表 4-131。

表 4-131　两种样品不同成分定值及定值贡献的不确定度（A 类）　　　单位：%

样品类型	成分	总平均值	定值引入的标准不确定度 $u_c(\bar{x})$	相对标准不确定度 u_{rc}
	氯	0.870	0.0015	0.17
烤烟 G	硫酸根	1.152	0.0006	0.06
	磷酸根	0.895	0.0026	0.29
	氯	0.273	0.0015	0.54
烤烟 D	硫酸根	1.144	0.0009	0.08
	磷酸根	0.376	0.0023	0.62

四、香料烟定值

根据第八节中的定值依据，本研究选择的是两种方法，多家实验室联合定值，独立数组的个数为 9 组。每家实验室每种类型的样品收到 2 瓶，每瓶均要做 3 平行，每种待测成分提供的数据应为 6 个，9 组数据总共为 54 个，香料烟 9 组数据的检验步骤与白肋烟相同，数据见表 4-132～表 4-135。

表 4-132　香料烟氯的测定数据　　　单位：%

编号	1	2	3	4	5	6	均值
1	1.436	1.426	1.436	1.428	1.429	1.427	1.430
2	1.431	1.444	1.439	1.460	1.441	1.426	1.440
3*	1.461	1.445	1.452	1.438	1.425	1.423	1.441
4	1.453	1.436	1.434	1.438	1.447	1.459	1.444
5	1.438	1.450	1.469	1.437	1.453	1.443	1.448

续表

编号	1	2	3	4	5	6	均值
6	1.465	1.438	1.437	1.471	1.456	1.436	1.451
7*	1.462	1.436	1.451	1.429	1.437	1.468	1.447
8	1.426	1.445	1.461	1.429	1.456	1.454	1.445
9	1.445	1.438	1.425	1.450	1.434	1.438	1.438
总平均值				1.443			

注：*代表连续流动法测定数据。

表 4-133 香料烟硫酸根的测定数据 单位：%

编号	1	2	3	4	5	6	均值
1	1.766	1.773	1.788	1.819	1.805	1.792	1.791
2	1.788	1.769	1.785	1.807	1.798	1.769	1.786
3*	1.818	1.826	1.793	1.801	1.812	1.799	1.808
4	1.826	1.798	1.81	1.821	1.803	1.811	1.812
5	1.814	1.814	1.805	1.784	1.810	1.785	1.802
6	1.768	1.789	1.763	1.792	1.802	1.769	1.781
7*	1.799	1.812	1.823	1.765	1.763	1.775	1.790
8	1.784	1.768	1.793	1.815	1.785	1.767	1.785
9	1.794	1.779	1.789	1.774	1.778	1.764	1.780
总平均值				1.793			

注：*代表连续流动法测定数据。

表 4-134 香料烟磷酸根的测定数据 单位：%

编号	1	2	3	4	5	6	均值
1	0.615	0.623	0.638	0.612	0.633	0.617	0.623
2	0.610	0.626	0.622	0.629	0.627	0.639	0.625
3*	0.628	0.625	0.626	0.617	0.614	0.634	0.624
4	0.621	0.629	0.628	0.621	0.613	0.631	0.624
5	0.625	0.631	0.640	0.634	0.635	0.633	0.633
6	0.612	0.636	0.625	0.628	0.617	0.622	0.623
7*	0.609	0.628	0.634	0.597	0.621	0.615	0.617
8	0.621	0.623	0.634	0.625	0.619	0.622	0.624
9	0.604	0.624	0.624	0.623	0.615	0.628	0.619
总平均值				0.624			

注：*代表连续流动法测定数据。

表 4-135　香料烟硝酸根的测定数据　　　　单位：%

编号	1	2	3	4	5	6	均值
1	0.0729	0.0679	0.0746	0.0738	0.0728	0.0748	0.0728
2	0.0742	0.0705	0.0700	0.0746	0.0744	0.0691	0.0721
3*	0.0698	0.0745	0.0743	0.0732	0.0751	0.0709	0.0730
4	0.0726	0.0694	0.0702	0.0736	0.0755	0.0732	0.0724
5	0.0755	0.0761	0.0729	0.0708	0.0711	0.0728	0.0732
6	0.0726	0.0752	0.0738	0.0719	0.0755	0.0714	0.0734
7*	0.0725	0.0736	0.0758	0.0756	0.0722	0.0736	0.0739
8	0.0752	0.0769	0.0738	0.0725	0.0729	0.0711	0.0737
9	0.0711	0.0693	0.0740	0.0731	0.0739	0.0748	0.0727
总平均值			0.073				

注：* 代表连续流动法测定数据。

其中，第 1 组和第 7 组数据为国家烟草质量监督检验中心提供，其余数据由北京化工大学分析测试中心、浙江方圆检测集团有限公司、云南中烟技术中心、内蒙古昆明烟草有限责任公司、贵州中烟技术中心、河南中烟烟草质量监督检测站、广东省烟草质量监督检测站提供。

（1）第一步　利用格拉布斯（Grubbs）检验计算每家实验室测定数据的 $|v_p|$ 和 $\lambda_{(\alpha,n)} \cdot s$，当 $|v_p| > \lambda_{(\alpha,n)} \cdot s$ 时，则 x_p 应被剔除。其中 $|v_p|$ 为测定数据残差的绝对值，$\lambda_{(\alpha,n)} \cdot s$ 是与测量次数 n 及给定的显著性水平 a 有关的数值，查表知 $\lambda_{(0.05,54)} = 3.158$。

由表 4-136 可以看出，对于所有成分的所有检测数据，$|v_p|$ 均小于 $\lambda_{(\alpha,n)} \cdot s$，说明各家实验室内报送数据无异常值。

表 4-136　香料烟的格拉布斯检验结果 $[\lambda_{(0.05,54)} = 3.158]$

成分	$|v_p|$ 最大值	标准偏差 s	$\lambda_{(0.05,54)} \cdot s$	检验结果
氯	0.028	0.0129	0.041	$|v_p| < \lambda_{(0.05,54)} \cdot s$，通过
硫酸根	0.033	0.0158	0.059	$|v_p| < \lambda_{(0.05,54)} \cdot s$，通过
磷酸根	0.027	0.0090	0.028	$|v_p| < \lambda_{(0.05,54)} \cdot s$，通过
硝酸根	0.005	0.0021	0.006	$|v_p| < \lambda_{(0.05,54)} \cdot s$，通过

（2）第二步　将数据按照从小到大顺序排列。达格斯·提诺法检验统计

量，计算方法在白肋烟正态分布检验中已经列出，此处为检验结果和判定结论。

本检验取包含概率为95%，$n=50$ 时，$a \sim a$ 范围为$-2.74 \sim 1.06$，当 $n=60$ 时，$a \sim a$ 范围为$-2.68 \sim 1.13$，具体检验结果见表4-137。

表4-137 香料烟的达格斯·提诺法检验结果

成分	Y	达格斯·提诺法临界区间	检验结果
氯	0.110		处于区间内，通过
硫酸根	0.021	$p=0.95$	处于区间内，通过
磷酸根	-0.769	$n=50$ 时 区间为$-2.74 \sim 1.06$	处于区间内，通过
硝酸根	0.077	$n=60$ 时 区间为$-2.68 \sim 1.13$	处于区间内，通过

表4-137可知，各统计值 Y 均位于$-2.74 \sim 1.06$ 和$-2.68 \sim 1.13$，说明各组测定数据呈正态分布。

（3）第三步 在数据服从正态分布的情况下，将每个实验室所测数据的平均值视为单次测量值构成一组新的测量数据，用格拉布斯法或狄克逊准则从统计上剔除可疑值。

首先利用格拉布斯准则（Grubbs）检验各成分9数据测定平均值的 $|v_p|$ 和 $\lambda_{(\alpha,n)} \cdot s$，查表知 $\lambda_{(0.05,9)}=2.215$，统计结果见表4-138，可以看出，对于所有成分的9组数据测定平均值，$|v_p|$ 均小于 $\lambda_{(\alpha,n)} \cdot s$，说明各成分的各组数据测定平均值无异常值。

表4-138 香料烟各组数据平均值的格拉布斯检验结果 $\left[\lambda_{(0.05,9)}=2.215 \right]$

成分	$\|v_p\|$最大值	标准偏差 s	$\lambda_{(0.05,9)} \cdot s$	检验结果
氯	0.0127	0.0062	0.0137	$\|v_p\|<\lambda_{(0.05,54)} \cdot s$，通过
硫酸根	0.0185	0.0118	0.0261	$\|v_p\|<\lambda_{(0.05,54)} \cdot s$，通过
磷酸根	0.0089	0.0043	0.0095	$\|v_p\|<\lambda_{(0.05,54)} \cdot s$，通过
硝酸根	0.0009	0.0006	0.0013	$\|v_p\|<\lambda_{(0.05,54)} \cdot s$，通过

然后利用狄克逊准则计算各成分9组数据测定平均值的 r_1、r_n 值，公式如下：

$$r_1 = \frac{x_{(2)} - x_{(1)}}{x_{(n-1)} - x_{(1)}} \qquad r_n = \frac{x_{(n)} - x_{(n-1)}}{x_{(n)} - x_{(2)}}$$

查表得 $f_{(0.05,9)}=0.564$，若 r_1、r_n 均小于 $f_{(0.05,9)}$，说明 9 组数据测定平均值无异常值；若 $r_1>r_n$，且 $r_1>f_{(0.05,9)}$，则判定 $x_{(1)}$ 为异常值，应被剔除；若 $r_1<r_n$，且 $r_n>f_{(0.05,9)}$，则判定 $x_{(n)}$ 为异常值，应被剔除。

统计结果见表 4-139，可以看出，对于所有成分的 9 组数据测定平均值，r_1、r_n 均小于 $f_{(0.05,9)}$，说明 9 组数据测定平均值无异常值。

表 4-139　香料烟各组数据平均值的狄克逊检验结果

成分	r_1	r_n	$f_{(0.05,9)}$	检验结果
氯	0.443	0.178	0.564	$Max(r_1,r_n)<f_{(0.05,9)}$，通过
硫酸根	0.023	0.108	0.564	$Max(r_1,r_n)<f_{(0.05,9)}$，通过
磷酸根	0.265	0.559	0.564	$Max(r_1,r_n)<f_{(0.05,9)}$，通过
硝酸根	0.174	0.102	0.564	$Max(r_1,r_n)<f_{(0.05,9)}$，通过

（4）第四步　利用科克伦准则检查各组数据之间是否等精度。当数据是等精度时，计算出总平均值和标准偏差。

根据科克伦准则，计算统计量 $C=\dfrac{s_{max}^2}{\sum\limits_{i=1}^{9}s_i^2}$，将其与 $C(0.05，9，6)=0.3285$ 进行比较，若 $C<C(0.05，9，6)$，则证实 9 组测量数据等精度。在这里，s_{max}^2 指的是 9 组数据中方差最大的一组，$\sum\limits_{i=1}^{9}s_i^2$ 指的是 9 组测量数据方差之和，6 指的是每组数据测定的重复次数。

统计结果见表 4-140，可以看出，对于所有成分的 9 组数据测定值，均有 $C<C(0.05，9，6)$，则证实 9 组测量数据等精度。

表 4-140　香料烟各组数据的科克伦检验结果

成分	方差最大值	方差总和	C	$C(0.05，9，6)$	检验结果
氯	0.0002	0.0014	0.1747	0.3285	$C<C(0.05,9,6)$，通过
硫酸根	0.0006	0.0024	0.2661	0.3285	$C<C(0.05,9,6)$，通过
磷酸根	0.0002	0.0007	0.2648	0.3285	$C<C(0.05,9,6)$，通过
硝酸根	0.00001	0.00004	0.1572	0.3285	$C<C(0.05,9,6)$，通过

通过上述检验，可得 9 组、54 个数据均不需要剔除，数据符合正态分布，各组数据均值等精度。

因此，取各组数据的总平均值作为定值结果。平均值的标准不确定度按下式计算：

$$u_c(\bar{\bar{x}}) = \sqrt{\frac{\sum\limits_{i=1}^{P}(\bar{x}_i - \bar{\bar{x}})^2}{P \cdot (P-1)}}$$

式中　P——独立数组的个数，此处为9；

　　　$\bar{x}_i$——每个成分每组数据的平均值；

　　　$\bar{\bar{x}}$——该成分的总平均值。

同时计算其占总平均值的百分比，即求得样品定值引起的 A 类相对标准不确定度 u_{rc}。

表 4-141　香料烟不同成分定值及定值贡献的不确定度（A 类）　　单位：%

成分	总平均值	定值引入的标准不确定度 $u_c(\bar{\bar{x}})$	相对标准不确定度 u_{rc}
氯	1.443	0.0021	0.14
硫酸根	1.793	0.0039	0.22
磷酸根	0.624	0.0014	0.23
硝酸根	0.073	0.0002	0.27

五、烟草薄片定值

根据第八节中的定值依据，本研究选择的是两种方法，多家实验室联合定值，独立数组的个数为 9 组。每家实验室每种类型的样品收到 2 瓶，每瓶均要做 3 平行，每种待测成分提供的数据应为 6 个。9 组数据总共为 54 个，根据 JJF 1343—2022，对这 9 组数据进行检验，结果见表 4-142～表 4-145。

表 4-142　烟草薄片中氯的测定数据　　单位：%

组号	1	2	3	4	5	6	均值
1	0.942	0.938	0.930	0.940	0.938	0.937	0.937
2	0.942	0.942	0.940	0.936	0.938	0.936	0.939
3*	0.95	0.943	0.935	0.939	0.946	0.943	0.943
4	0.944	0.943	0.944	0.947	0.948	0.951	0.946
5	0.934	0.952	0.938	0.949	0.925	0.933	0.939
6	0.932	0.945	0.927	0.924	0.958	0.935	0.937
7*	0.952	0.948	0.938	0.932	0.956	0.946	0.945
8	0.951	0.934	0.945	0.929	0.931	0.938	0.938
9	0.937	0.935	0.947	0.938	0.951	0.952	0.943
总平均值				0.941			

注：*代表连续流动法测定数据。

表 4-143　烟草薄片中硫酸根的测定数据　　　　　单位：%

组号	1	2	3	4	5	6	均值
1	0.703	0.701	0.706	0.694	0.683	0.702	0.698
2	0.687	0.690	0.695	0.691	0.692	0.687	0.690
3*	0.698	0.687	0.686	0.691	0.693	0.691	0.691
4	0.688	0.693	0.690	0.691	0.696	0.692	0.692
5	0.703	0.705	0.696	0.688	0.701	0.696	0.698
6	0.702	0.689	0.693	0.701	0.685	0.709	0.697
7*	0.681	0.682	0.694	0.685	0.689	0.697	0.688
8	0.715	0.706	0.698	0.713	0.712	0.705	0.708
9	0.704	0.699	0.705	0.702	0.694	0.703	0.701
总平均值				0.696			

注：＊代表连续流动法测定数据。

表 4-144　烟草薄片中磷酸根的测定数据　　　　　单位：%

组号	1	2	3	4	5	6	均值
1	0.369	0.368	0.367	0.368	0.381	0.383	0.373
2	0.374	0.377	0.381	0.376	0.373	0.376	0.376
3*	0.380	0.373	0.375	0.377	0.377	0.376	0.376
4	0.377	0.380	0.379	0.381	0.381	0.382	0.380
5	0.369	0.383	0.381	0.368	0.359	0.366	0.371
6	0.392	0.390	0.372	0.377	0.377	0.383	0.382
7*	0.385	0.379	0.365	0.366	0.382	0.387	0.377
8	0.375	0.362	0.368	0.377	0.381	0.376	0.377
9	0.374	0.375	0.374	0.373	0.373	0.376	0.377
总平均值				0.376			

注：＊代表连续流动法测定数据。

表 4-145　烟草薄片中硝酸根的测定数据　　　　　单位：%

组号	1	2	3	4	5	6	均值
1	0.356	0.357	0.371	0.367	0.369	0.372	0.365
2	0.353	0.365	0.375	0.364	0.361	0.362	0.363
3*	0.372	0.369	0.356	0.378	0.380	0.365	0.370

续表

组号	1	2	3	4	5	6	均值
4	0.362	0.364	0.363	0.364	0.364	0.365	0.364
5	0.357	0.365	0.359	0.384	0.358	0.367	0.365
6	0.366	0.366	0.382	0.384	0.358	0.374	0.372
7*	0.361	0.372	0.359	0.368	0.372	0.352	0.364
8	0.371	0.365	0.382	0.373	0.356	0.364	0.369
9	0.365	0.364	0.365	0.361	0.362	0.365	0.364
总平均值				0.366			

注：*代表连续流动法测定数据。

其中，第 1 组和第 7 组数据为国家烟草质量监督检验中心提供，其余数据由北京化工大学分析测试中心、浙江方圆检测集团有限公司、云南中烟技术中心、内蒙古昆明烟草有限责任公司、贵州中烟技术中心、河南中烟烟草质量监督检测站、广东省烟草质量监督检测站提供。

（1）第一步　利用格拉布斯（Grubbs）检验计算每家实验室测定数据的 $|v_p|$ 和 $\lambda_{(\alpha,n)} \cdot s$，当 $|v_p| > \lambda_{(\alpha,n)} \cdot s$ 时，则 x_p 应被剔除。其中 $|v_p|$ 为测定数据残差的绝对值，$\lambda_{(\alpha,n)} \cdot s$ 是与测量次数 n 及给定的显著性水平 a 有关的数值，查表知 $\lambda_{(0.05,54)} = 3.158$。

由表 4-146 可以看出，对于所有成分的所有检测数据，$|v_p|$ 均小于 $\lambda_{(\alpha,n)} \cdot s$，说明各家实验室内报送数据无异常值。

表 4-146　烟草薄片格拉布斯检验结果 $[\lambda_{(0.05,54)} = 3.158]$

成分	$|v_p|$ 最大值	标准偏差 s	$\lambda_{(0.05,54)} \cdot s$	检验结果
氯	0.017	0.0079	0.025	$|v_p| < \lambda_{(0.05,54)} \cdot s$，通过
硫酸根	0.019	0.0082	0.026	$|v_p| < \lambda_{(0.05,54)} \cdot s$，通过
磷酸根	0.017	0.0067	0.021	$|v_p| < \lambda_{(0.05,54)} \cdot s$，通过
硝酸根	0.018	0.0077	0.024	$|v_p| < \lambda_{(0.05,54)} \cdot s$，通过

（2）第二步　将数据按照从小到大顺序排列。达格斯·提诺法检验统计量，计算方法在白肋烟正态分布检验中已经列出，此处为检验结果和判定结论。

本检验取包含概率为 95%，$n = 50$ 时，$a \sim a$ 范围为 $-2.74 \sim 1.06$，当 $n = 60$

时，$a \sim a$ 范围为 $-2.68 \sim 1.13$，具体检验结果见表 4-147。

表 4-147　烟草薄片的达格斯·提诺法检验结果

成分	Y	达格斯·提诺法临界区间	检验结果
氯	0.618		处于区间内，通过
硫酸根	0.634	$p = 0.95$	处于区间内，通过
磷酸根	-0.997	$n = 50$ 时 区间为 $-2.74 \sim 1.06$	处于区间内，通过
硝酸根	-1.465	$n = 60$ 时 区间为 $-2.68 \sim 1.13$	处于区间内，通过

由表 4-147 可知，各统计值 Y 均位于 $-2.74 \sim 1.06$ 和 $-2.68 \sim 1.13$，说明各组测定数据呈正态分布。

（3）第三步　在数据服从正态分布的情况下，将每个实验室的所测数据的平均值视为单次测量值构成一组新的测量数据，用格拉布斯检验或狄克逊准则从统计上剔除可疑值。

首先利用格拉布斯准则（Grubbs）检验各成分 9 数据测定平均值的 $|v_p|$ 和 $\lambda_{(\alpha, n)} \cdot s$，查表知 $\lambda_{(0.05, 9)} = 2.215$，统计结果见表 4-148，可以看出，对于所有成分的 9 组数据测定平均值，$|v_p|$ 均小于 $\lambda_{(\alpha, n)} \cdot s$，说明各成分的各组数据测定平均值无异常值。

表 4-148　烟草薄片各组数据平均值的格拉布斯检验结果　[$\lambda_{(0.05, 9)} = 2.215$]

成分	$|v_p|$ 最大值	标准偏差 s	$\lambda_{(0.05, 9)} \cdot s$	检验结果
氯	0.0052	0.0036	0.0080	$|v_p| < \lambda_{(0.05, 54)} \cdot s$，通过
硫酸根	0.0122	0.0064	0.0142	$|v_p| < \lambda_{(0.05, 54)} \cdot s$，通过
磷酸根	0.0060	0.0033	0.0074	$|v_p| < \lambda_{(0.05, 54)} \cdot s$，通过
硝酸根	0.0057	0.0031	0.0068	$|v_p| < \lambda_{(0.05, 54)} \cdot s$，通过

然后利用狄克逊准则计算各成分 9 组数据测定平均值的 r_1、r_n 值，公式如下：

$$r_1 = \frac{x_{(2)} - x_{(1)}}{x_{(n-1)} - x_{(1)}} \qquad r_n = \frac{x_{(n)} - x_{(n-1)}}{x_{(n)} - x_{(2)}}$$

查表得 $f_{(0.05, 9)} = 0.564$，若 r_1、r_n 均小于 $f_{(0.05, 9)}$，说明 9 组数据测定平均值无异常值；若 $r_1 > r_n$，且 $r_1 > f_{(0.05, 9)}$，则判定 $x_{(1)}$ 为异常值，应被剔除；若 $r_1 < r_n$，且 $r_n > f_{(0.05, 9)}$，则判定 $x_{(n)}$ 为异常值，应被剔除。

统计结果见表4-149，可以看出，对于所有成分的9组数据测定平均值，r_1、r_n 均小于 $f_{(0.05,9)}$，说明9组数据测定平均值无异常值。

表4-149　烟草薄片各组数据平均值的狄克逊检验结果

成分	r_1	r_n	$f_{(0.05,9)}$	检验结果
氯	0.068	0.097	0.564	$\mathrm{Max}(r_1, r_n) < f_{(0.05,9)}$，通过
硫酸根	0.169	0.383	0.564	$\mathrm{Max}(r_1, r_n) < f_{(0.05,9)}$，通过
磷酸根	0.178	0.207	0.564	$\mathrm{Max}(r_1, r_n) < f_{(0.05,9)}$，通过
硝酸根	0.059	0.210	0.564	$\mathrm{Max}(r_1, r_n) < f_{(0.05,9)}$，通过

（4）第四步　利用科克伦准则检查各组数据之间是否等精度。当数据是等精度时，计算出总平均值和标准偏差。

根据科克伦准则，计算统计量 $C = \dfrac{s_{\max}^2}{\sum\limits_{i=1}^{9} s_i^2}$，将其与 C（0.05，9，6）= 0.3285 进行比较，若 $C < C$（0.05，9，6），则证实9组测量数据等精度。在这里，$s_{\max}^2$ 指的是9组数据中方差最大的一组，$\sum\limits_{i=1}^{9} s_i^2$ 指的是9组测量数据方差之和，6指的是每组数据测定的重复次数。

统计结果见表4-150，可以看出，对于所有成分的9组数据测定值，均有 $C < C$（0.05，9，6），则证实9组测量数据等精度。

表4-150　烟草薄片各组数据的科克伦检验

成分	方差最大值	方差总和	C	C（0.05，9，6）	检验结果
氯	0.0002	0.0005	0.2991	0.3285	$C < C(0.05,9,6)$，通过
硫酸根	0.0001	0.0003	0.2502	0.3285	$C < C(0.05,9,6)$，通过
磷酸根	0.0001	0.0004	0.2575	0.3285	$C < C(0.05,9,6)$，通过
硝酸根	0.0001	0.0005	0.1947	0.3285	$C < C(0.05,9,6)$，通过

通过上述检验，可得9组、54个数据均不需要剔除，数据符合正态分布，各组数据均值等精度。

因此，取各组数据的总平均值作为定值结果。平均值的标准不确定度按下式计算：

$$u_c(\bar{\bar{x}}) = \sqrt{\frac{\sum\limits_{i=1}^{P} (\bar{x}_i - \bar{\bar{x}})^2}{P \cdot (P-1)}}$$

式中　P——独立数组的个数，此处为 9；

　　　$\bar{x}_i$——每个成分每组数据的平均值；

　　　$\bar{\bar{x}}$——该成分的总平均值。

同时计算其占总平均值的百分比，即求得样品定值引起的 A 类相对标准不确定度 u_{rc}。

表 4-151　不同成分定值及定值贡献的不确定度（A 类）　　　　单位：%

成分	总平均值	定值引入的标准不确定度 $u_c(\bar{x})$	相对标准不确定度 u_{rc}
氯	0.941	0.0012	0.13
硫酸根	0.696	0.0010	0.28
磷酸根	0.376	0.0021	0.30
硝酸根	0.366	0.0011	0.30

第十节　溯源性

一、标准物质的溯源性

标准物质的研制过程中，溯源性的建立是极为重要的一个环节。这与标准物质的属性相关。

溯源性的定义：溯源性是测量结果或计量标准量值的属性，它使测量结果或计量标准的量值通过连续的比较链，以给定的不确定度与国家或国际计量标准联系起来。

溯源性需在国家或国际范围内具有长期有效的一致性或可比性；标准物质的量值必须具有溯源性；各种分析结果的溯源性是通过正确使用标准物质得以实现的。

国际标准化组织（ISO）于 1999 年起草了 5 个相关标准，其中有关标准物质的溯源性是 ISO/DIS 17511 "校准物质和质控物质定值的计量学溯源性"，我国于 1994 年等同采用 ISO 的《标准样品生产者能力的通用要求》，并于 1997 年制定了 GB/T 15000.7，现行标准为 GB/T 15000.7—2021《标准样品工作导则　第 7 部分：标准样品生产者能力的通用要求》，明确了对标准物质量值溯源性的要求。

最新版关于标准物质溯源性建立规范的是中国计量科学研究院主导编写的 JJF 1854—2020《标准物质计量溯源性的建立、评估与表达技术规范》。

计量溯源性的建立，与所使用的测试程序、测试参照对象、不确定度评定等各个方面相关。并且需要标准物质研制者制定相关的规则规范，保证建立起的溯源过程可以顺利传导。并且，不同标准物质研制过程中根据研究对象和选用的定值方案不同，溯源性的建立也有差别，应该在标准物质的证书中详细说明，标准物质的正确使用也是标准物质溯源性的一个重要保障。

计量溯源性建立的程序，首先是测定模型的建立。

其通用方程为：$h(Y, X_1, \cdots, X_n) = 0$，其中 Y 为被测量量值，由 $X_1, \cdots, X_n$ 等输入量的有关信息推导得到。

而对于标准物质，其测定值会涉及多个实验室，多种分析测量程序，最终确定特性值的模型中无法体现每一个测量程序的输入量和影响量，此时，采用下式来表达，这实际上是标准物质量值表达方式的一种体现。

$$x_{CRM} = y_{char} + \delta_{hom} + \delta_{lts}$$

式中　　x_{CRM}——最终在证书中给出的标准物质的认定值；

　　　　y_{char}——通过定值测量结果合并得到的特性值，主要由 A 类不确定度评估方式得到；

　　　　δ_{hom}——标准物质均匀性导致的误差项（不确定度）；

　　　　δ_{lts}——标准物质长期稳定性导致的误差项（不确定度）。

此外，还有其他一些相关的不确定度分量。测定中应综合考虑各个影响因素，确定测定中不确定度分量。应根据不确定度分量的相对大小，对较大分量进行重点的溯源性控制。

根据定值方式的差异，JJF 1854—2020 给出了不同的溯源性建立规则。这一点与第八节中的定值方式都是一一对应的。每一种定值方式下溯源性的建立，与定值本身的特点相关，都有其关键的控制点。

图 4-31 和图 4-32 为 JJF 1854—2020 中列出的单一实验室基准方法定值和多个实验室两种或两种以上方法定值模式的量值溯源图，其他类型定值方式下的溯源性建立详见 JJF 1854—2020。

与图 4-31 相比，图 4-32 中的多种测量程序显然溯源步骤要复杂一些，测量系统以及与之对应的测量程序种类多。并且，由于采用的测量程序很多情况下不一定是基准或者原级测量程序，所以需要采用校准物（即有证标准物质）对测量系统进行校准，经过校准后的测量系统才能够对所研制的标准物质进行赋值等操作。

下面，以图 4-32 中的溯源性建立过程为例，对 JJF 1854—2020 提到的几个关键的控制点进行详细解读。

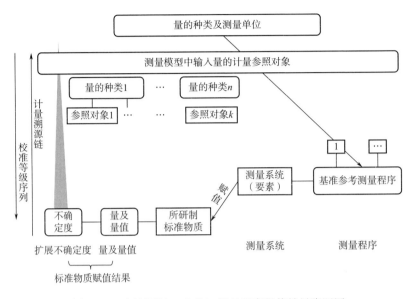

图 4-31　直接原级（参考）测量程序赋值结果溯源图

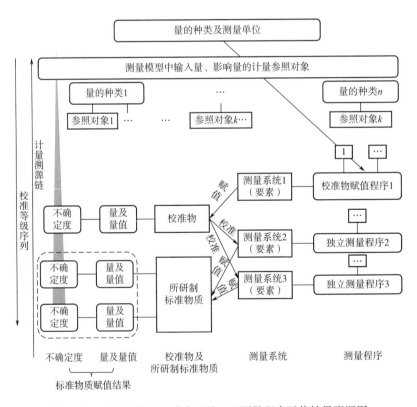

图 4-32　多家实验室两种或两种以上测量程序赋值结果溯源图

（1）测定前对测量程序进行慎重选择，保证测量程序在原理上的独立性；在测定中，可以适当变换操作条件，保障测量程序在测定中的独立性。

（2）校准物的选择最好选用 GBW 级别有证标物，保证校准物溯源性。

（3）测量程序应进行优化选择，采用方法学评估，确认测量程序正确度和精密度；在有条件的情况下，采用各种外部手段（如不同分析方法的结果比对等），保证测量程序的准确性。

（4）对于每种测量程序下不确定评估模型的建立和对不确定度的全面评估，当采用一家实验室时，每种测量程序下的不确定度均需要评估；但是多家实验室参加时，主导实验室需要对一种主要的测量程序进行不确定度模型的建立，对不确定度进行全面评估。这里讲的全面评估，是一个非常重要的概念。标准物质研制者应全面考察整个研制过程中校准物质的使用，测量程序的每个步骤，所使用的计量器具，以及测定过程中引入的随机误差，还要综合考虑温度，液体的膨胀系数等 B 类不确定度。

（5）当采用多家实验室协作定值时，采用统计学手段，如格拉布斯法（异常数据的剔除），夏皮罗·威尔克法（数据正态分布验证），科克伦法（数据间等精度验证）等对协作数据进行合理检验。对数据进行不确定度 A 类评定。

（6）由于涉及采用多个测量程序，所以需要对多个测量程序之间的差异性进行确认。一般需要对不同测量程序的测量结果进行对比，此时可以采用双边 t 检验对测量结果进行考察验证。

以上是采用多种测量程序时，溯源性建立过程中需要关注和强调的几点，当然，根据测量系统不同，关注的点不仅限于以上内容。但是，所有关键性因素，与溯源性相关的，都需要谨慎对待，要尽可能将更多的要素考虑进来，保障标准物质量值传递的顺利和有效性。

二、烟草无机阴离子成分分析标准物质溯源性的建立

前面已经提到，烟草无机阴离子成分分析标准物质定值模式采用多家实验室、多种方法，根据 JJF 1854—2020，在此模式下建立的溯源性具体由图 4-33 表示。

通过一系列二级标准物质（有证标准物质）对所建立的方法进行校准，通过所建立的方法对研制的标物进行赋值。这就是一个量值传递的过程。

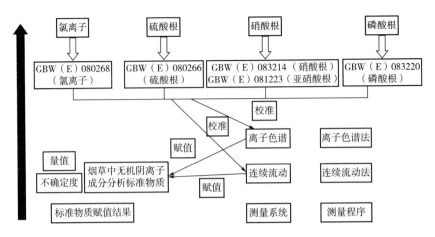

图 4-33　溯源性的建立

　　主导实验室对溯源性的许多关键点进行控制，主要关键点如下。

（一）实验室资质

　　国家烟草质量监督检验中心是本项目的主导单位，且是行业内唯一一个具有能力验证提供者资质的单位。其他参与本项目定值研究的实验室有：①广东省烟草质量监督检测站技术中心；②内蒙古昆明卷烟有限责任公司技术中心；③贵州中烟技术中心；④云南中烟卷烟产品技术质量检测中心；⑤河南中烟卷烟质量技术监督检测站；⑥浙江方圆检测集团；⑦北京化工大学分析测试中心。参与定值研究的 8 家实验室均通过 CNAS 认证。其中，5 家行业内实验室均每年参加行业内烟草中常规成分测定的共同试验，在质检中心组织的多个能力验证工作中表现良好。另外 2 家行业外实验室也长期从事离子色谱等仪器的相关研究测定工作，是 ISO 及多个国家标准制修订工作主要完成单位。

（二）定值方法的独立性和准确性

　　本研究定值方法为离子色谱法和连续流动法。两种方法测定原理不同，离子色谱法采用的是色谱分离、电导检测，在一次进样过程中可以实现多个成分的同时测定；连续流动法采用的原理是使待测成分形成有色物质，吸光度检测，每个通道一次只能测定一种物质。两种方法所使用的仪器不同、试剂不同，是完全独立的。烟草行业内均有相关推荐的测定标准（均为国家烟草质量监督检验中心牵头制定）。有关这 2 种方法的优化选择已在本章第五节（分析方法）中进行了详细研究，方法评价结果表明所建立的分析方法是准确可靠的。

（三）计量校准

各个单位定值过程中所使用的仪器为离子色谱和连续流动分析仪，均经过计量校准，处于有效期内。另外，前处理和标液配制中使用的天平、移液管、容量瓶也具有有效期内的计量认证证书。

采用中国计量科学研究院生产的 NIM-RM 5308 水中六种阴离子混合溶液标准物质作为质控样。

测定过程所使用的标准溶液为 GBW（E）080268 水中氯根成分分析标准物质，GBW（E）080266 水中硫酸根成分分析标准物质，GBW（E）083220 水中磷酸根成分分析标准物质，GBW（E）083214 水中硝酸根成分分析标准物质，GBW（E）081223 水中亚硝酸根成分分析标准物质，均为国家二级标准物质。

（四）制定详细的定值方案和作业指导书

为了保证定值试验的顺利开展，还需制定详细的定值方案和作业指导书。通过以上几个方面，可以保证白肋烟无机阴离子标准物质定值结果溯源到国家基准单位。

1. 定值方案

针对离子色谱和连续流动两种定值方法，制订了相应的试验操作流程，要求定值实验室都要严格按照定值试验操作流程进行试验操作。

（1）国家烟草质量监督检验中心统一购买 GBW（E）080268、GBW（E）080266、GBW（E）083220、GBW（E）083214、GBW（E）081223 发给各定值实验室，并要求各实验室参照给定的标准工作溶液浓度进行配制。

（2）国家烟草质量监督检验中心采用快递邮寄方式向定值实验室发放样品。要求收到样品的实验室在收到样品首日检查样品内外包装是否损坏：外包装指的是塑料泡沫包装盒，加冰袋，内包装指的是存于真空包装袋中的棕色玻璃瓶和样品，如果发现以下情况：

①外包装损坏。

②真空袋泄漏。

③盛装样品的玻璃瓶碎裂。

应及时向寄样单位反馈并重新寄样。

收到样品后，应立即将样品放于 -20℃ 冰箱内。GBW（E）080268 和

GBW（E）080266 应放于阴凉清洁处，GBW（E）083220 应放置于 2~8℃条件下保存，GBW（E）083214 和 GBW（E）081223 应放置于 2~8℃条件下避光保存，储备液使用前均应恒温至 20℃±5℃。储备液开口后不得重复使用。各实验室应于收到样后两周内完成定值试验。

（3）白肋烟样品的每个样品向定值试验室分发 2 瓶，NIM-RM 5308 水中六种阴离子混合溶液标准物质作为质控样品一起向定值实验室进行分发。NIM-RM 5308 要求放于阴凉清洁处，使用前应恒温至 20℃±5℃。要求每瓶样品提供 3 个测试结果，测试结果以干基物质为基础（扣除含水率），水分的测试采用卡尔·费休法，数据保留 3 位有效数字。样品水分测定和前处理应在一天内进行。

2. 实验室操作流程

为了保证定值试验顺利开展，制定了如下实验室操作流程。

（1）试剂及仪器配置。

①对于离子色谱法：要求各定值实验室用水应符合 GB/T 6682—2008《分析实验室用水规格和试验方法》中一级水的规定要求，并参考表 4-152 的标准。

表 4-152　中国国家实验室分析用水标准（GB/T 6682—2008）

名称	一级	二级	三级
pH 范围(25℃)	—	—	5.0~7.5
电导率(25℃)/(mS/m)	≤0.01	≤0.10	≤0.50
可氧化物质含量(以 O 计)/(mg/L)	—	≤0.08	≤0.4
吸光度(254nm,1cm 光程)	≤0.001	≤0.01	—
蒸发残渣(105℃±2℃)含量/(mg/L)	—	≤1.0	≤2.0
可溶性硅(以 SiO_2 计)含量/(mg/L)	≤0.01	≤0.02	—

注：①由于在一级水、二级水纯度下，难于测定其真实的 pH，因此，对一级水和二级水的 pH 范围不做规定。

②由于在一级水的纯度下，难于测定可氧化物质和蒸发残渣，对其限量不做规定，可用其他条件和制备方法来保证一级水的质量。

使用前超纯水必须验证其纯度，以满足使用要求。

推荐各定值实验室均使用 ThermoFisher 公司配备的 KOH 淋洗液罐自动生

成淋洗液，如自行配制淋洗液，需要在报告中说明。

②对于连续流动法：试验用水要求同离子色谱法。

氯的测定：要求硫氰酸汞（纯度>99.9%），统一购自美国 ACROS 公司；甲醇（农残级），购自美国 TEDIA 公司，硝酸铁（[Fe（NO_3）$_3$·$9H_2O$]（纯度>99.0%）、硝酸和冰乙酸（AR）均为分析纯以上级别；Brij 35（30%水溶液），购自美国 Accurate Chemical & Scientific Corporation 公司。

硫酸根的测定：要求盐酸（37%），氯化钡，氢氧化钠，氯化铵（AR级），无水乙醇（AR 级）均为分析纯以上级别；EDTA，甲基百里酚蓝（MTB），购自美国 Sigma-Aldrich 公司；Brij 35（30%水溶液），购自美国 Accurate Chemical & Scientific Corporation 公司。

磷酸根的测定：浓硫酸（98%）（GR）、钼酸铵、酒石酸钾锑（AR），均为分析纯以上级别；抗坏血酸（纯度>99%），购自上海麦克林生化科技有限公司；十二烷基磺酸钠（纯度>98%），购自上海阿拉丁生化科技股份有限公司。

硝酸根的测定：氢氧化钠、硫酸铜（$CuSO_4$·$5H_2O$）、磷酸（85%，AR），均为分析纯以上级别，购自天津北方天医化学试剂厂；硫酸肼（$N_2H_6SO_4$）（纯度>99%），对氨基苯磺酰胺（$C_6H_8N_2SO_2$）（纯度>99%），购自美国 Sigma-Aldrich 公司；N-（1-萘基）-乙二胺二盐酸（$C_{12}H_{14}N_2$·2HCl）（纯度>98%），购自美国百灵威科技公司；Brij 35（30%水溶液），购自美国 Accurate Chemical & Scientific Corporation 公司。

（2）样品前处理。

①离子色谱法：要求所使用的净化小柱 Agilent Bond Elut C_{18} 固相萃取小柱（小粒径40μm）（500mg，6mL），购自安捷伦科技公司。

②连续流动法：要求所使用的净化小柱为 CNWBOND Coconut Charcoal 椰子壳活性炭 SPE 小柱（2g，6mL），购自上海安谱公司；Agilent Bond Elut C_{18} 固相萃取小柱（小粒径40μm）（500mg，6mL），购自安捷伦科技公司。

③标准工作溶液配制：要求各定值实验室参照表4-153和表4-154规定的移取体积和定容体积配制标准工作溶液。标准工作溶液现配现用，各元素标准工作曲线相关系数 R^2>0.999 时才可用作校准曲线。

表 4-153 离子色谱标准工作溶液配制及浓度表

成分	标液/ （μg/mL）	移取体积/ mL	定容体积/ mL	标准工作溶液浓度/ （μg/mL）	移液管/mL
氯	1000	0.2	100	2	1
		0.5	100	5	1
		1	100	10	1
		3	100	30	10
		5	100	50	10
		8	100	80	10
硫酸根	1000	0.2	100	2	1
		0.8	100	8	1
		1.6	100	16	2
		4	100	40	10
		6	100	60	10
		8	100	80	10
磷酸根	1000	0.2	100	2	1
		0.4	100	4	1
		0.8	100	8	1
		1.5	100	15	2
		2.5	100	25	10
		5	100	50	10
硝酸根	1000	0.2	100	2	1
		0.3	100	3	1
		0.8	100	8	1
		1.6	100	16	2
		4	100	40	10
		8	100	80	10

表 4-154　连续流动标准工作溶液配制及浓度表

成分	标液/ （µg/mL）	移取体积/ mL	定容体积/ mL	标准工作溶液浓度/ （µg/mL）	移液管/mL
氯	1000	1	100	10	1
		2	100	20	1
		4	100	40	1
		6	100	60	10
		8	100	80	10
		10	100	100	10
硫酸根	1000	2	100	20	5
		4	100	40	5
		6	100	60	10
		8	100	80	10
		16	100	160	10
		20	100	200	10
磷酸根	1000	1.5	100	15	5
		2.5	100	25	5
		5	100	50	10
		8	100	80	10
		10	100	100	10
		12	100	120	10
硝酸根	1000	0.4	100	4	1
		0.8	100	8	1
		2	100	20	2
		4	100	40	10
		6	100	60	10
		8	100	80	10
		10	100	100	10
亚硝酸根	1000	0.5	100	5	1
		1.5	100	15	5
		2	100	20	5
		2.5	100	25	5
		3	100	30	5
		4	100	40	5
		5	100	50	5

④质控样品的使用：质控样品按照建立的方法随样品一起进行处理，质控样品测量数据在定值范围内时，测试结果方可作为有效定值数据。表4-155和表4-156分别是此次合作定值中使用的 NIM-RM 5308 质控样证书所给出的量值以及各家实验室质控样测试结果。从测试结果可以看出，各家实验室测定结果与证书上给出的量值较为吻合。只有在这种条件下，才可以正式开展协作定值试验。

表4-155　质控样证书量值及不确定度

成分	标准值/（μg/mL）	相对扩展不确定度/%
氯	30	2
硝酸根	100	2
硫酸根	150	2
磷酸根	150	2

表4-156　各家实验室质控样测定结果　　　　　单位：μg/mL

实验室	氯	硝酸根	硫酸根	磷酸根
广东省烟草质量监督检测站技术中心	29.878	101.235	149.525	151.365
贵州中烟技术中心	30.103	99.733	151.897	150.236
云南中烟卷烟产品技术质量检测中心	29.768	100.022	152.315	149.789
北京化工大学分析测试中心	29.925	101.109	148.356	148.985
浙江方圆检测集团	30.215	99.657	149.879	150.236
内蒙古昆明卷烟有限责任公司技术中心	30.121	100.236	150.119	149.325
河南中烟卷烟质量技术监督检测站	29.953	98.997	150.236	149.678

结论：各实验室测试结果在不确定度范围之内

⑤设备计量要求：要求定值单位在开展定值试验前，对定值过程所使用的各种仪器设备进行检查，不在计量有效期内的，尽快展开计量校正。保证定值过程所使用的仪器和器具计量检验均为合格。

3. 作业指导书

（1）仪器与设备。

所使用的带自动淋洗液发生器的离子色谱，具体为 ICS3000 以及以上型号，在计量有效期内。

所使用的连续流动分析仪，在本次试验中为 BRAN+LUEBBE 公司的 AA3 连续流动分析仪，在计量有效期内。

水分测定所使用仪器为 METTLER－TOLEDO 公司的的卡尔・费休水分仪，并自带卡尔・费休试剂，仪器在计量有效期内，试剂需要在使用有效期内。

标液配制中所使用的 100mL 容量瓶，1，2，10mL 移液管均需要带有效期内的计量证书。

（2）试剂。

实验室用水和测定所用试剂要求见离子色谱法中的用水要求。

连续流动法试剂配制如下。

①氯。

硫氰酸汞溶液：称取 2.1g 硫氰酸汞于烧杯中，精确至 0.1g，加入甲醇溶解，转移至 500mL 容量瓶中，用甲醇定容至刻度。该溶液在常温下避光保存，有效期为 90d。

硝酸铁溶液：称取 101.0g 硝酸铁于烧杯中，精确至 0.1g，用量筒量取 200mL 水，加入烧杯中溶解，后用量筒量取 15.8mL 浓硝酸，加入溶液中，混合均匀，将混合溶液转移至 500mL 容量瓶中，用水定容至刻度。该溶液在常温下保存，有效期为 90d。

显色剂：用量筒分别量取硫氰酸汞溶液和硝酸铁溶液各 60mL 于 250mL 容量瓶中，用水定容至刻度，加入 0.5mL Brij 35。显色剂应在常温下避光保存，有效期为 2d。

硝酸（0.22mol/L）：用量筒量取 16mL 浓硝酸，用水稀释后，转入 1000mL 容量瓶中，用水定容至刻度。

②硫酸根。

氯化钡溶液：称取 1.53g 氯化钡于烧杯中，精确至 0.01g，用水溶解，转入 1000mL 容量瓶中，用水定容至刻度。

盐酸溶液：将 84mL 盐酸（37%）用去离子水稀释至 1000mL，得到 1mol/L 盐酸溶液。

显色剂：称取 0.12g 甲基百里酚蓝于烧杯中，精确至 0.01g，加入 25mL 氯化钡溶液，4mL 盐酸溶液，再加入 71mL 蒸馏水，溶解后，转入 500mL 容量瓶中，用无水乙醇定容至刻度。溶液放于棕色瓶中，要随用随配。

氢氧化钠溶液：称取 6.75g 氢氧化钠，用去离子水溶解，定容至 1000mL 容量瓶中，得到 0.18mol/L 氢氧化钠溶液。

缓冲溶液（pH 10.0）：称取 6.75g 氯化铵于烧杯中，精确至 0.01g，溶解于 500mL 去离子水中，加入 57mL 氢氧化钠溶液，转入 1000mL 容量瓶中，用水定容至刻度。

EDTA 溶液：溶解 40g EDTA 于 pH 为 10.0 的缓冲溶液中，并用 pH 10.0 的缓冲溶液稀释至 1L。储存在棕色聚乙烯瓶中。溶液保持澄清即可使用。

③磷酸根。

活化水：每升水加入 0.3g 十二烷基磺酸钠。

钼酸铵溶液：称取 1.8g 钼酸铵，溶于 700mL 水中，然后边搅拌边加入 22.3mL 硫酸、0.05g 酒石酸钾锑、0.3g 十二烷基磺酸钠，溶解后转入 1000mL 容量瓶中，用水定容至刻度，混匀后储存于塑料瓶中。

配制好的溶液应无色、澄清透明；若溶液呈蓝色，应重新配制。

抗坏血酸溶液：称取 15.0g 抗坏血酸，溶于 600mL 水中，稀释至 1000mL，混匀后储存于棕色瓶中，即配即用。

硫酸溶液：量取 22.5mL 浓硫酸，缓慢加入 600mL 水中，冷却至室温后，再加入 0.3g 十二烷基磺酸钠，稀释至 1000mL。

④硝酸根。

氢氧化钠溶液（0.2mol/L）：称取 8.0g 氢氧化钠，溶于 800mL 水中，加入 1mLBrij35 溶液后稀释至 1000mL。

硫酸铜溶液：称取 1.20g 硫酸铜（$CuSO_4 \cdot 5H_2O$），溶于 100mL 水中。

硫酸肼-硫酸铜溶液：称取 0.6g 硫酸肼（$N_2H_6SO_4$），溶于 800mL 水中，加入 1.5mL 硫酸铜溶液，稀释至 1000mL，储存于棕色瓶中，此溶液应每月配制一次。

对氨基苯磺酰胺溶液：移取 25mL 浓磷酸，加入 175mL 水中，然后加入 2.5g 对氨基苯磺酰胺（$C_6H_8N_2SO_2$），0.125g N-（1-萘基）-乙二胺二盐酸（$C_{12}H_{14}N_2 \cdot 2HCl$），搅拌溶解，用水定容至 250mL，过滤。溶液储存于棕色瓶中，即配即用。

配好的溶液应呈无色，若为粉红色说明有 NO_2 干扰，应重新配置。

（3）前处理。

①离子色谱法。

第一步：C$_{18}$固相萃取小柱的活化。分别采用 10mL 水，10mL 乙醇，10mL 水，缓慢通过 C$_{18}$固相萃取小柱，对其进行活化。

第二步：准确称取 0.125g 试样，精确至 0.0001g，置于 150mL 三角瓶中，采用定量加液器（加液范围 5~50mL）加入 50mL 水，具塞后超声萃取 40min，取 5~10mL 至离心管中，采用高速离心机，以 10000r/min 的速度，离心 5min；用小粒径（40μm）C$_{18}$固相萃取小柱（活化后的）过滤离心后的溶液，弃去前 3~5mL，收集后续滤液，上机分析。

②连续流动法。

a. 氯的测定。

第一步：椰子壳活性炭固相萃取小柱的活化，采用 10mL 水，缓慢通过固相萃取小柱，对其进行活化。

第二步：确称取 0.125g 样品，精确至 0.0001g，至 50mL 具塞三角烧瓶中，用定量加液器（加液范围 5~50mL）加入 25mL 去离子水（或 5% 乙酸），室温下超声萃取 30min，后取适量至 15mL 离心管中，室温下 4000r/min，离心 5min，后经 CNWBOND Coconut Charcoal 椰子壳活性炭 SPE 小柱（2g，6mL）（净化后的），弃去前 3~5mL，收集后续滤液，使用连续流动分析仪测定，测定管路见图 4-18。

b. 硫酸根的测定。

第一步：Bond Elut SCX 阳离子交换小柱的活化，采用 10mL 水，缓慢通过 SCX 阳离子交换小柱，对其进行活化。

第二步：准确称取 0.125g 样品，精确至 0.0001g，至 50mL 具塞三角烧瓶中，用定量加液器（加液范围 5~50mL）加入 25mL 去离子水，室温下超声萃取 30min，后取适量至 15mL 离心管中，室温下 4000r/min，离心 5min，取上清液 10mL，缓慢通过 Bond Elut SCX 阳离子交换小柱（500mg，10mL，40μm），弃去前 3~5mL，收集后续滤液，使用连续流动分析仪测定，测定管路见图 4-20。

c. 磷酸根的测定。

第一步：C$_{18}$固相萃取小柱的活化，分别采用 10mL 水，10mL 乙醇，10mL 水，缓慢通过 C$_{18}$固相萃取小柱，对其进行活化。

第二步：准确称取 0.125g 样品，精确至 0.0001g，至 50mL 具塞三角烧瓶中，采用定量加液器（体积范围 5~50mL）加入 25mL（白肋烟 50mL）去离子水，室温下超声萃取 30min，后取适量至 15mL 离心管中，室温下 4000r/min，离心 5min，取上清液，过 C_{18} 固相萃取小柱（40μm）（活化后的），弃去前 3～5mL，收集后续滤液，使用连续流动分析仪测定，测定管路见图 4-23。

d. 硝酸根的测定。

亚硝酸根前处理。

第一步：椰子壳活性炭固相萃取小柱的活化。采用 10mL 水，缓慢通过 C_{18} 固相萃取小柱，对其进行活化。

第二步：准确称取 5g 样品，精确至 0.0001g，至 150mL 具塞三角烧瓶中，采用定量加液器（加液范围 5～50mL）加入 50mL 去离子水，室温下超声萃取 30min，后取适量至 15mL 离心管中，室温下 4000r/min，离心 5min，取上清液，缓慢过椰子壳活性炭固相萃取小柱（活化后的）净化，弃去前 3～5mL，收集后续滤液，使用连续流动分析仪测定，测定管路见图 4-27。

硝酸根前处理。

第一步：椰子壳活性炭固相萃取小柱的活化。采用 10mL 水，缓慢通过固相萃取小柱，对其进行活化。

第二步：准确称取 0.125g 样品，精确至 0.0001g，至 50mL 具塞三角烧瓶中，采用定量加液器（加液范围 5～50mL）加入 25mL 去离子水，室温下超声萃取 30min，后取适量至 15mL 离心管中，室温下 4000r/min，离心 5min，取上清液，缓慢过椰子壳活性炭固相萃取小柱（活化后的）净化，弃去前 3～5mL，收集后续滤液，使用连续流动分析仪测定，测定管路见图 4-28。

e. 水分测定。

依据 ISO 6488：2004《烟草及烟草制品　水分的测定　卡尔·费休法》（*Tobacco and tobacco products – Determination of water content：Karl Fischer method*）进行样品水分含量的测定。测定所使用的卡尔·费休试剂为不含吡啶的。萃取所使用的甲醇为色谱纯级别的。

水分的计算公式如下：

$$w = \frac{(a_1 - a_0) \times V_1}{m \times V_2 \times 1000} \times 100$$

式中　a_1——所移取的萃取液中水分含量，mg；

a_0——空白中的水分含量（此处为两次测定的平均值），mg；

V_1——样品萃取液的总体积（此处为 100mL），mL；

V_2——所移取的萃取液的体积（此处为 10mL），mL；

m——样品的称取质量，g。

方法的标准偏差和相对标准偏差：每个样品做两平行测定，取平均值 w（%）。要求两次平行测定的标准偏差不大于 0.1%，相对标准偏差不大于 2%。

f. 标准溶液配制。

离子色谱和连续流动法标液配制浓度表见表 4-109 和表 4-110。所使用标准储备液分别为 GBW（E）080268、GBW（E）080266、GBW（E）083220、GBW（E）081223、GBW（E）083214。

g. 仪器分析条件。

离子色谱法：使用前应先给泵排气泡，保证运行过程中泵压稳定，电导检测器总信号<1.0μS。采用梯度洗脱的方式，如表 4-157 所示。

表 4-157 淋洗液梯度表

时间/min	浓度/（mmol/L）	时间/min	浓度/（mmol/L）
0	5	28.1	40
20	10	36	40
20.1	20	36.1	5
28	25	40	5

连续流动法：进样前，应清洗管路，保证气泡均匀，泵压稳定，进样过程调整合适的进样清洗比，保证每次进样后基线能够回到初始位置。

h. 结果计算。

$$a = \frac{c \times v}{m \times (1 - w) \times 1000000} \times 100$$

式中 a——干基计的阴离子含量，%；

c——阴离子浓度的仪器示值，μg/mL；

v——萃取液体积，mL；

m——称样量，g；

w——水分的含量，%。

结果以平行测定结果的平均值表示，保留三位有效数字。

i. 数据报送。

按照国家烟草质量监督检验中心提供的数据模板进行数据报送。各元素定值结果保留小数点后三位数字（%）。

j. 测试要求。

每批次进样需要同时做质控样 NIM-RM 5308，如果测定结果与不符合质控样证书上的示值范围，应寻找原因，改正后重新测定。

空白一般为水或者 5%乙酸溶液，每批次均应测定空白，空白中待测成分超过定量限或更高，应查找原因或更换空白试剂，不能直接在仪器示值中直接将空白减去。

标准工作溶液现配现用，处理好的试样应当天上机分析，总分析时间应控制在 24h 之内。

定值方案和作业指导书是协作定值过程中非常重要的指导文件。对于标准物质的定值过程，其实并没有非常详细的规定与指导性文件发布，所以也没有要求所有参与定值的实验室必须严格按照主导收实验室发布的测试方案一字不差地去执行。因为对于试验测定本身和标准物质的未来用途来看，需要有与主要试验室有差异性的存在，这样才能保证所研制的标准物质的有效性使用场合的广泛性。但是，对于试验条件的改变，必须在报告中说明，试验者也应该根据具体调整条件，给出相应的不确定度分量，便于标准物质的赋值。这一点必须与能力验证中的共同试验区分开来。

第十一节　不确定度评定

一、不确定度概述

"不确定度"这个词起源于 1927 年德国物理学家海森堡在量子学领域中提出的不确定度关系。这个词可以用英文单词"Uncertainty"来表示，顾名思义，就是不确定性的程度。1970 年，C. F. Dietrich 出版了《不确定度，校准和概率》一书。1978 年，美国国家标准局提请国际计量局（BIPM）注意不确定度的重要性，BIMP 随即发出不确定度征求意见书，征求各国和国际组织的意见。

经过若干年的讨论和发展，1993 年，七个国际组织［国际计量局（BIPM）、国际法制计量组织（OIML）、国际标准化组织（ISO）、国际电工委员会（IEC）、国际理论和应用物理联合会（IUPAP）、国际理论和应用化学联合会（IUPAC）、国际临床化学联合会（FCC）] 联合发布了《测量不确定度表示指南》，简称 GUM。国际实验室认可合作组织 ILAC 也接受了 GUM，在检测和校准实验室推行 GUM。GUM 规定了测量不确定度的术语、评定方法和报告方式，为全世界表示测量结果提供了统一的标尺。

不确定度是一个与测量误差有关的参数。它表示的是由于测量误差的存在，测量结果不确定的程度。其定义为根据所用到的信息，表征赋予被测量值分散性的非负参数。这个值不是一个负值，它所代表的是以量值为中轴，量值正方向和负方向的一个范围，而这个范围包含了测量误差。不确定度源于误差，但是是与误差完全不同的概念。不确定度是一个与测定质量相关的指标。

根据不确定度的评定方式和不确定度的表达形式，可将其分为多个种类。

其中，不确定度根据评定方式分为 A 类不确定度和 B 类不确定度。A 类不确定度是采用统计学分析工具，对测定所得到的量值进行分析得到的。比如对于一系列测量数据，采用贝塞尔公式计算其标准偏差，得到这一系列数据测定的不确定度，在这里贝塞尔公式就是一个统计学分析工具；再比如前面几节讲到的标准物质的均匀性和稳定性，也根据具体情况，采用合理的统计学公式计算了各自的不确定度。这些都属于 A 类不确定度评估范畴。

B 类不确定度是根据具体的试验步骤，以及在试验中用到的器具的一些计量信息对不确定度进行评估的一种方式。从大的方面来看，B 类不确定度的评估与 A 类不确定度的区别似乎在于测量数据和统计学分析公式的应用。但是，其实 B 类不确定度的评估中，也会用到一些 A 类不确定度的内容。比如，B 类不确定度评估中，在计量器具的不确定度中，不仅仅要考虑计量器具本身计量证书的所给出的不确定度，还需要考虑试验人员在使用这些计量器具的过程中所产生的随机误差（不确定度）。在这个随机误差中，也需要提供实际测定所得到的一系列数据，并采用计量学工具进行计算。总之，B 类不确定度是与试验的具体操作相关的。

一般来讲，不确定度既要考虑 A 类不确定度，也要考虑 B 类不确定度，只有有相关证据表明整个过程主要是由哪种不确定度决定的，才可以进行取舍。

按照表达方式对不确定度进行分类，又可以将不确定度分为标准不确定度和相对标准不确定度；合成不确定度和扩展不确定度等。其中，标准不确定度是指用概率分布的标准差给出的不确定度，其值除以该测定结果的定值即得到相对标准不确定度，在这里，这个测定结果的定值可以是测量值，也可以是测量结果的算数平均值，或公认标准值（如 B 类不确定度评定中计量器具的容积），或理论值。

合成不确定度是将各个不确定度进行合成所得到的不确定度。又分为合成标准不确定度和合成相对不确定度，当不确定度来源一致，将其合成时，可以直接将各标准不确定度的平方和进行开方，得到合成标准不确定度，这种情况其实是比较少见的。较多的情况是不确定度来源较为复杂，且牵涉到多个评定方式，此时需要将各个来源的不确定度分量的相对值计算出来，并进行合成，此时得到的值称为合成相对不确定度。将此合成相对不确定度乘以最终的定值，也可以得到合成标准不确定度。分量相对不确定度和合成相对不确定度都是一个中间值，但是可以从各个分量的数值中看到各个不确定度来源的贡献。最终体现的还是合成标准不确定度。这里需要注意，无论是在计算相对标准不确定度分量还是合成相对不确定度的过程中，不确定度的表达最好采用百分制数值，减少小数位数，才更为明了。

扩展不确定度，也被称为范围不确定度，其是由合成标准不确定度的倍数来表示的。通常这个倍数为 2 或者 3。如果是 2 的话，表示置信水平为 95%，是 3 的话表示 99% 的置信水平。也可以看出，倍数越高，置信水平越高。也就是代表误差可能的范围越大。一般采用 95% 的置信水平较为常见，也就是采用合成标准不确定度乘以因子 2 来表示扩展不确定度。很多标准物质的不确定度都是采用这种表示方法。

不确定的修约有以下几个原则。

原则 1：如果不确定度的第一位有效数字不小于 3，只保留一位有效数字。

原则 2：量值位数允许，但依据原则 1 只能保留一位时要对不确定度进行修约，而且量值的位数也要重新确定。

进位原则 1：只保留一个有效数字，第二个有效数字如果不为 0 则需要进位。

进位原则 2：依据原则 3 可以保留两个有效数字，第三个有效数字不为 0 也需要进位。

进位原则 3：在有些情况下也可以保留两位有效数字，主要存在于以下情况。

一、不确定度的第一位有效数字小于 3。

二、与测定计算的具体数值有关，对于较小量值，本身数值位数都较多，这个时候允许保留两位有效数字。

一般来讲，对于符合原则 1 的进位条件，可以选择使用进位原则 1 或者原则 2；对于不符合原则 1 的条件，可以选择进位原则 3 或进位原则 2。

二、不确定度评定

（一）不确定度评定准则

如前文所述，对于标准物质，其特点除了具有均匀性、稳定性之外，还具有溯源性。而保证标准物质溯源性的一个重要因素就是标准物质不确定度的全面评估。

对标准物质的不确定度进行评估，目前可依据的参考准则除了 ISO/IEC Guide 98-3《不确定度评定指南》（GUM），还有国内的 JJF 1059.1—2012《测量不确定度评定与表示》与 JJF 1059.2—2012《用蒙特卡洛法评定测量不确定度技术规范》。JJF 1059—2012 是根据我国十多年来贯彻 JJF 1059—1999 的经验以及国际标准 ISO/IEC Guide 98-3：2019《测量不确定度表示指南》与 ISO/IEC GUIDE 99：2019《国际计量学基本词汇——基本和通用概念和术语》而修订得到的。

ISO/IEC Guide 98 系列标准（可以认为就是 GUM）和 ISO/IEC Guide 99 是由 7 个国际组织组成的计量学联合委员会创立的测量不确定度表示工作组和国际计量学通用术语工作组组织发布的。

JJF 1059.2—2012《用蒙特卡洛法评定测量不确定度技术规范》，这个部分的内容则是根据 ISO/IEC Guide 98-3/Supplement.1：2019 修订得到的。它提供了不确定度评定的验证程序。不过在标准物质的量值不确定度评定中较少用到 JJF 1059.2—2012，主要参照规范还是 JJF 1059.1—2012。

（二）标准物质研制中不确定度评定

任何不确定度评定，都要建立不确定度模型，即将影响最终测定结果的不确定度都识别出来。

标准物质的不确定度评定，首先肯定的是不确定度的来源是多个方面的，因为标准物质研制的过程是一个经过多个步骤和时间验证的过程，要找到不同来源的不确定度分量，所牵涉的内容既有时间上的，也有空间上的，还包括测试使用的计算公式、器具、方法、材料以及所涉及的操作人员操作中的随机性等，具体如下。

（1）标准物质的均匀性引入的不确定度。标准物质在制备完成后，首先进行的是均匀性考察。均匀性是标准物质的一个考察内容，也是对标准物质定值带来不确定度的一个独立因素。需要说明的是，有关均匀性不确定度各个不同情况下的计算，需要参照 JJF 1343—2022《标准物质的定值及均匀性、稳定性评估》。因为 JJF 1059.1—2012 的应用范围很广，只能给出最常见情况下表示测量不确定度的原则、方法和简要步骤，对于标准物质的研制来讲，考察均匀性引入的不确定度分量是此项工作的一个特色，因此在 JJF 1059.1—2012 中只能得到一些原则上的建议和参考。

（2）标准物质稳定性引入的不确定度。与均匀性相同，稳定性也是标准物质研制中的特有步骤。关于稳定性引入的不确定度也是一个相对独立的分量。其计算仍然需要参照 JJF 1343—2022。标准物质的稳定性研究有短期稳定性和长期稳定性，这两种情况对应的研究内容也是相对独立的，因此，短期稳定性和长期稳定性引入的不确定度都可以带入标准物质的不确定度模型中进行计算。也可以将两者进行简单的合成，形成合成不确定度后，统一作为稳定性引入的不确定度。

（3）定值引入的不确定度。定值引入的不确定度计算方法和定值的方式关系不大，主要是和定值数据的处理方式有关。因为无论何种定值方式，都会得到若干组独立数据，定值引入的不确定度是对这些独立数据进行统计学分析得到的，根据数据具体检验情况，所用到的分析工具不同。因此，部分定值条件下的不确定度计算可以参照 JJF 1059.1—2012。如将所得数据采用贝塞尔公式计算标准偏差，然后除以独立数组的个数的开方值，作为所得到的数据的不确定度。而对一些特殊的情况，如本章第九节中当各独立数组之间不等精度时，采用加权值为标准物质赋值的情况，则需要特殊的公式。这些内容必须参照 JJF 1343—2022。

均匀性、稳定性和定值引入的不确定度是标准物质研制中较为常见的不确定度来源，标准物质研制过程中，根据具体情况，还有其他方面的独立研究，一些特殊的研究步骤，如加速稳定性等，有时也需要考虑进来。这些主要是与所研制的标准物质性质和具体考察的量的种类有关。

关于这三个不确定度来源，从计算过程来看，都属于 A 类不确定度。标准物质研制还涉及在上述测定过程中引入的不确定度。这里面包括分析测定方法本身引入的不确定度、测定中所使用的计量器具所引入的不确定度等。

除了 A 类不确定度，其他不确定度可以称为 B 类不确定度。

下面具体对标准物质研制过程中可能涉及的一些 B 类不确定度计算做详细的介绍。

例 1：纯度标准物质的纯度所引入的不确定度。

考虑到需要溯源性要求，标准物质研制中所使用的标准物质最好为有证标准物质。一般此类标准物质均带有证书，证书中会给出纯度标准物质的不确定度，大部分证书中给出的都为扩展不确定度（$k=2$），如果已经是相对扩展不确定度，那么这个值除以 2，就得到此标准物质的相对标准不确定度，如果是标准扩展不确定度，则需要将其除以 2，再除以标准值，才能够得到其相对标准不确定度。纯度所引入的不确定度主要看证书标识。

例 2：标准物质溶液的不确定度。

这一点与纯度标准物质的处理过程比较一致，主要也是看证书标识，根据具体情况进行转化计算。

例 3：标准溶液配制实际操作过程中引入的不确定度。

这一点主要是对于一些间接测定的情况。需要使用标准溶液来对待测量进行定量。标准溶液的配制过程有称量、移液、定容、稀释等。定量分析可能是内标法也可能是外标法。在标准溶液的配制过程中，内标法的定容过程主要是各级标准储备液的定容过程中需要对所使用的容量瓶进行计量校准，还有移液器皿也需要计量，各级工作标准溶液的配制中，如果不涉及定容，一般对所使用的器皿没有计量要求。而外标法不仅在稀释（如果需要稀释）储备液过程中需要定容，对各级工作标准溶液也需要定容。因此，要求这些使用到的容量瓶均需要计量。工作标准溶液配制中所使用到的移液器皿要求与内标法相同。外标法还要求加液器皿需要计量。因为对于外标法来讲，样品溶液的体积和浓度直接相关，需要依据体积浓度进行定量，这些都是与内标法不相同的。

在标准储备液的配制中还会使用到天平，也是需要计量的。

对于每一个步骤，每一个使用到的计量器具，都需要考察三个方面的不确定度分量，分别是计量证书给出的不确定度、使用人员操作所引入的随机性代入的不确定度、操作中所使用的液体受温度和湿度影响带来的不确定度。其中，器具证书中给出的不确定度转换方式同例 1 和例 2，还有很多情况，有的计量证书给出的是允差，有的计量证书给出的是不确定度。此时都需要按照三角分布或者梯形分布将其转换后才可以使用。表4-158 出了几种假设分布的转换系数（不确定度为 u）。

表 4-158　几种假设分布的转换

分布类型	转换系数	转换公式
三角分布	$\sqrt{6}$	$u = \dfrac{允差（或不确定度）}{\sqrt{6}}$
矩形（均匀）分布	2	$u = \dfrac{允差（或不确定度）}{2}$
梯形分布	$\sqrt{3}$	$u = \dfrac{允差（或不确定度）}{\sqrt{3}}$

随机性引入的不确定度需要对计量器皿反复操作多次，得到多次测定的平均值和标准偏差，根据贝塞尔公式得到不确定度。

定容过程中实验室所处环境的温度变化也是需要考虑的不确定度分量。要根据计量证书上实际计量过程的温度条件和溶液在不同温度下的膨胀系数进行转化，举例说明。

如计量时室温为20℃，而测定时实验室温度为20℃±3℃，溶液的膨胀系数为 aL/℃，假设分布为矩形分布（均匀分布），则使用1mL移液管和100mL容量瓶由温度差异引入的不确定度（u_{rel}）为：

$$u_{rel}(1mL) = \frac{3℃ \times a(mL/℃)}{\sqrt{3} \times 1(mL)} \times 100\%$$

$$u_{rel}(100mL) = \frac{3℃ \times a(mL/℃)}{\sqrt{3} \times 100(mL)} \times 100\%$$

将计量不确定度、随机性引入的不确定度、温度差异引入的不确定度合成，得到标准溶液配制过程计量器皿使用所引入的不确定度。

很多情况下，标准溶液配制过程中，移液管、容量瓶等玻璃器皿使用次数不止一次，需要将单次测定的相对不确定度值乘以测定次数，再开方，才能够得到整个操作过程中这一步骤中引入的不确定度分量。

还有一种情况与测定的实际情况相关，即在日常检测中，报告一般为两次测量结果的平均值，则两次测量结果平均值相对标准不确定度（$u_{r终}$）需要以下式计算：

$$u_{r终} = u_r / \sqrt{2}$$

例4：标准曲线最小二乘法拟合引入的不确定度。

这个不确定度的评定是基于一个事实，即标准曲线测得的点未必全部都落在标准曲线上（因为 r 不可能总为1），因此得到的标准曲线本身具有相应的不确定性，而通过这个标准曲线计算所得到的浓度值就不可避免地具有不确定性，这就是标准曲线拟合引入的不确定度来源。

标准曲线拟合中主要考虑响应带来的不确定度，关于每级标准溶液浓度的不确定度在前述各个例子中已经说明。

标准曲线进行拟合后，可以通过公式计算相关的不确定度。而不同的样品带入标准曲线得到浓度值的过程也会引入不确定度。此时，计算中需要使用到一个实际样品的含量，具体步骤如下。首先将拟合后的标准曲线的斜率和截距列出，并将配制浓度和仪器响应值对应列出，按下式计算标准溶液峰面积比残差的标准差（s_R）：

$$s_R = \sqrt{\frac{\sum\limits_{j=1}^{n}\left[R_{Aj} - (B_0 + B_1 C_j)\right]^2}{n-2}}$$

式中　R_{Aj}——标准溶液中各成分（j）峰面积；

　　　n——各成分在标准工作溶液中的测定次数；

　　　B_0——回归方程截距；

　　　B_1——回归方程斜率；

　　　C_j——标准工作溶液中各成分含量，$\mu g/mL$。

然后，对实际试样进行若干次平行测定，按照线性回归方程求得试样中各成分的含量，并求其平均值。

则由最小二乘法拟合标准曲线求得试样中各成分含量（C）时引入的标准不确定度按下式计算，由试样成分的平均值，得到相对不确定度（u）。

$$u = \frac{s_R}{B_1}\sqrt{\frac{1}{P} + \frac{1}{n} + \frac{(C - \overline{C}_s)^2}{\sum\limits_{j=1}^{n}(C_j - \overline{C}_s)}}$$

式中　s_R——标准工作溶液峰面积残差的标准差；

　　　B_1——回归方程斜率；

　　　P——试样的平行测定次数，此处为3；

　　　j——组分；

　　　n——标准工作溶液的测定次数，此处为12；

C——试样中各成分的测定值；

$\overline{C_s}$——标准工作溶液中各成分的平均含量；

C_j——标准工作溶液中各成分的含量。

由上式可得标准曲线最小二乘法拟合相对不确定度。

例5：根据样品测定含量计算公式，计算的各项引入的不确定度。

这里的不确定度主要是和样品的前处理过程有关。比如样品的称量过程、天平的使用引入的不确定度，样品稀释中所用到的加液过程引入的不确定度，还有一些样品是以干基计的，这些还需要考虑样品水分测定引入的不确定度等。

样品称量中天平引入的不确定度计算过程其实可以参照例3中计量器具引入的不确定度计算方法。因为天平本身也是属于一种计量器具。样品的称量引入的不确定度和样品的实际称量质量相关。对于标准物质的研制来讲，就是按照最小称样量来计算。

样品稀释或者转移引入的不确定度和使用的计量器具有关，关于其不确定度分量的计算，也是参照上述各个实例得到。

样品水分测定引入的不确定度，需要特别关注一下。因为对于一些标准物质，特别是固体物质，水分含量并不低，水分含量值直接影响最终的量值结果。有的成分，水分还会直接影响其稳定性，当然，稳定性内容不在本节讨论之列。水分不确定度的计算，取决于水分测定使用的方法。在水分测定过程中，一些常用的方法有烘箱法、卡尔·费休法、核磁法和气相色谱法等。无论使用哪一种测定方法，首先要考虑的是测定中所使用的计量仪器的不确定度；然后是测定过程中引入的不确定度，有的方法使用的是标准曲线定量法，还需要按照标准物质测定过程中不确定度的计算方法来计算不确定度，最后是实际样品多次测定引入的随机不确定度。将这3个方面的不确定度合成，最终得到水分的不确定度。

此外，还有其他一些不确定度分量，研制者根据标准物质特性和研制过程具体情况，需要找到每一个可能的分量，采用合理的评估方式，对其进行评估。

每一种具有独立性的不确定度分量都应该分别计算，然后将其平方加和后开方，得到最终的合成不确定度。

在不确定度分量分别计算出来后，就可以发现哪些不确定度分量在整个不确定度评定过程中占据主要位置，这就是这个标准物质定值不确定度的最大贡献者，在测定中需要特别注意。而一些小的分量，特别是不确定值占总不确定度值含量比重小于 10% 的一些分量，其实可以忽略不计，不会对最终的不确定度有较大影响，这也从一个侧面说明，对于这种标准物质而言，这些方面较为稳定。

三、白肋烟不确定度评定

（一）不确定度的来源分析

经分析，白肋烟定值结果的不确定度来源有以下四个方面（计算均以相对不确定度表示）。

（1）样品不均匀性引起的不确定度 u_{r1}，即 s_H。

（2）样品不稳定性引入的不确定度 u_{r2}，即 s_t。

（3）多家实验室联合定值（x）引入的不确定度 u_{r3}，即 $u_c(\bar{\bar{x}})$。

（4）测量分析方法引入的不确定度 u_{r4}。

（二）不确定度分量评定

1. 样品不均匀性引起的相对不确定度 u_{r1}

此不确定度分量在本章"第六节 均匀性检验"中已经讨论过，结果见表 4-52。

2. 样品短期和长期不稳定性引入的不确定度 u_{r2}

此不确定度分量在本章"第七节 稳定性检验"中已经讨论过，结果见表 4-76 和表 4-80，其合成不确定度见表 4-81。

3. 多家实验室联合定值引入的不确定度 u_{r3}

此不确定度分量在"第九节 定值"中已经讨论过，结果见表 4-119。

4. 测量分析方法引入的不确定度 u_{r4}

依据化学分析中不确定度的评估指南，对本项目分析测试过程引入的不确定度进行评定。

烟草无机阴离子测定的含量模型如下：

$$a = \frac{c \times v}{m \times (1 - w) \times 1000000} \times 100$$

式中 a——干基计的阴离子含量，%；

c——阴离子浓度的仪器示值，$\mu g/mL$；

v——萃取液体积，mL；

m——称样量，g；

w——水分含量，%。

经分析，此部分的不确定度包含以下不确定度分量：

标准工作溶液配制过程中引入的不确定度 $u_{r4.1}$；

标准工作曲线拟合引入的不确定度 $u_{r4.2}$；

样品称样时天平引入的不确定度 $u_{r4.3}$；

样品水分测定引入的不确定度 $u_{r4.4}$；

样品前处理加液过程引入的不确定度 $u_{r4.5}$。

则各不确定度分量分别评定如下。

（1）标准工作溶液配制过程中引入的不确定度 $u_{r4.1}$。表 4-159 给出了标准溶液证书上给出的相对扩展不确定度，以及由相对扩展不确定度计算得到的相对标准不确定度 $u_{r4.1.1}$。

表 4-159　标准储备溶液的不确定度

成分	标准物质编号	标准值/($\mu g/mL$)	相对扩展不确定度 ($k=2$)	相对标准不确定度/%
氯	GBW（E）080268	1000	0.70%	0.35
硫酸根	GBW（E）080266	1000	0.70%	0.35
磷酸根	GBW（E）083220	1000	1.0%	0.50
硝酸根	GBW（E）083214	1000	1.0%	0.50

标准工作溶液的配制是使用移液管（量程 1mL、2mL 和 10mL），100mL 容量瓶对标准储备液进行稀释，配置浓度具体见表 4-153。

由于实验室内温度一年四季基本恒定，这里不考虑水的膨胀系数带来的不确定度，只考虑两个不确定度分量：即玻璃器皿的校准和随机使用引入的不确定度。其中，计量校准引入的不确定度可以从计量证书上获取，随机重复性引入的不确定度可以通过多次重复操作，从试验数据中进行评估。由移液管计量证书可得，1mL 移液管扩展不确定度为 0.021mL（$k=2$），则标准不确定度为 0.0105mL。按照均匀分布转换成标准偏差为 0.0105/$\sqrt{3}$ = 0.0060mL；当使用 1mL 移液管，充满刻度，重复操作 6 次，分别得到 0.9995、0.9988、1.0037、1.0036、0.9979、0.9989g，由贝塞尔公式可得，随机重复性引入的标准不确定度为 0.0025mL，则 1mL 移液管引入的不确定度为 = 0.0065mL，相对不确定度为 0.65%。同理可得 2mL 移液管使用引入的相对不确定度为 0.39%，10mL 移液管使用引入的相对不确定度为 0.08%。

100mL 容量瓶扩展不确定度是 0.02mL（$k=2$），则标准不确定度为 0.01mL，按照均匀分布转换成标准偏差为 $0.01/\sqrt{3}=0.0058mL$；对 100mL 容量瓶重复充满 10 次并称量，可得到容量瓶随机重复性引入的不确定度为 0.023mL，则 100mL 容量瓶引入的不确定度为 $\sqrt{(0.0058mL)^2+(0.023mL)^2}=0.0237mL$，相对不确定度为 0.0237%。

由表 4-153 可知，氯的标液配制共使用 1mL 移液管 3 次，10mL 移液管 3 次；硫酸根的标液配制共使用 1mL 移液管 2 次，2mL 移液管 1 次，10mL 移液管 3 次，磷酸根的标液配制共使用 1mL 移液管 3 次，2mL 移液管 1 次，10mL 移液管 2 次，硝酸根的标液配制共使用 1mL 移液管 3 次，2mL 移液管 1 次，10mL 移液管 2 次。3 种成分都使用 100mL 容量瓶 6 次。则标液稀释引入的 B 类相对不确定度：

$$u_{r4.1.2}=\sqrt{\left[\frac{u_c(v_1)}{v_1}\right]^2+\left[\frac{u_c(v_2)}{v_2}\right]^2+\left[\frac{u_c(v_3)}{v_3}\right]^2+\left[\frac{u_c(v_4)}{v_4}\right]^2+\left[\frac{u_c(v_n)}{v_n}\right]^2+\cdots+6\left[\frac{u_c(v_{100})}{v_{100}}\right]^2}，$$

具体结果见表 4-160。

表 4-160　标液配制引入的不确定度 $u_{r4.1.2}$　　　　单位：%

成分	容量瓶	移液管	$u_{r4.1.2}$
氯	0.0237	1.13	1.13
硫酸根	0.0237	1.01	1.01
磷酸根	0.0237	1.20	1.20
硝酸根	0.0237	1.20	1.20

根据方差合成公式，标准溶液配制过程中引入的相对标准不确定度为：

$$u_{r4.1}=\sqrt{u_{r4.1.1}^2+u_{r4.1.2}^2}，$$

具体见表 4-161。

表 4-161　标准溶液配制引入的相对标准不确定度　　　　单位：%

成分	$u_{r4.1.1}$	$u_{r4.1.2}$	$u_{r4.1}$
氯	0.35	1.13	1.18

续表

成分	$u_{r4.1.1}$	$u_{r4.1.2}$	$u_{r4.1}$
硫酸根	0.35	1.01	1.07
磷酸根	0.50	1.20	1.30
硝酸根	0.50	1.20	1.30

（2）标准工作曲线拟合引入的不确定度 $u_{r4.2}$。将配制的 6 级标准溶液，分别测定 2 次，得到成分的色谱峰响应面积，以标准工作溶液中各成分含量（C）为横坐标，峰面积（R_A）为纵坐标，采用最小二乘法拟合，得到标准溶液的回归方程 $R_A = B_1 C + B_0$，其中 B_1 为斜率，B_0 为截距，校正结果如表 4-162，各成分标准溶液的有关数据见表 4-163。

表 4-162 截距、斜率与线性相关系数

成分	截距	斜率	相关系数
氯	-0.006	0.253	1.0000
硝酸根	-0.042	0.142	0.9999
硫酸根	0.067	0.185	0.9999
磷酸根	-0.059	0.083	0.9999

表 4-163 标准溶液有关数据

氯			硫酸根			磷酸根			硝酸根		
配制的浓度/（μg/mL）	R_{A1}	R_{A2}	配制的浓度/（μg/mL）	R_{A1}	R_{A2}	配制的浓度/（μg/mL）	R_{A1}	R_{A2}	配制的浓度/（μg/mL）	R_{A1}	R_{A2}
2	0.501	0.479	2	0.454	0.357	2	0.125	0.133	2	0.265	0.261
5	1.252	1.227	8	1.544	1.438	4	0.283	0.284	3	0.393	0.380
10	2.519	2.488	16	3.037	2.922	8	0.595	0.600	8	1.084	1.062
30	7.556	7.459	40	7.466	7.362	15	1.163	1.166	16	2.203	2.182
50	12.629	12.604	60	11.186	11.085	25	1.994	1.979	40	5.631	5.590
80	20.193	20.122	80	14.916	14.646	50	4.094	4.011	80	11.337	11.238

按下式计算标准溶液峰面积比残差的标准差 s_R：

$$s_R = \sqrt{\dfrac{\sum\limits_{j=1}^{n}\left[R_{Aj} - (B_0 + B_1 C_j)\right]^2}{n-2}}$$

式中　R_{Aj}——标准溶液中各成分峰面积；

　　　B_0——回归方程截距；

　　　n——各成分在标准工作溶液中的测定次数；

　　　B_1——回归方程斜率；

　　　C_j——标准工作溶液中各成分含量，$\mu g/mL$。

对试样进行 3 次测定，按照线性回归方程求得试样中各成分的含量，并求其平均值，见表 4-164。

表 4-164　白肋烟成分测定结果　　　　　　单位：%

成分	测定组			平均值
	1	2	3	
氯	2.043	2.056	2.046	2.048
硫酸根	1.336	1.348	1.349	1.344
磷酸根	0.456	0.451	0.448	0.452
硝酸根	2.722	2.735	2.728	2.728

则由最小二乘法拟合标准曲线求得试样中各成分含量（C）时引入的标准不确定度按下式计算，同时将其除以表 4-164 中试样成分的平均值（$\mu g/mL$），得到相对不确定度 $u_{r4.2}$，见表 4-165。

$$u_{r4.2} = \frac{s_R}{B_1}\sqrt{\frac{1}{P} + \frac{1}{n} + \frac{(C - \bar{C}_s)^2}{\sum\limits_{j=1}^{n}(C_j - \bar{C}_s)}}$$

式中　s_R——标准工作溶液峰面积残差的标准差；

　　　B_1——回归方程斜率；

　　　P——试样的平行测定次数，此处为 3；

　　　n——标准工作溶液的测定次数，此处为 12；

　　　C——试样中各成分的测定值；

　　　$\bar{C}_s$——标准工作溶液中各成分的平均含量；

　　　C_j——标准工作溶液中各成分的含量。

表 4-165　标准曲线拟合引入的相对不确定度

成分	s_r	$u_{r4.2}/\%$
氯	0.048	0.10
硫酸根	0.116	0.38
磷酸根	0.107	1.03
硝酸根	0.116	0.18

（3）样品称样时天平引入的不确定度 $u_{r4.3}$。由天平的检定证书可知，天平的允差为 0.0005g，按照均匀分布转换成标准偏差为 $0.0005/\sqrt{3} = 0.000289$g；白肋烟称样量为 0.125g 左右，对称量的样品进行 6 次重复测定，得到：0.1253，0.1255，0.1254，0.1253，0.1254，0.1254g，平均值 0.1254g，由贝塞尔公式计算标准偏差为 0.000075g，则相对不确定度为：

$$u_{r4.3} = \sqrt{0.000289^2 + 0.000075^2}/0.1254 = 0.239\%$$

（4）样品水分引入的不确定度 $u_{r4.4}$。品水分测量（w）按照卡尔·费休法进行测定，采用甲醇萃取，后移取一定体积的萃取液，采用卡尔·费休水分仪测定，最后通过公式计算得出。

$$w = \frac{(a_1 - a_0) \times V_1}{m \times V_2 \times 1000} \times 100$$

式中　a_1——所移取的萃取液中水分含量，mg；

　　　a_0——空白中的水分含量，mg（此处为两次测定的平均值）；

　　　V_1——样品萃取液的总体积，mL（此处为 50mL）；

　　　V_2——所移取的萃取液的体积，mL（此处为 10mL）；

　　　m——样品的称取质量，g。

整个水分测定所引入的不确定度分量为如下。

①水分测定过程引入的不确定度 $u_{r4.4.1}$。

由天平的检定证书可知，天平的允差为 0.0005g，按照均匀分布转换成标准偏差为 $0.0005/\sqrt{3} = 0.000289$g；称样量为 2g 左右，对样品进行 6 次重复测定，得到：2.0152，2.0151，2.0152，2.0152，2.0152，2.0152g，平均值为 2.0152g，根据贝塞尔公式得到标准偏差为 0.00005g，则相对不确定度为：

$$u_{r4.4.1.1} = \sqrt{0.000289^2 + 0.00005^2}/2.0152 = 0.0145\%$$

测定过程所使用的定量加液器加液体积为 5~50mL，其在 50mL 的扩展不确定度（$k=2$）为 0.1mL，则其标准不确定度为 0.05mL，按照均匀分布转换成标准偏差为 $0.05/\sqrt{3}=0.0289$mL；对于取液步骤重复操作 6 次，得到 6 次取液量的标准偏差为 0.016mL，而萃取液为 100mL，需要连续加液 2 次，整个取液过程引入的相对不确定度（$u_{r4.4.1.2}$）为 $\sqrt{(0.0289^2+0.016^2)\times 2}/50=0.093\%$。

所使用的移液管体积为 10mL，扩展不确定度（$k=2$）为 0.02mL，则其标准不确定度为 0.01mL，按照均匀分布转换成标准偏差为 $0.01/\sqrt{3}=0.0058$mL；当使用 10mL 移液管，充满刻度，重复操作 6 次，分别得到 10.0023，9.9987，10.0010，10.0002，10.0012，10.0022g，由贝塞尔公式可得，随机重复性引入的标准不确定度为 0.0013mL，则 10mL 移液管引入的不确定度为 $\sqrt{(0.0058)^2+(0.0013)^2}=0.0059$mL，相对不确定度 $u_{r4.4.1.3}$ 为 0.060%。

将三者合成：$u_{r4.4.1}=\sqrt{u_{r4.4.1.1}^2+u_{r4.1.1.2}^2+u_{r4.1.1.3}^2}=0.112\%$。

②卡尔·费休水分仪测量结果引入的不确定度 $u_{r4.4.2}$。

由卡尔·费休自动分析仪的检定证书可知，其测量结果的不确定度为：

$$U_{rel}=2\%(k=2)$$

得相对不确定度 $u_{r4.4.2}=1.0\%$。

③水分多次测定随机重复性引入的不确定度 $u_{r4.4.3}$，见表 4-166。

表 4-166　白肋烟水分多次测定结果　　　　　单位：%

样品	1	2	3	4	5	6	平均值	标准偏差	$u_{r4.4.3}$
白肋烟	7.67	7.82	7.73	7.62	7.77	7.86	7.75	0.090	1.17

样品水分引入的相对不确定度 $u_{r4.4}$ 按下式计算：

$$u_{r4.4}=\sqrt{u_{r4.4.1}^2+u_{r4.4.2}^2+u_{r4.4.3}^2}=1.54\%$$

（5）样品前处理加液过程引入的不确定度 $u_{r4.5}$。加液过程所使用的定量加液器加液体积为 5~50mL，在水分测定不确定度 $u_{r4.4.1.2}$ 中已经算过，加液器计量校准的不确定度为 0.0289mL，多次测定重复性引入的不确定度为 0.016mL，加液过程引入的不确定度：

$$u_{r4.5}=\sqrt{0.0289^2+0.016^2}/50=0.066\%$$

（6）合成不确定度 u_{r4}。标准工作溶液配制过程中引入的相对不确定度 $u_{r4.1}$、标准工作曲线拟合引入的相对不确定度 $u_{r4.2}$、样品称样时天平引入的相

对不确定度 $u_{r4.3}$、样品水分引入的相对不确定度 $u_{r4.4}$，样品萃取加液中引入的相对不确定度 $u_{r4.5}$，五项因素各不相关，其合成相对标准不确定度按下式计算：

$$u_{r4} = \sqrt{u_{r4.1}^2 + u_{r4.2}^2 + u_{r4.3}^2 + u_{r4.4}^2 + u_{r4.5}^2}$$

具体见表4-167。

表4-167　白肋烟 u_{r4} 分量及合成结果　　　　　　单位：%

成分	$u_{r4.1}$	$u_{r4.2}$	$u_{r4.3}$	$u_{r4.4}$	$u_{r4.5}$	u_{r4}
氯	1.18	0.10	0.239	1.54	0.066	1.96
硫酸根	1.07	0.38	0.239	1.54	0.066	1.93
磷酸根	1.30	1.03	0.239	1.54	0.066	2.28
硝酸根	1.30	0.18	0.239	1.54	0.066	2.04

（三）合成标准不确定度和扩展不确定度

合成相对不确定度为：

$$u_r = \sqrt{u_{r1}^2 + u_{r2}^2 + u_{r3}^2 + u_{r4}^2}$$

合成标准不确定度为：

$$u = X \cdot u_r$$

取包含概率95%水平，包含因子 $k = 2$，获得该标准物质扩展不确定度为：

$$U = k \times u = 2u$$

具体数值见表4-168。

表4-168　白肋烟合成标准不确定度和扩展不确定度

成分	定值 (x)/ %	u_{r1}（均匀性）/ %	u_{r2}（稳定性）/ %	u_{r3}（定值）/ %	u_{r4}（方法）/ %	u_r	u/ %	U/ %
氯	2.055	0.36	2.03	0.30	1.96	0.029	0.059	0.118
硫酸根	1.341	0.37	2.62	0.05	1.93	0.033	0.044	0.088
磷酸根	0.453	0.99	3.62	0.34	2.28	0.044	0.020	0.040
硝酸根	2.731	0.52	3.22	0.43	2.04	0.039	0.106	0.211

根据定值结果和不确定度评定结果，进行数字修约后，最终获得白肋烟中无机阴离子标准样品的定值和不确定度（包含概率为95%，包含因子 k 为2），结果如表4-169。

表 4-169　白肋烟无机阴离子定值和不确定度　　　　单位：%

成分	定值（x）	扩展不确定度（$k=2$）	成分	定值（x）	扩展不确定度（$k=2$）
氯	2.05	0.12	磷酸根	0.45	0.04
硫酸根	1.34	0.09	硝酸根	2.73	0.21

四、烤烟不确定度评定

（一）不确定度的来源分析

经分析，烤烟 G 和烤烟 D 定值结果的不确定度来源有以下四个方面。

（1）样品不均匀性引起的不确定度 u_{r1}，即 s_H。

（2）样品不稳定性引入的不确定度 u_{r2}，即 s_t。

（3）多家实验室联合定值引入的不确定度 u_{r3}，即 $u_c(\bar{\bar{x}})$。

（4）测量分析方法引入的不确定度 u_{r4}。

（二）不确定度分量评定

1. 样品不均匀性引起的不确定度 u_{r1}

此不确定度分量本章在"第六节　均匀性检验"中已经讨论过，结果见表 4-61。

2. 样品短期和长期不稳定性引入的不确定度 u_{r2}

此不确定度分量在本章"第七节　样品稳定性检验"中已经讨论过，结果见表 4-86 和 4-92，其合成不确定度见表 4-93。

3. 多家实验室联合定值引入的不确定度 u_{r3}

此不确定度分量在本章"第九节　定值数据检验"中已经讨论过，结果见表 4-131。

4. 测量分析方法引入的不确定度 u_{r4}

依据化学分析中不确定度的评估指南，对本项目分析测试过程引入的不确定度进行评定。

烟草无机阴离子测定的含量模型如下：

$$a = \frac{c \times v}{m \times (1-w) \times 1000000} \times 100$$

式中　a——干基计的阴离子含量，%；

　　　c——阴离子浓度的仪器示值，μg/mL；

　　　v——萃取液体积，mL；

m——称样量，g；

w——水分的含量，%。

经分析，此部分的不确定度包含以下不确定度分量：

标准工作溶液配制过程中引入的不确定度 $u_{r4.1}$；

标准工作曲线拟合引入的不确定度 $u_{r4.2}$；

样品称样时天平引入的不确定度 $u_{r4.3}$；

样品水分测定引入的不确定度 $u_{r4.4}$

样品前处理加液过程引入的不确定度 $u_{r4.5}$。

各不确定度分量分别评定如下。

（1）标准工作溶液配制过程中引入的不确定度 $u_{r4.1}$。烤烟中无机阴离子测定时只涉及标准储备液的稀释过程，使用到的器皿有移液管（量程 1mL、2mL 和 10mL），100mL 容量瓶，关于整个移液定容过程引入的不确定度计算已经在白肋烟不确定度计算过程中详细说明，见表 4-160。烤烟中标准溶液配制过程与白肋烟标准溶液配制过程是相同的，在此不再累述，只引用计算结果，便于下一步计算。

根据方差合成公式，标准溶液配制过程中引入的相对标准不确定度为，具体见表 4-161。

（2）标准工作曲线拟合引入的不确定度 $u_{r4.2}$。将配制的 6 级标准溶液，分别测定 2 次，得到成分的色谱峰响应面积，以标准工作溶液中各成分含量（C）为横坐标，峰面积（R_A）为纵坐标，采用最小二乘法拟合，得到标准溶液的回归方程 $R_A = B_1C + B_0$，其中 B_1 为斜率，B_0 为截距，校正结果如表 4-162，各成分标准溶液的有关数据见表 4-163。

计算标准溶液峰面积比残差的标准差 s_R。

对试样进行 3 次测定，按照线性回归方程求得试样中各成分的含量，并求其平均值见表 4-170 和表 4-171。

表 4-170　烤烟 G 成分测定结果

单位：%

成分	测定组			平均值
	1	2	3	
氯	0.863	0.872	0.871	0.869
硫酸根	1.151	1.148	1.155	1.151
磷酸根	0.899	0.887	0.896	0.894

表 4-171 烤烟 D 成分测定结果 单位：%

成分	测定组			平均值
	1	2	3	
氯	0.271	0.270	0.273	0.271
硫酸根	1.145	1.139	1.145	1.143
磷酸根	0.377	0.375	0.376	0.376

则由最小二乘法拟合标准曲线求得试样中各成分含量（C）时引入的标准不确定度结果见表 4-172，同时将其除以表 4-170 和 4-171 中试样成分的平均值（以 μg/mL 计），得到相对不确定度 $u_{r4.2}$。

表 4-172 两种烤烟样品标准曲线拟合引入的相对不确定度

成分	烤烟 G		烤烟 D	
	s_r	$u_{r4.2}$/%	s_r	$u_{r4.2}$/%
氯	0.018	0.12	0.018	0.36
硫酸根	0.033	0.30	0.033	0.22
磷酸根	0.014	0.31	0.014	0.58

（3）样品称样时天平引入的不确定度 $u_{r4.3}$。由天平的检定证书可知，天平的允差为 0.0005g，按照均匀分布转换成标准偏差为 $0.0005/\sqrt{3} = 0.000289g$；烤烟 G 和烤烟 D 称样量均为 0.25g 左右，对称量的样品进行 6 次重复测定，得到：0.2526，0.2527，0.2526，0.2527，0.2526，0.2527g，平均值 0.2526g，由贝塞尔公式计算标准偏差为 0.000089g，则相对不确定度为 $u_{r4.3} = \sqrt{0.000289^2 + 0.000089^2}/0.2526 = 0.120\%$。

（4）样品水分引入的不确定度 $u_{r4.4}$。样品水分测量按照卡尔·费休法进行测定，采用甲醇萃取，后移取一定体积的萃取液，采用卡尔·费休水分仪测定，最后通过公式计算得出。

①水分测定过程引入的不确定度 $u_{r4.4.1}$。

由天平的检定证书可知，天平的允差为 0.0005g，按照均匀分布转换成标准偏差为 $0.0005/\sqrt{3} = 0.000289g$；称样量为 2g 左右，对样品进行 6 次重复测定，得到：2.0152，2.0151，2.0152，2.0152，2.0152，2.0152g，平均值为 2.0152g，根据贝塞尔公式得到标准偏差为 0.00005g，则相对不确定度：

$u_{r4.4.1.1} = \sqrt{0.000289^2 + 0.00005^2}/2.0152 = 0.0145\%$。

测定过程所使用的定量加液器加液体积为 5~50mL，其在 50mL 的扩展不确定度（$k=2$）为 0.1mL，则其标准不确定度为 0.05mL，按照均匀分布转换成标准偏差为 $0.05/\sqrt{3} = 0.0289$mL；对于取液步骤重复操作 6 次，得到 6 次取液量的标准偏差为 0.016mL，而萃取液为 100mL，需要连续加液 2 次，整个取液过程引入的相对不确定度为：$u_{r4.4.1.2} = \sqrt{(0.0289^2 + 0.016^2) \times 2}/50 = 0.093\%$。

所使用的移液管体积为 10mL，扩展不确定度（$k=2$）为 0.02mL，则其标准不确定度为 0.01mL，按照均匀分布转换成标准偏差为 $0.01/\sqrt{3} = 0.0058$mL；当使用 10mL 移液管，充满刻度，重复操作 6 次，分别得到 10.0023，9.9987，10.0010，10.0002，10.0012，10.0022g，由贝塞尔公式可得，随机重复性引入的标准不确定度为 0.0013mL，则 10mL 移液管引入的不确定度为 $\sqrt{(0.0058)^2 + (0.0013)^2} = 0.0059$mL，相对不确定度 $u_{r4.4.1.3}$ 为 0.060%。

将三者合成：$u_{r4.4.1} = \sqrt{u_{r4.4.1.1}^2 + u_{r4.1.1.2}^2 + u_{r4.1.1.3}^2} = 0.112\%$。

②卡尔·费休水分仪测量结果引入的不确定度 $u_{r4.4.2}$。

由卡尔·费休自动分析仪的检定证书可知，其测量结果的不确定度为：

$$U_{rel} = 2\%(k = 2)$$

得相对不确定度 $u_{r4.4.2} = 1.0\%$。

③水分多次测定随机重复性引入的不确定度 $u_{r4.4.3}$，见表 4-173。

表 4-173　烤烟 G 和烤烟 D 水分多次测定结果　　　　　单位：%

样品	组次						平均值	标准偏差	$u_{r4.4.3}$
	1	2	3	4	5	6			
烤烟 G	8.76	8.83	8.92	9.21	8.77	8.99	8.91	0.170	1.91
烤烟 D	4.15	4.19	4.09	4.11	3.98	4.13	4.11	0.072	1.74

样品水分引入的相对不确定度 $u_{r4.4}$ 按下式计算：

烤烟 G：$u_{r4.4} = \sqrt{u_{r4.4.1}^2 + u_{r4.4.2}^2 + u_{r4.4.3}^2} = 2.16\%$

烤烟 D：$u_{r4.4} = \sqrt{u_{r4.4.1}^2 + u_{r4.4.2}^2 + u_{r4.4.3}^2} = 2.01\%$

（5）样品前处理加液过程引入的不确定度 $u_{r4.5}$。加液过程所使用的定量加液器加液体积为 5~50mL，在水分测定不确定度 $u_{r4.4.1.2}$ 中已经算过，加液器计量校准的不确定度为 0.0289mL，多次测定重复性引入的不确定度为 0.016mL，加液过程引入的不确定度：$u_{r4.5} = \sqrt{0.0289^2 + 0.016^2}/50 = 0.066\%$。

（6）合成不确定度 u_{r4}。标准工作溶液配制过程中引入的相对不确定度 $u_{r4.1}$、标准工作曲线拟合引入的相对不确定度 $u_{r4.2}$、样品称样时天平引入的相对不确定度 $u_{r4.3}$、样品水分引入的相对不确定度 $u_{r4.4}$、样品萃取加液中引入的相对不确定度 $u_{r4.5}$，五项因素各不相关，其合成相对标准不确定度按下式计算：

$$u_{r4} = \sqrt{u_{r4.1}^2 + u_{r4.2}^2 + u_{r4.3}^2 + u_{r4.4}^2 + u_{r4.5}^2}$$

结果见表 4-174。

表 4-174　烤烟 u_{r4} 分量及合成结果　　　　　单位：%

样品	成分	$u_{r4.1}$	$u_{r4.2}$	$u_{r4.3}$	$u_{r4.4}$	$u_{r4.5}$	u_{r4}
	氯	1.18	0.12	0.120	2.16	0.066	2.47
烤烟 G	硫酸根	1.07	0.30	0.120	2.16	0.066	2.43
	磷酸根	1.30	0.31	0.120	2.16	0.066	2.54
	氯	1.18	0.36	0.120	2.01	0.066	2.36
烤烟 D	硫酸根	1.07	0.22	0.120	2.01	0.066	2.29
	磷酸根	1.30	0.58	0.120	2.01	0.066	2.47

（三）合成标准不确定度和扩展不确定度

合成相对不确定度公式如下：

$$u_r = \sqrt{u_{r1}^2 + u_{r2}^2 + u_{r3}^2 + u_{r4}^2}$$

合成标准不确定度为：

$$u = X \times u_r$$

取包含概率 95% 水平，包含因子 $k = 2$，获得该标准物质扩展不确定度分别见表 4-175。

表 4-175　烤烟合成标准不确定度和扩展不确定度

样品	成分	定值 $(x)/\%$	u_{r1}（均匀性）/%	u_{r2}（稳定性）/%	u_{r3}（定值）/%	u_{r4}（方法）/%	u_r	$u/\%$	$U/\%$
	氯	0.870	0.55	1.69	0.17	2.47	0.039	0.034	0.067
烤烟 G	硫酸根	1.152	0.58	2.06	0.06	2.43	0.032	0.037	0.075
	磷酸根	0.895	0.62	1.72	0.29	2.54	0.031	0.028	0.056

续表

样品	成分	定值 (x)/%	u_{r1}（均匀性）/%	u_{r2}（稳定性）/%	u_{r3}（定值）/%	u_{r4}（方法）/%	u_r	u/%	U/%
	氯	0.273	1.10	4.14	0.54	2.36	0.049	0.013	0.027
烤烟 D	硫酸根	1.144	0.61	2.04	0.08	2.29	0.031	0.036	0.072
	磷酸根	0.376	1.30	3.22	0.62	2.47	0.043	0.016	0.032

根据定值结果和不确定度评定结果，进行数字修约后，最终获得烤烟中无机阴离子标准样品的定值和不确定度（包含概率为95%，包含因子为2），结果见表4-176。

表4-176　烤烟无机阴离子定值和不确定度　　　　单位：%

样品	成分	定值	扩展不确定度（$k=2$）
	氯	0.87	0.07
烤烟 G	硫酸根	1.15	0.07
	磷酸根	0.89	0.06
	氯	0.27	0.03
烤烟 D	硫酸根	1.14	0.07
	磷酸根	0.38	0.03

五、香料烟不确定度评定

（一）不确定度的来源分析

经分析，香料烟定值结果的不确定度来源有以下四个方面。

（1）样品不均匀性引起的不确定度 u_{r1}，即 s_H。

（2）样品不稳定性引入的不确定度 u_{r2}，即 s_t。

（3）多家实验室联合定值（x）引入的不确定度 u_{r3}，即 $u_c(\bar{\bar{x}})$。

（4）测量分析方法引入的不确定度 u_{r4}。

（二）不确定度分量评定

1. 样品不均匀性引起的不确定度 u_{r1}

此不确定度分量在本章"第六节　样品均匀性检验"中已经讨论过，结果见表4-67。

2. 样品短期和长期不稳定性引入的不确定度 u_{r2}

此不确定度分量在本章"第七节　样品稳定性检验"中已经讨论过，结果见表4-96和表4-100，其合成不确定度见表4-101。

3. 多家实验室联合定值引入的不确定度 u_{r3}

此不确定度分量在本章"第九节　定值"中已经讨论过，结果见表4-141。

4. 测量分析方法引入的不确定度 u_{r4}

依据化学分析中不确定度的评估指南，对本项目分析测试过程引入的不确定度进行评定。

各不确定度分量分别评定如下。

（1）标准工作溶液配制过程中引入的不确定度 $u_{r4.1}$。香料烟中无机阴离子测定时只涉及标准储备液的稀释过程，使用到的器皿有移液管（量程1mL、2mL和10mL），100mL容量瓶，关于整个移液定容过程引入的不确定度计算已经在白肋烟不确定度计算过程中详细说明。香料中标准溶液配制过程与白肋烟标准溶液配制过程是相同的，在此不再累述。只引用计算结果见表4-160，便于下一步计算。

根据方差合成公式，标准溶液配制过程中引入的相对标准不确定度 $u_{r4.1} = \sqrt{u_{r4.1.1}^2 + u_{r4.1.2}^2}$ ，具体见表4-161。

（2）标准工作曲线拟合引入的不确定度 $u_{r4.2}$。将配制的6级标准溶液，分别测定2次，得到成分的色谱峰响应面积，以标准工作溶液中各成分含量（C）为横坐标，峰面积（R_A）为纵坐标，采用最小二乘法拟合，得到标准溶液的回归方程 $R_A = B_1 C + B_0$，其中 B_1 为斜率，B_0 为截距，校正结果见表4-162，各成分标准溶液的有关数据见表4-163。

计算标准溶液峰面积比残差的标准差 s_R，对试样进行3次测定，按照线性回归方程求得试样中各成分的含量，并求其平均值，见表4-177。

表4-177　香料烟成分测定结果　　　　单位：%

成分	组次			平均值
	1	2	3	
氯	1.448	1.439	1.446	1.444
硫酸根	0.069	0.075	0.074	0.073
磷酸根	1.789	1.788	1.795	1.791
硝酸根	0.618	0.625	0.629	0.624

则由最小二乘法拟合标准曲线求得试样中各成分含量（C）时引入的标准不确定度按下式计算，同时将其除以表 4-177 中试样成分的平均值（μg/mL），得到相对不确定度 $u_{r4.2}$，见表 4-178。

表 4-178　香料烟标准曲线拟合引入的相对不确定度

成分	s_r	$u_{r4.2}$
氯	0.018	0.08%
硫酸根	0.033	0.17%
磷酸根	0.014	0.38%
硝酸根	0.022	0.21%

（3）样品称样时天平引入的不确定度 $u_{r4.3}$。由天平的检定证书可知，天平的允差为 0.0005g，按照均匀分布转换成标准偏差为 $0.0005/\sqrt{3} = 0.000289$g；香料烟称样量为 0.25g 左右，对称量的样品进行 6 次重复测定，得到：0.2526，0.2527，0.2526，0.2527，0.2526，0.2527g，平均值 0.2526g，由贝塞尔公式计算标准偏差为 0.000089g，则相对不确定度为 $u_{r4.3} = \sqrt{0.000289^2 + 0.000089^2}/0.2526 = 0.120\%$。

（4）样品水分引入的不确定度 $u_{r4.4}$。样品水分测量按照卡尔·费休法进行测定，采用甲醇萃取，后移取一定体积的萃取液，采用卡尔·费休水分仪测定，最后计算得出。

①水分测定过程引入的不确定度 $u_{r4.4.1}$。

由天平的检定证书可知，天平的允差为 0.0005g，按照均匀分布转换成标准偏差为 $0.0005/\sqrt{3} = 0.000289$g；称样量为 2g 左右，对样品进行 6 次重复测定，得到：2.0152，2.0151，2.0152，2.0152，2.0152，2.0152g，平均值为 2.0152g，根据贝塞尔公式得到标准偏差为 0.00005g，则相对不确定度：$u_{r4.4.1.1} = \sqrt{0.000289^2 + 0.00005^2}/2.0152 = 0.0145\%$。

测定过程所使用的定量加液器加液体积为 5~50mL，其在 50mL 的扩展不确定度（$k=2$）为 0.1mL，则其标准不确定度为 0.05mL，按照均匀分布转换成标准偏差为 $0.05/\sqrt{3} = 0.0289$mL；对于取液步骤重复操作 6 次，得到 6 次取液量的标准偏差为 0.016mL，而萃取液为 100mL，需要连续加液 2 次，整个取液过程引入的相对不确定度为：$u_{r4.4.1.2} = \sqrt{(0.0289^2 + 0.016^2) \times 2}/50 = 0.093\%$。

所使用的移液管体积为10mL，扩展不确定度（$k=2$）为0.02mL，则其标准不确定度为0.01mL，按照均匀分布转换成标准偏差为$0.01/\sqrt{3}=0.0058$mL；当使用10mL移液管，充满刻度，重复操作6次，分别得到10.0023，9.9987，10.0010，10.0002，10.0012，10.0022g，由贝塞尔公式可得，随机重复性引入的标准不确定度为0.0013mL，则10mL移液管引入的不确定度为$\sqrt{(0.0058)^2+(0.0013)^2}=$ 0.0059mL，相对不确定度$u_{r4.4.1.3}$为0.060%。

将三者合成：$u_{r4.4.1}=\sqrt{u_{r4.4.1.1}^2+u_{r4.4.1.2}^2+u_{r4.4.1.3}^2}=0.112\%$。

②卡尔·费休水分仪测量结果引入的不确定度$u_{r4.4.2}$

由卡尔·费休自动分析仪的检定证书可知，其测量结果的不确定度为：

$$U_{rel}=2\%\ (k=2)$$

得相对不确定度$u_{r4.4.2}=1.0\%$。

③水分多次测定随机重复性引入的不确定度$u_{r4.4.3}$，见表4-179。

表4-179 香料烟水分多次测定结果　　　　单位：%

样品	1	2	3	4	5	6	平均值	标准偏差	$u_{r4.4.3}$
香料烟	7.08	7.15	6.95	7.15	7.22	7.14	7.12	0.092	1.30%

样品水分引入的相对不确定度$u_{r4.4}$按下式计算：

$$u_{r4.4}=\sqrt{u_{r4.4.1}^2+u_{r4.4.2}^2+u_{r4.4.3}^2}=1.64\%$$

（5）样品前处理加液过程引入的不确定度$u_{r4.5}$。加液过程所使用的定量加液器加液体积为5~50mL，在水分测定不确定度$u_{r4.4.1.2}$中已经算过，加液器计量校准的不确定度为0.0289mL，多次测定重复性引入的不确定度为0.016mL，加液过程引入的不确定度：

$$u_{r4.5}=\sqrt{0.0289^2+0.016^2}/50=0.066\%$$

（6）合成不确定度u_{r4}。标准工作溶液配制过程中引入的相对不确定度$u_{r4.1}$、标准工作曲线拟合引入的相对不确定度$u_{r4.2}$、样品称样时天平引入的相对不确定度$u_{r4.3}$、样品水分引入的相对不确定度$u_{r4.4}$、样品萃取加液中引入的相对不确定度$u_{r4.5}$，五项因素各不相关，其合成相对标准不确定度按下式计算，结果见表4-180。

$$u_{r4}=\sqrt{u_{r4.1}^2+u_{r4.2}^2+u_{r4.3}^2+u_{r4.4}^2+u_{r4.5}^2}$$

表 4-180　香料烟 u_{r4} 分量及合成结果　　　　单位: %

成分	$u_{r4.1}$	$u_{r4.2}$	$u_{r4.3}$	$u_{r4.4}$	$u_{r4.5}$	u_{r4}
氯	1.18	0.08	0.120	1.64	0.066	2.03
硫酸根	1.07	0.17	0.120	1.64	0.066	1.97
磷酸根	1.30	0.38	0.120	1.64	0.066	2.13
硝酸根	1.30	0.21	0.120	1.64	0.066	2.11

（三）合成标准不确定度和扩展不确定度

合成相对不确定度公式如下：

$$u_r = \sqrt{u_{r1}^2 + u_{r2}^2 + u_{r3}^2 + u_{r4}^2}$$

合成标准不确定度为：

$$u = X \times u_r$$

取包含概率95%水平，包含因子 $k=2$，获得该标准物质扩展不确定度为：

$$U = k \times u = 2u$$

计算结果见表4-181。

表 4-181　香料烟合成标准不确定度和扩展不确定度

成分	定值 (x) /%	u_{r1} （均匀性）/%	u_{r2} （稳定性）/%	u_{r3} （定值）/%	u_{r4} （方法）/%	u_r	u/%	U/%
氯	1.443	0.28	2.23	0.14	2.03	0.030	0.044	0.087
硫酸根	1.793	0.47	2.66	0.22	1.97	0.034	0.060	0.120
磷酸根	0.624	1.12	2.85	0.23	2.13	0.037	0.023	0.047
硝酸根	0.073	1.51	6.18	0.27	2.11	0.067	0.005	0.010

根据定值结果和不确定度评定结果，进行数字修约后，最终获得香料烟中无机阴离子标准样品的定值和不确定度（包含概率为95%，包含因子为2），结果如表4-182。

表 4-182　香料烟无机阴离子定值和不确定度

成分	定值/%	扩展不确定度 $(k=2)$/%	成分	定值/%	扩展不确定度 $(k=2)$/%
氯	1.44	0.09	磷酸根	0.62	0.05
硫酸根	1.79	0.12	硝酸根	0.073	0.010

六、烟草薄片不确定度评定

（一）不确定度的来源分析

经分析，烟草薄片定值结果的不确定度来源有以下四个方面。

（1）样品不均匀性引起的不确定度 u_{r1}，即 s_H。

（2）样品不稳定性引入的不确定度 u_{r2}，即 s_t。

（3）多家实验室联合定值（x）引入的不确定度 u_{r3}，即 $u_c(\bar{x})$。

（4）测量分析方法引入的不确定度 u_{r4}。

（二）不确定度分量评定

1. 样品不均匀性引起的不确定度 u_{r1}

此不确定度分量在本章"第六节 样品均匀性检验"中已经讨论过，结果见表 4-73。

2. 样品短期和长期不稳定性引入的不确定度 u_{r2}

此不确定度分量在本章"第七节 样品稳定性检验"中已经讨论过，结果见表 4-104 和表 4-108，其合成不确定度见表 4-109。

3. 多家实验室联合定值引入的不确定度 u_{r3}

此不确定度分量在本章"第九节 定值数据检验"中已经讨论过，结果见表 4-151。

4. 测量分析方法引入的不确定度 u_{r4}

依据化学分析中不确定度的评估指南，对本项目分析测试过程引入的不确定度进行评定。

各不确定度分量分别评定如下。

（1）标准工作溶液配制过程中引入的不确定度 $u_{r4.1}$。烟草薄片中无机阴离子测定时只涉及标准储备液的稀释过程，使用到的器皿有移液管（量程 1mL、2mL 和 10mL），100mL 容量瓶，关于整个移液定容过程引入的不确定度计算已经在白肋烟不确定度计算过程中详细说明。烟草薄片中标准溶液配制过程与白肋烟标准溶液配制过程是相同的，在此不再累述。只引用计算结果见表 4-160，便于下一步计算。

根据方差合成公式，标准溶液配制过程中引入的相对标准不确定度见表 4-161。

（2）标准工作曲线拟合引入的不确定度 $u_{r4.2}$。将配制的 6 级标准溶液，分别测定 2 次，得到成分的色谱峰响应面积，以标准工作溶液中各成分含量（C）为横坐标，峰面积（R_A）为纵坐标，采用最小二乘法拟合，得到标准溶液的回归方程 $R_A = B_1 C + B_0$，其中 B_1 为斜率，B_0 为截距，具体数值见表 4-162，各成分标准溶液的有关数据见表 4-163。

计算标准溶液峰面积比残差的标准差 s_R，对试样进行 3 次测定，按照线性回归方程求得试样中各成分的含量，并求其平均值，结果见表 4-183。

表 4-183　烟草薄片成分测定结果　　　　　单位：%

成分	组次			平均值
	1	2	3	
氯	0.935	0.947	0.933	0.938
硫酸根	0.365	0.366	0.365	0.367
磷酸根	0.689	0.692	0.688	0.690
硝酸根	0.371	0.372	0.369	0.371

则由最小二乘法拟合标准曲线求得试样中各成分含量（C）时引入的标准不确定度，同时将其除以表 4-183 中试样成分的平均值（$\mu g/mL$），得到相对不确定度 $u_{r4.2}$，结果见表 4-184。

表 4-184　烟草薄片标准曲线拟合引入的相对不确定度

成分	s_r	$u_{r4.2}$	成分	s_r	$u_{r4.2}$
氯	0.048	0.10%	磷酸根	0.105	0.58%
硫酸根	0.116	0.35%	硝酸根	0.010	0.56%

（3）样品称样时天平引入的不确定度 $u_{r4.3}$。由天平的检定证书可知，天平的允差为 0.0005g，按照均匀分布转换成标准偏差为 $0.0005/\sqrt{3} = 0.000289$g；烟草薄片称样量为 0.25g 左右，对称量的样品进行 6 次重复测定，得到：0.2526，0.2527，0.2526，0.2527，0.2526，0.2527g，平均值 0.2526g，由贝塞尔公式计算标准偏差为 0.000089g，则相对不确定度为：

$$u_{r4.3} = \sqrt{0.000289^2 + 0.000089^2}/0.2526 = 0.120\%$$

（4）样品水分引入的不确定度 $u_{r4.4}$。样品水分测量按照卡尔·费休法进行测定，采用甲醇萃取，后移取一定体积的萃取液，采用卡尔·费休水分仪测定，最后通过公式计算得出。

整个水分测定所引入的不确定度分量如下。

①水分测定过程引入的不确定度 $u_{r4.4.1}$。

由天平的检定证书可知，天平的允差为 0.0005g，按照均匀分布转换成标准偏差为 $0.0005/\sqrt{3}=0.000289g$；称样量为 2g 左右，对样品进行 6 次重复测定，得到：2.0152，2.0151，2.0152，2.0152，2.0152，2.0152，平均值为 2.0152g，根据贝塞尔公式得到标准偏差为 0.00005g，则相对不确定度：

$$u_{r4.4.1.1}=\sqrt{0.000289^2+0.00005^2}/2.0152=0.0145\%。$$

测定过程所使用的定量加液器加液体积为 5~50mL，其在 50mL 的扩展不确定度（$k=2$）为 0.1mL，则其标准不确定度为 0.05mL，按照均匀分布转换成标准偏差为 $0.05/\sqrt{3}=0.0289mL$；对于取液步骤重复操作 6 次，得到 6 次取液量的标准偏差为 0.016mL，而萃取液为 100mL，需要连续加液 2 次，整个取液过程引入的相对不确定度为：$u_{r4.4.1.2}=\sqrt{(0.0289^2+0.016^2)\times2}/50=0.093\%。$

所使用的移液管体积为 10mL，扩展不确定度（$k=2$）为 0.02mL，则其标准不确定度为 0.01mL，按照均匀分布转换成标准偏差为 $0.01/\sqrt{3}=0.0058mL$；当使用 10mL 移液管，充满刻度，重复操作 6 次，分别得到 10.0023，9.9987，10.0010，10.0002，10.0012，10.0022g，由贝塞尔公式可得，随机重复性引入的标准不确定度为 0.0013mL，则 10mL 移液管引入的不确定度为 $\sqrt{(0.0058)^2+(0.0013)^2}=0.0059mL$，相对不确定度 $u_{r4.4.1.3}$ 为 0.060%。

将三者合成：$u_{r4.4.1}=\sqrt{u_{r4.4.1.1}^2+u_{r4.4.1.2}^2+u_{r4.4.1.3}^2}=0.112\%。$

②卡尔·费休水分仪测量结果引入的不确定度 $u_{r4.4.2}$。

由卡尔·费休自动分析仪的检定证书可知，其测量结果的不确定度为：

$$U_{rel}=2\%（k=2）$$

得相对不确定度 $u_{r4.4.2}=1.0\%$。

③水分多次测定随机重复性引入的不确定度 $u_{r4.4.3}$，见表 4-185。

表 4-185 烟草薄片水分多次测定结果 单位：%

样品	组次						平均值	标准偏差	$u_{r4.4.3}$
	1	2	3	4	5	6			
烟草薄片	3.56	3.45	3.49	3.57	3.61	3.53	3.53	0.058	1.64%

样品水分引入的相对不确定度 $u_{r4.4}$ 按下式计算：

$$u_{r4.4} = \sqrt{u_{r4.4.1}^2 + u_{r4.4.2}^2 + u_{r4.4.3}^2} = 1.92\%$$

（5）样品前处理加液过程引入的不确定度 $u_{r4.5}$。加液过程所使用的定量加液器加液体积为 5~50mL，在水分测定不确定度 $u_{r4.4.1.2}$ 中已经算过，加液器计量校准的不确定度为 0.0289mL，多次测定重复性引入的不确定度为 0.016mL，加液过程引入的不确定度：

$$u_{r4.5} = \sqrt{0.0289^2 + 0.016^2}/50 = 0.066\%$$

（6）合成不确定度 u_{r4}。标准工作溶液配制过程中引入的相对不确定度 $u_{r4.1}$、标准工作曲线拟合引入的相对不确定度 $u_{r4.2}$、样品称样时天平引入的相对不确定度 $u_{r4.3}$、样品水分引入的相对不确定度 $u_{r4.4}$、样品萃取加液中引入的相对不确定度 $u_{r4.5}$，五项因素各不相关，其合成相对标准不确定度按下式计算：

$$u_{r4} = \sqrt{u_{r4.1}^2 + u_{r4.2}^2 + u_{r4.3}^2 + u_{r4.4}^2 + u_{r4.5}^2}$$

结果见表4-186。

表 4-186　烟草薄片 u_{r4} 分量及合成结果　　　　单位：%

成分	$u_{r4.1}$	$u_{r4.2}$	$u_{r4.3}$	$u_{r4.4}$	$u_{r4.5}$	u_{r4}
氯	1.18	0.10	0.120	1.92	0.066	2.26
硫酸根	1.07	0.35	0.120	1.92	0.066	2.23
磷酸根	1.30	0.58	0.120	1.92	0.066	2.39
硝酸根	1.30	0.56	0.120	1.92	0.066	2.39

（三）合成标准不确定度和扩展不确定度

合成相对不确定度公式如下：

$$u_r = \sqrt{u_{r1}^2 + u_{r2}^2 + u_{r3}^2 + u_{r4}^2}$$

合成标准不确定度为：

$$u = X \times u_r$$

在包含概率95%，包含因子 $k=2$ 条件下，获得该标准物质扩展不确定度分别为：

$$U = k \times u = 2u$$

计算结果见表4-187。

表 4-187 烟草薄片合成标准不确定度和扩展不确定度

成分	定值 (x) /%	u_{r1} (均匀性)/%	u_{r2} (稳定性)/%	u_{r3} (定值)/%	u_{r4} (方法)/%	u_r	u	U
氯	0.941	0.88	1.77	0.13	2.26	0.030	0.028	0.057
硫酸根	0.696	0.92	2.92	0.28	2.23	0.038	0.026	0.053
磷酸根	0.376	0.76	3.69	0.30	2.39	0.045	0.017	0.034
硝酸根	0.366	1.40	3.53	0.30	2.39	0.045	0.016	0.033

根据定值结果和不确定度评定结果，进行数字修约后，最终获得烟草薄片中无机阴离子标准样品的定值和不确定度（包含概率为 95%，包含因子为 2），结果见表 4-188。

表 4-188 烟草薄片无机阴离子定值和不确定度

成分	定值/%	扩展不确定度 ($k=2$) /%	成分	定值/%	扩展不确定度 ($k=2$) /%
氯	0.94	0.06	磷酸根	0.38	0.03
硫酸根	0.70	0.05	硝酸根	0.37	0.03

参考文献

［1］王瑞琪，王娜妮，朱岩. 加速溶剂萃取离子色谱法测定烟草中无机阴离子和有机酸［J］. 浙江大学学报（理学版），2012，39（2）：86-90.

［2］崔柱文，汤丹俞，李海燕，等. 匀浆法提取-离子色谱法测定烟草中阴离子的研究［J］. 云南民族大学学报（自然科学版），2009，18（4）：325-327.

［3］Aline L. H. Müller, Cristiano C. Müller, Antes F G, et al. Determination of Bromide, Chloride, and Fluoride in Cigarette Tobacco by Ion Chromatography after Microwave-Induced Combustion［J］. Analytical Letters, 2012, 45（9）：1004-1015.

［4］王金平. 离子色谱法测定烟草中的 10 种阴阳离子［J］. 化学分析计量，2005，30（3）：30-33.

［5］钟莺莺，陈平，俞雪钧，等. 改进的离子色谱法测定乳制品中亚硝酸盐和硝酸盐［J］. 色谱，2012，30（6）：635-640.

［6］Mei M, Ahmed I M, Ismat A. Determination of Bromate at Trace Level in Sudanese

Bottled Drinking Water Using Ion Chromatography［J］. Journal of Chemistry，2012，7（1）：283-293.

［7］Marek Trojanowicz. Advances in Flow Analysis［M］. Germany：WILEY-VCH Verlag GmbH & Co. KGaA，2008：50.

［8］叶小琴，杜芳琪，项波卡，等．连续流动分析法测定烟草中硫酸根含量测试条件的探讨［J］．浙江烟草，2012，（3）：13-17.

［9］廖惠玲，陈德云，陈国雄．用活性炭排除色素干扰测定食品中亚硝酸盐的探讨［J］．中国卫生检验杂志，2001，11（006）：734-735.

［10］谢朝怀，何军．活性炭脱色法测定酱油中硝酸盐［J］．理化检验（化学分册），2004，40（1）：50.

［11］任乃林，李红．流动注射法测定蔬菜中的硝酸盐和亚硝酸盐含量［J］．食品科学，2009（16）：272-274.

［12］杨健，印杰，钟霖，等．连续流动分析—盐酸萘乙二胺分光光度法测定酱油中的亚硝酸盐和硝酸盐［J］．中国酿造，2020，39（7）：169-172.

［13］刘丽敏，顾重武，曾燕燕．在线镉柱还原-连续流动注射法测定地表水和海水中硝酸盐氮［J］．理化检验-化学分册，2019，59（2）：147-150.

［14］孙西艳，洪陵成，叶宏萌．在线镉柱还原-流动注射法测定水样中硝酸盐氮实验［J］．水资源保护，2010，26（5）：75-77.

第五章
标准物质/标准样品评审

第一节　标准物质与标准样品

提到标准物质，就不得不说它的"孪生姐妹"——标准样品。其实，标准物质和标准样品这两个概念只有在中国国内含义有差别，在国际上，统称为"Reference material"，由国际标准化组织/标准物质委员会（ISO/REMCO）管理。ISO/REMCO 成立于 1975 年，工作内容涵盖了标准物质/标准样品的各个方面，包括定义、种类、分级和分类方法的制定等，是国外标准物质/标准样品的"主管单位"。

在我国国内，标准物质和标准样品究竟有哪些异同？本节将针对这个问题进行详细的解释。

一、管理机构不同

在国内，标准物质归属于国家市场监督管理总局计量司，下设标准物质管理委员会，其在中国计量测试学会设置标准物质管理办公室，主要负责标准物质管理委员会的日常事务，如接收标准物质申报材料、组织标准物质的评审等。标准物质的评审则是通过全国标准物质计量技术委员会进行的。国家市场监督管理总局计量司最终对符合生产研制要求的标准物质进行批准，由国家市场监督管理总局发布。

2021 年 12 月，国家市场监督管理总局印发《市场监管总局关于成立全国标准物质委员会及专项工作组的通知》，将原全国标准物质管理委员会和国家标准物质技术委员会合并，新成立全国标准物质委员会及专项工作组，进一步加强和规范全国标准物质管理，提升标准物质供给质量。这个通知明确指出，新成立的全国标准物质委员会主要职责是审议标准物质管理制度、发展规划和政策措施，审议批准发布标准物质技术发展报告等。可以说，新成立的全国标准物质委员会名称上更短，是将原管理委员会和技术委员会的任务和内容合并了，并提高了管理和规范的效率。在国家市场监督管理总局关于标准物质进一步的管理和规定中，明确指出未来若干年，将进一步提高我国标准物质市场影响力，逐年增加标准物质数量，打造一批独具我国特色、驰名海外的标准物质，相信在不远的未来，我国标准物质会有量和质的飞跃。

标准样品则是归属于国家市场监督管理总局标准技术管理司，由全国标准样品技术委员会负责组织和审查，对于符合研制和生产要求的标准样品，由国家市场监督管理总局标准技术管理司批准，国家市场监督管理总局发布。全国标准样品技术委员会编号为SAC/TC118，目前为第5届，其秘书处设在中国标准化协会。秘书处设专职人员对外开展工作，主要负责组织、协调和管理标准样品计划项目申报，标准样品研制活动的监督和检查；标准样品终审的组织；标准样品证书和标签的颁发等，其业务管理工作在国家标准化管理委员会的直接指导下进行。根据标准样品不同类型和领域，TC118还设立了若干分技术委员会，其秘书处设置于不同的单位，见表5-1。

表5-1　标准样品分技术委员会类别与设置

编号	名称	业务范围	秘书处挂靠单位
TC118/SC1	全国标样委 环境分委员会	负责全国水质常规检测分析、大气检测、土壤检测、废渣、生物检测分析、放射性环境、有机污染物等有关标准样品的工作	环境保护部标准样品研究所
TC118/SC2	全国标样委 冶金分委员会	负责全国冶金标准样品的工作	冶金工业信息标准研究院
TC118/SC3	全国标样委 有色金属分委员会	负责全国有色金属产品分析用标准样品的工作	中国有色金属技术经济研究院
TC118/SC7	全国标样委 酒类分委员会	负责全国酒类标准样品的工作	辽宁省标准样品开发中心
TC118/SC8	全国标样委 建筑材料分委员会	负责全国水泥及其制品、玻璃及玻璃纤维、砖瓦及建筑砌块、陶瓷、石材、防水材料、复合材料、装饰装修材料、石灰和石膏制品等有关标准样品的工作	中国建材检验认证集团股份有限公司
TC118/SC9	全国标样委 皮革和制鞋分委员会	负责全国皮革和鞋类相关专业领域标准样品工作	中国皮革制鞋研究院有限公司
TC118/SC10	全国标样委 石油化工分委员会	负责石油化工标准样品领域标准样品工作	中国石油和化学工业联合会

在这个表格中，没有关于食品类的专业分技术委员会。关于食品和生物类标准样品均归属于 TC118/SC1——环境分委员会。

由上述内容可知，标准物质在总体管理上没有根据行业进行细分；标准样品则是根据各个行业不同类别的标准样品细分为多个领域。但是，标准物质或标准样品在申报过程中对于申报单位来讲没有行业之分。其评审工作都是由其所对应的技术委员会完成的，两个技术委员会都是由来自国内各个行业计量技术领域的相关专家组成的，人员构成也有一些交叉，标准物质计量技术委员会人员约为 370 人，标准样品技术委员会人员约为 70 人。在评审过程中，一般会根据所申请标准物质/标准样品的具体类别和归属，选择在本行业内熟悉的专家进行技术审查。

二、标准物质与标准样品的编号名称不同

标准物质分为一级标准物质和二级标准物质，其质量要求和技术原则有差异，其中 GBW 编号的为国家一级标准物质，GBW（E）编号的为国家二级标准物质；而标准样品的编号则为 GSB，并没有一级或者是二级标准样品的区分。

对于有些物质，如绿茶成分分析标准物质，除了具有 GBW 一级标准物质的标准号之外，还有 GSB 标准号，则属于一物多用。既可以用作标准物质也可以用作标准样品。当然，其证书中包含的量值种类也较多，使用者可以根据需要选择使用不同特性。

三、定义不同

标准样品的定义是具有足够均匀的一种或多种化学的、生物的、物理的、工程技术或者是感官的性能特征的，经过技术鉴定并附有相关数据证书的样品。

标准物质的定义是具有一种或多种足够均匀的，经过试验验证，已经很好地确定其特性量值的物质或者材料，用于校准仪器、评价测量方法。

从这两个定义上可以看出，两者具有一致的一些特性，如均匀性、稳定性、溯源性、量值确定性，但不同的是，标准物质可以用于仪器校准或未知测量方法的评价，这一点在标准样品的定义并没有出现。其实，从标准样品的编号中可以看出，GSB 本身就是国家实物标准的一个缩写。实物标准对应的就是文字标准。GSB 的诞生，主要是一定领域内，一些特定的文字标准的

一个实物补充。如产品等级标准的标准文本只能是对不同等级的产品特征进行文字的描述，而此时如果有不同等级的产品实物，这个标准对于使用者来讲就更为便利，这是补充了视觉上的一个评判标准。还有一些与嗅觉有关的实物标准，也是属于这个情况。当然，根据 GSB 的定义扩展，还有很多具有化学或物理特性的实物标准样品。但是，标准样品没有校准或者评价测量方法的作用，这一点必须与标准物质区分开来。

四、研制遵循的技术规范不同

对于标准样品而言，其研制所遵循的规范性计量文件分别为：

GB/T 15000.1—1994《标准样品工作导则（1） 在技术标准中陈述标准样品的一般规定》；

GB/T 15000.2—2019《标准样品工作导则 第2部分：常用术语及定义》；

GB/T 15000.3—2023《标准样品工作导则 第3部分：标准样品 定值和均匀性与稳定性评估和统计方法》；

GB/T 15000.4—2019《标准样品工作导则 第4部分：证书、标签和附带文件的内容》；

GB/T 15000.6—1996《标准样品工作导则（6） 标准样品包装通则》；

GB/T 15000.7—2021《标准样品工作导则 第7部分：标准样品生产者能力的通用要求》；

GB/T 15000.8—2003《标准样品工作导则（8） 有证标准样品的使用》；

GB/T 15000.9—2004《标准样品工作导则（9） 分析化学中的校准和有证标准样品的使用》；

以上文件，应以现行有效的版本为准。

其中，GB/T 15000.5—1994 为 1994 年发布的标准，是关于化学成分标准样品的技术通则。2008 年，国家标准化管理委员会、国家市场监督管理总局发布了 GB/T 15000.3—2008 替代了原 GB/T 15000.3—1994 和 GB/T 15000.5—1994，将所有类型的标准样品的定值原则综合进来。此标准规范中介绍的统计原理旨在帮助理解和制定为标准样品特性赋值的有效方法，包括评估有关不确定度和建立计量溯源性的方法，有助于充分发挥有证标准样品（CRM）的潜力，以确保按国家或国际标度使测量结果具有可比性、准确性和一致性。

标准物质研制的技术规范则主要是 JJF 系列，该系列虽然在很多方面与

GB/T 系列有重合，但还是存在一定的区别。关于标准物质研制的技术规范的具体内容，将在下一节阐述。

无论是标准样品还是标准物质研制的技术规范，其核心内容还是与 ISO Guide31、ISO Guide34、ISO Guide35，以及其他一些国际计量规范化标准。ISO 系列标准也在不断更新和修订之中，新的版本不断发布。紧跟国际计量与标准化研究形势，我们根据国内标准物质/标准样品研制、市场和发展情况，对于标准样品的 GB/T 系列标准和标准物质的 JJF 系列标准也在不断地更新和修订，未来几年，会有更多更新版的计量规范发布，需要标准物质/标准样品研制单位和从事这方面工作的科研人员密切关注。

五、相同点

虽然标准物质和标准样品存在着上述诸多差异，但是两者在研制过程、申报审查中所需要经过的步骤等方面都是一致的。如图 5-1 所示为标准物质/标准样品研制和审查的路线。

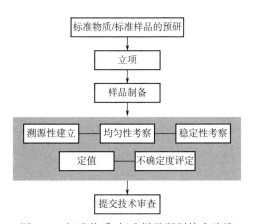

图 5-1 标准物质/标准样品研制技术路线

第二节 标准物质研制的技术规范

本节着重介绍标准物质研制的技术规范。标准物质的研制工作是在原有基础上不断改进和更新的，最近几年，很多规范都出了最新的版本，本节所列出的解释是按照各个规范的最新版释义的。

1. JJF 1005—2016《标准物质通用术语和定义》

此标准现行有效版本为 2016 版，于 2016 年 11 月 30 日发布，2017 年 5 月

30 日正式实施。这个标准给出了有关标准物质的常用术语和定义，适用于标准物质领域各项技术工作，并可在测量及其他科技领域中参考使用。一些常见的名词和术语，在前文中都已经提到过，如标准物质（Reference material，RM）和有证标准物质（Certified reference material，CRM）的基本定义，以及在标准物质研制中较为常见的均匀性、稳定性、溯源性等名词解释。这个规范定义文本是研制者需要学习和了解的一些基本知识。

2. JJF 1507—2015《标准物质的选择与应用》

此标准现行有效版本为 2015 版，这个标准主要参照 ISO Guide33，并结合其他一些文件，根据我国国情，对标准物质的主要用途、标准物质的有效选择以及各类应用中所遵循的通用原则进行的介绍。标准物质研制者在对标准物质进行选择性预研的时候，可以采用这个标准进行比较，确保预研可以达到较好的效果，为标准物质的正式研制过程打下基础。

3. JJF 1342—2022《标准物质研制（生产）机构通用要求》

该标准现行有效版本为 2022 版。这个标准也是 2022 年最新发布的。而在此之前，有效版本一直为 2012 版。这个标准主要是针对标准物质研制生产单位的规范性要求文件。标准物质研制生产出来是为市场服务的，标准物质研制/生产单位必须具备一定的条件和能力，才能保障标准物质的研制成功，以及后续的生产跟得上。现在很多标准物质申报时，需要提交申报单位简介和相关资质证明证书。这些都是研制/生产单位具有标准物质生产能力的证明。一般来讲，标准物质研制/生产单位应具有所申报标准物质研制所具备的基本环境、设备、人员条件。单位最好建立完善的质量管理程序，有相关的程序文件对标准物质的整个研制、生产、储存、取用过程进行控制，并应具备批量标准物质的储存条件，在保障市场供应的同时，应设立售后服务机构。针对标准量值开展不定期的抽查，及时向消费者反映相关的量值变化（在发现有变化的情况下）。

该规范标准修改采用了 ISO Guide34，同时其内容也涵盖了该指南的全部管理和技术要求。并参照了 GB/T 27025—2019《检测和校准实验室能力的通用要求》。

4. JJF 1343—2022《标准物质的定值及均匀性、稳定性评估》

这个标准是标准物质研制较为核心的规范性文件。对于标准物质研制者，可能在这个标准的学习上需要花费较多的时间和精力。这个版本之前，是通用了 10 年的 JJF 1343—2012《标准物质定值的通用原则及统计学原理》。2022 版在 2020 年已经由国家标准物质计量技术委员会完成征求意见稿，于 2022 年 4 月 29 日正式颁布（这一点同 JJF 1342—2022，两个标准为 2022 年同一批发布的）。虽然正式实施时间为 2022 年 10 月 29 日，但是其发布的意义较为重大。因为新版在内容宽度广度上相对于 2012 版均有大幅度提高，并加入了一些新的规定和要求，对于申报的标准物质的研制过程给出了新的指导和方向，正式实施后相关评审环节必然也会按照新的规定执行。这也是最近几年标准物质研制者需要特别关注的问题，需要适时调整步骤，关注最新要求。

JJF 1343—2022 按照标准物质研制的顺序，从标准物质的制备讲起，详细介绍了如下内容。

（1）均匀性检验的规范，包括抽样原则、不同情况下检验模型的建立、不均匀性引入的不确定度的分析。

（2）稳定性检验的规范，包括短期稳定性和长期稳定性，还有其他一些特殊的稳定性考察，对每一种考察，规范均设定了最佳考察方案。规范还对稳定性检验方法做了详细介绍，举例说明了计算过程。

（3）定值方式。标准给出了多种测量条件下的定值方式，说明了不同定值方式的适用范围，具体用法以及需要注意的地方。最后，对定值数据的处理步骤做了较为详尽的解释，针对数据处理中可能出现的一些问题及解决方法做了说明，对定值数据的不确定度进行计算举例。

（4）标准物质溯源性的简单介绍。

5. JJF 1854—2020《标准物质计量溯源性的建立、评估与表达计量技术规范》

这个规范适用于标准物质研制与生产过程中特性值计量溯源性的建立、维护与评估，以及在标准物质研制报告、证书等文件中的准确表达。标准物质的溯源性在很多与标准物质有关的文件中都有所提及，如 JJF 1343—2022 中关于溯源性的建立，前面也讲过，溯源性是标准物质的一个重要特性。但是，对很多标准物质研制者来讲，对于这个特性的理解较为简单，这也是将标准物质的溯源性单独拉出来颁布一个标准的原因：一方面强调其重要性，另一方面也给标准物质研制者提供一个指引。溯源，不单是指在研制中使用了有证标准物质、所使用的器具经过了计量就算溯源了。溯源性的建立，是一个量值传递过程的建立，这个过程的建立，在不同的定值条件下，都是不一样的。这个传递过程能够顺利完成，所研制的标准物质才具有溯源性。在研制过程中，研制者需要创造很多条件去保障这种传递。这个文件列举出了多个定值条件下建立有效溯源性的各个关键点。研制者可以根据标准物质定值依据找到对应的控制因素，并努力达到各个环节的要求。

值得说明的是，关于标准物质的溯源性，之前并没有相关的、主要针对溯源性的规范性文件，这个文件的发布，一方面提高了我们对标准物质溯源性的认识，另一方面也为标准物质的研制者理清了思路。在标准物质研制报告中，需要对溯源性进行详细说明。这一点在以往很多研究内容中都是一笔带过、模糊处理，都是不很妥当的。

6. JJF 1344—2012《气体标准物质研制（生产）通用技术要求》

这个标准是针对标准物质中一类较为特殊的类型——气体标准物质而立的。在使用中，也要注意与 JJF 1342—2022 和 JJF 1343—2022 结合使用。这个规范主要规定了气体标准物质的制备、稳定性和均匀性评估、定值、比对验证、不确定度评定、包装与储存、证书与标签制作等通用技术要求，适用于气瓶包装的一级或者二级标准物质的研制。那么对于气体标准物质，可以说，主要参照这个标准要求就可以。不过这个规范也是一个通用性规范，具体需要研制者根据实际情况灵活运用。

7. JJF 1186—2018《标准物质证书和标签要求计量技术规范》

标准物质的证书是标准物质实物必须附带的。这个证书需要研制单位提供（用于出售的标准物质证书中需要加盖公章）。这个标准以表格的形式，给出了标准物质证书中必须体现的项目，还有一些待选项目，研制者可以根据具体情况选择性地进行撰写，总体原则是需要把与标准物质相关的信息介绍清楚。

标准物质证书中需要明示的一些必选项包括有效期、标准值的量值表、研制单位名称和联系方式，还有很多其他内容，包括样品制备、定值过程简介、均匀性和稳定性检验结果、不确定度来源，还需要写明标准物质的使用注意事项和储存运输条件，以便于标准物质使用者合理使用。标准物质只有合理使用，才能保障其量值的有效性，标准物质证书就是给使用者提供足够的信息，起说明和指导的作用。此外，标准物质的溯源性也需要体现在证书中。上述内容对篇幅没有特别要求，但是一般来讲都应该照顾到，具体增减需要研制者自行斟酌。

这几年，很多标准物质证书都以电子版形式出现，相对于以往的纸质版，电子版可以直接下载，上附二维码，不但可以查询真伪，还可以查到证书中标准物质的具体信息和使用建议（图5-2）。

（1）纸质版证书模板　　　　　　（2）电子版证书样式

图 5-2　标准物质证书模板

8. JJF 1218—2009《标准物质研制报告编写规则》

标准物质的研制报告是标准物质定级申报材料中的主要内容之一，是标准物质研制工作的总结与体现。其他一些材料如标准物质证书、量值表等相关内容都可以在报告中找到对应项。JJF 1218—2009 中给出了标准物质研制报告的封面，如图5-3所示。

图 5-3　标准物质研制报告封面示例

和标准物质证书撰写规定类似，研制报告也是由多个部分（元素）构成的，JJF 1218—2009 中给出了很多选项，也指出了一些必写项。其中包括摘要、目录、概述、样品制备、均匀性和稳定性检验、定值、溯源性、不确定度评定等内容。这些内容均需按照一定的顺序来撰写，一般是按研制和考察的顺序。并且，建议标准物质研制中的溯源性应明确给出溯源方式，并以溯源图的形式表示出来。在标准物质研制中，有些分析方法是基准方法，或者是以程序定义的被测量进行定值的，这个时候，分析方法类的内容占据篇幅较小；但是也有很多情况下，分析方法是需要优化验证的，有些还涉及多个分析方法，就有必要将分析方法单列一章详细介绍，包括方法的方法学考察、方法之间的比对、优化后方法的验证等。对于一些特殊的标准物质，稳定性或均匀性需要特别的试验进行验证的情况下，必须在研制报告中写出详细的试验方案和试验结论。

标准物质研制中使用的计量器具、计量检验证书和所使用的校准物校准证书可以作为研制报告的附件。如果研制中各个检验和定值数据不多，可以将数据直接列入研制内容中，如果数据过多，则也列入附件。

此外，为规范起见，整个研制报告的表格应具有一致的格式（如都采用三线表格），表头和图名均需统一字体。这些细节方面都是研制报告撰写中需要注意的问题。

不同的标准物质，在研制中面临的问题是不一样的，并不是所有的物质、所有的成分都可以按照标准物质的常规考察思路来解决。有很多物质的某些成分其实稳定性或者均匀性是很难做得非常好的，如果市场有需要，标准物质研制者的研制也是一个开发和创造的过程。所以，标准物质的研制过程看起来简单，但其蕴藏的内容和深度，如果不静下心来仔细研究，是无法体会的。

9. JJF 1059. 1—2012《测量不确定度评定与表示》

这个标准在前面已经讲过，是不确定度评定领域的主要参考资料。很多原则不仅在分析计量学科中得到广泛的应用，在标准物质研制中也是普遍适用的。

10. GB/T 8170—2008《数值修约规则与极限数值的表示和判定》

标准物质研制中会遇到大量的数据，研制的过程也是与这些数据打交道的过程。有数据，就存在数据的修约。GB/T 8170—2008 就是数据修约规范。

这个规范主要有两部分内容：数值修约和极限数值的表示和判定。这也是一个通用性标准，不仅仅适用于标物物质研制过程，也适用于其他标准或者技术规范的编写。在此不详述，有需要的读者可以通过多种渠道自行查阅。

关于标准物质的研制，除了上述标准之外，还有很多具有行业特色的，特殊类型标准物质的研制指南，如国家地质实测中心徐春雪等主编的 JJF 1646—2017《地质分析标准物质的研制技术规范》，主要是源于地质分析中存在的如材料种类多、成分复杂、含量跨度大、分析结果对标准物质的依赖性高等情况，针对地质分析标准物质研制提出的。

第三节 标准物质/标准样品定级评审

一、定级申报材料

标准物质/标准样品研制工作完成后，形成产品，就可以申请定级评审。这里的定级评审，主要是针对标准物质的，因为只有标准物质有一级和二级之分。标准样品没有这个分类。二者评审中有很多类似的地方，在此主要介绍标准物质的定级评审。

标准物质本身属于计量器具的一种，在 2017 年 6 月原国家质检总局发布了 26001.1 号文件，即《标准物质定级鉴定审批事项服务指南》，明确了标准物质的定级鉴定审批要求和注意事项。近年，我国标准物质管理和评审工作不断进行着改革，改革的方向是更高效、更科学、更便捷。因此，很多政策和要求都会随时发生一些细节上的变化，标准物质研制者可以通过网络等多个渠道密切关注这些变化。

标准物质的定级评审需要准备的主要材料如下（主要以新申请的标准物质为例，申请复制批标准物质仅供参考）。

（1）标准物质定级申报申请书。需要标准物质研制者从网上下载最新版的申报书，按照规定的格式、字体进行填写，申报单位需要是具有独立法人资格的单位。填写完毕，经主管单位审批通过后，需要加盖单位公章。

（2）量值汇总表。需要将所申请标准物质的定值和不确定度按照一定的格式列表写出，并写明研制单位和联系人信息。

（3）证书和标签。需要按照 JJF 1186—2018 要求制作标准物质证书和标签，对于二级标准物质，只需要中文版证书和标签，一级标准物质有时不仅需要中文版证书还需要英文版证书。

（4）企业自我声明。研制单位应按照 JJF 1342—2022 对照自身条件，对标准物质研制能力和所申请的标准物质研制过程进行自我声明。

（5）研制报告。研制单位需要按照 JJF 1218—2009《标准物质研制报告编写规则》对研制报告进行撰写。

（6）试用情况和协作定值数据。如果采用的定值方式为多家联合定值，需要联合定值实验室出具盖章版协作试验数据。如果是单一实验室定值，则只需要提供标准物质试用情况证明。

（7）国内外同类标准物质查询。国内外同类标准物质查询对于申报一级标准物质是必选项，对于申报二级标准物质是选做项。一级标准物质研制者可以通过中国国家标准物质信息服务平台（www.ncrm.org.cn）、美国 NIST 标准物质官方网站等标准物质信息网站进行标准物质的查新。

此外，研制者还应该提供标准物质包装形式说明或者附照片说明。

对于新申报的标准物质，以上资料均需要先在国家市场监督管理总局网站上进行网上申报，见图 5-4 中的行政审批一栏。

图 5-4　标准物质定级网上申报入口图示

在进入在线办理后，可以看到新申请的标准物质和申请复制批标准物质的资料上传均在不同的栏目中，研制者可根据要求进行上传。

上述资料均需准备纸质版和电子版。

国家市场监管总局将对网上申报的材料进行形式审查，符合要求的才能够正式受理，同时，需要研制单位将纸质版材料打包，向标准物质管理办公室（或国家市场监督管理总局）发送。在需要的情况下，还要发送所研制的标准物质实物。

在以上材料受理后，标准物质管理办公室会组织标准物质的评审。根据具体情况，评审会议也会选择线上进行。无论是线上还是线下，评审要求基本是不变的。

从 2021 年开始，国家市场监督管理总局明确指明，会对新申请的标准物质开展不定期的量值抽查，对于新申请的标准物质，如果被抽到核查，评审将延期。从这一点看得出来，标准物质的管理目前向着更加严格、更加科学的方向发展。

二、一级标准物质的评审

前面已经讲到，一级标准物质与二级标准物质的区别不仅仅在于稳定性时间长度的差异，还在于一级标准物质准确性和研制水平均比二级标准物质要高。因此，已经申报过二级标准物质的产品，原则上是不能够仅仅增加稳定性期限的考察就继续申报一级标准物质的。

一级标准物质一次只能申报一个，二级标准物质一次可以申报多个。

与二级标准物质不同，一级标准物质的定级评审分为初审和终审。初审由标准物质计量技术委员会聘请同行专家进行；终审由标准物质计量技术委员会组成技术评审组进行，最终采用无记名投票的方式，对赞成票超过到会人数 2/3 的项目予以通过。

评审有异议的，标准物质管理委员会办公室可将标准物质样品送到权威技术机构或法定计量检定机构进行定级鉴定，将鉴定意见一并提交标准物质管理委员会。

对于首次申请标准物质定级和许可证的单位，标准物质计量技术委员会委托专家组对申报单位进行制造能力现场考核，考核其是否具备了制造标准物质的条件。考核完成后，将书面结论和意见提交标准物质管理委员会。

评审和考核通过后，标准物质管理委员会按一级标准物质报国家市场监督管理总局审批，获得批准后颁发定级证书和制造许可证。标准物质管理委员会办公室办理发证的具体事宜。

三、标准物质研制及申报中需要注意的问题

从标准物质的研制、申报、答辩到获得证书，如果各个环节都顺利的话，

对于一级标准物质，可能需要 1 年至 1 年半的时间，对于二级标准物质，可能需要 1 年的时间。如果上述哪个环节出现问题，都需要延长标准物质的申报过程。并且，根据最新规定，第一次答辩不通过的申报，需要撤销后再次申报。这些要求都是体现了标准物质管理的科学性和严谨性。对于申报者和申报单位来讲，在研制过程中，要尽可能考虑周全，对于研制中出现的难点和不易解决的问题，要做好充分的思想准备，将研制方案做细做强，尽量按照最高要求来。比如基体标准物质，最佳方案是采用两种或两种以上方法测定，只采用一种分析方法时，就具有很多限制，比如方法与基准方法的比较；如果采用多家定值，则为不同实验室的权威性等。